"十二五"职业教育国家规划教材修订版

高等职业教育电类课程
新形态一体化教材

单片机原理及应用

（第3版）

主编 胡长胜 高 梅

高等教育出版社·北京

内容简介

本书以 51 系列单片机为主线,介绍单片机的基本知识、结构组成、工作原理、汇编指令及 C51 程序设计,仿真调试软件的安装与应用,单片机内部各功能部件的应用设计,常用芯片与单片机接口及编程等。

全书分为两部分。第一部分单片机原理与应用,以单片机基础知识、单片机硬件组成、编程语言为主要知识点,以单片机的实际应用为切入点介绍单片机最小系统的应用,并对 Proteus 仿真软件和 KeiL C 软件做了简要介绍。其中包括 LED 循环点亮控制、点阵显示、数码管显示、键盘接口、外中断系统应用编程、定时/计数器应用编程、单片机通信编程、单片机学习板的设计等教学项目。每个教学项目以不同的编程方法加以示例,供学习者参考选用。第二部分单片机接口技术与应用,主要介绍实际工作中常用的几种流行接口芯片的应用设计和编程仿真,涉及液晶显示器、半导体温度传感器、电子时钟芯片、I^{2}C 存储器和 I/O 接口芯片等,为进一步学习和进行单片机应用设计做出引导,并辅以单片机具体应用引导学生进行设计和制作,使其体验到单片机的使用魅力。

本书教学资源丰富,配套的微课和例题讲解等视频资源可扫描教材中对应的二维码观看,配套的教学课件及实例源程序,读者可发送邮件至 1377447280@qq.com 索取。

本书淡化理论,突出工程实际应用,适合作为高职高专院校电子、自动化及相关专业的教材使用,也可供工程技术人员阅读参考。

图书在版编目(CIP)数据

单片机原理及应用 / 胡长胜,高梅主编. -- 3 版. --北京 : 高等教育出版社,2021.4 (2025.5 重印)
ISBN 978-7-04-055552-3

Ⅰ.①单… Ⅱ.①胡… ②高… Ⅲ.①单片微型计算机-高等职业教育-教材 Ⅳ.①TP368.1

中国版本图书馆 CIP 数据核字(2021)第 023936 号

DANPIANJI YUANLI JI YINGYONG

策划编辑	曹雪伟	责任编辑	曹雪伟	封面设计	张 楠	版式设计	童 丹
插图绘制	于 博	责任校对	胡美萍	责任印制	张益豪		

出版发行	高等教育出版社	网 址	http://www.hep.edu.cn
社 址	北京市西城区德外大街 4 号		http://www.hep.com.cn
邮政编码	100120	网上订购	http://www.hepmall.com.cn
印 刷	北京中科印刷有限公司		http://www.hepmall.com
开 本	787mm×1092mm 1/16		http://www.hepmall.cn
印 张	18	版 次	2009 年 10 月第 1 版
字 数	460 千字		2021 年 4 月第 3 版
购书热线	010-58581118	印 次	2025 年 5 月第 4 次印刷
咨询电话	400-810-0598	定 价	47.80 元

本书如有缺页、倒页、脱页等质量问题,请到所购图书销售部门联系调换
版权所有 侵权必究
物料号 55552-00

前 言

　　单片机因其完善的功能、低廉的价格,广泛地应用在工业控制、仪器仪表、通信、机电一体化、家用电器等领域。单片机技术已成为从事自动化、通信、机电一体化等工作的人员必备的技术。

　　高职高专教育的人才培养目标,是培养生产、建设、服务、管理一线的应用型人才,突出实用性和针对性。针对目前单片机教学中存在重理论、轻应用的实际情况,本书在内容选择上注重应用性,淡化理论,把在工程实际中广泛应用的知识、技术讲透,并附以工程实例加强应用性,举例力求完整性;在内容组织上针对高职高专学生的实际情况,深入浅出,循序渐进。

　　本书以单片机主流机型 51 系列为背景,介绍单片机的基本结构、接口技术、应用系统设计等相关知识。内容的编排顺序有利于读者学习和提高。本书针对高职高专学生的特点,试图解答"何谓单片机""为何要学习单片机""如何学习单片机""如何应用单片机"等问题。

　　本书以项目化教学组织内容,结构上采用单片机基础知识与项目的任务要求相结合的形式,先对每一个任务所涉及的知识点做出有针对性的解释,理论知识与举例并举,再提出任务的具体要求和提示,浅显易懂。

　　本书以电子、电气类专业学生为教学和阅读对象,以采用虚拟仿真和真实实践为教学方法,主要涉及单片机最小系统的应用和常用接口芯片的应用设计,坚持够用为度的原则。

　　本书分为单片机原理与应用和单片机接口技术与应用两部分,分别针对单片机课程的第一和第二学期教学,学习者也可根据自身情况选择相关内容进行学习。

　　第一部分以单片机基础知识、单片机硬件组成、编程语言为主要知识点,以单片机的实际应用为切入点介绍单片机最小系统的应用,并对 Proteus 仿真软件和 Keil C 软件做了简要介绍。其中包括 LED 循环点亮控制、点阵显示、数码管显示、键盘接口、外中断系统应用编程、定时/计数器应用编程、单片机通信编程、单片机学习板的设计等教学项目。每个教学项目以不同的编程方法加以示例,供学习者参考选用。

　　第二部分主要介绍实际工作中常用的几种流行接口芯片的应用设计和编程仿真,主要涉及液晶显示器、半导体温度传感器、电子时钟芯片、I^2C 存储器和 I/O 接口芯片等,为进一步学习和进行单片机应用设计做出引导,并辅以单片机具体应用引导学生进行设计和制作,使其体验到单片机的使用魅力。

　　书中有大量的例题,均采用 C51 语言编程,并介绍了 C51 的编程方法,由学习者根据自己的情况选择使用。建议学习者先理解例题的要求,再按照例题进行虚拟仿真,进而达到改造程序或自己独立编程的目的。

　　本书为校企合作、工学结合的高职教材,由河北工业职业技术学院胡长胜、高梅任主编;李月朋、高玉泉、吴超峰任副主编;胡雪花等参编。其中项目一由高玉泉编写,项目二由高梅编写,项目三由李月朋编写,项目八的任务 2 由胡雪花编写,项目八的任务 3 由吴超峰编写,其他各项目主要由胡长胜编写,并由胡长胜负责统稿和各部分内容的协调。高玉泉是石家庄技师学院教师,吴超峰是石家庄品固焊接设备有限公司技术员,他们对单片机的开发和应用有着较为丰富的实践经验,提供了部分实用的例子和单片机学习板的开发实例。书中内容的编写和整体设计体现了校企结合的理念。

在本书的编写过程中,有关领导和同事提出了宝贵的指导意见,在此一并表示感谢。

本书是在河北工业职业技术学院校本教材基础上编写而成的,先后经历了高等教育出版社银领工程系列教材、"十一五"规划及"十二五"规划教材等几个阶段,已连续使用多年,教学效果较好。经过对部分内容的增删,根据时代的发展和教学的需要删去了原书中汇编语言的编程内容,增加了大量使用 C51 编程的应用实例,成为现在呈现在读者面前的 C51 项目化教材。

本书还配备了教学 PPT 和教材例程,供学习者和教师参考选用。

由于编者水平所限,书中难免存在错误与疏漏之处,敬请读者提出宝贵意见。

编　者

2021.3

目 录

第一部分　单片机原理与应用

项目一　单片机基础知识的准备 ……… 3
　任务一　预备知识——数据表示与
　　　　　编码 ……………………………… 3
　　一、数制及其转换 …………………… 4
　　二、计算机中的编码 ………………… 4
　任务二　单片机基础认知 ……………… 7
　　一、认识单片机 ……………………… 8
　　二、单片机的基本功能单元 ………… 10
　　三、单片机的开发与仿真 …………… 12

项目二　51 单片机内部结构 …………… 15
　任务　了解 51 单片机 ………………… 15
　　一、常用 51 系列单片机的性能比较 … 15
　　二、51 单片机的内部结构 …………… 18
　　三、51 单片机的引脚 ………………… 23
　　四、单片机最小系统 ………………… 25

**项目三　单片机编程语言及仿真工具
　　　　　认知** ……………………………… 28
　任务一　51 单片机汇编语言初识 ……… 29
　　一、汇编语言的特点 ………………… 29
　　二、汇编语言指令格式 ……………… 29
　　三、指令字节 ………………………… 30
　　四、寻址方式 ………………………… 30
　　五、51 单片机指令系统说明 ………… 32
　　六、常用符号 ………………………… 32
　　七、常用伪指令 ……………………… 32
　　八、51 单片机具体指令功能 ………… 33
　任务二　从通用 C 到 C51 的认知 ……… 38
　　一、C 语言知识 ……………………… 39
　　二、C51 语言知识 …………………… 44
　任务三　C51 编译器的使用与调试 …… 59
　　一、Keil μVision4 使用介绍 ………… 59
　　二、Keil 项目创建 …………………… 63

　　三、Keil 程序的调试 ………………… 73
　　四、Keil 常用调试窗口 ……………… 76
　任务四　Proteus 仿真工具使用与
　　　　　调试 …………………………… 80
　　一、Proteus 简介 …………………… 80
　　二、Keil 联调补丁安装 ……………… 82
　　三、Proteus 软件 ISIS 7 Professional 的
　　　　使用 …………………………… 84

项目四　通用 I/O 口应用 ……………… 93
　任务一　通用 I/O 口基础知识 ………… 93
　　一、端口结构与功能 ………………… 94
　　二、各端口应用特点 ………………… 97
　任务二　I/O 口驱动 LED 点亮 ………… 98
　　一、发光二极管简介 ………………… 98
　　二、应用举例 ………………………… 98
　　三、实物制作 ………………………… 102
　任务三　LED 点阵显示器结构和工作
　　　　　原理 …………………………… 103
　　一、LED 点阵显示器结构 …………… 103
　　二、LED 点阵显示器原理 …………… 103
　任务四　I/O 口驱动数码管显示 ……… 118
　　一、LED 数码管的结构 ……………… 118
　　二、LED 数码管的显示方式 ………… 119
　任务五　键盘接口应用编程 …………… 127
　　一、独立式键盘 ……………………… 127
　　二、矩阵键盘 ………………………… 127

项目五　中断系统应用 ………………… 134
　任务一　中断系统应用认知 …………… 134
　　一、中断概述 ………………………… 135
　　二、中断系统结构 …………………… 135
　　三、中断的响应与撤除 ……………… 139
　　四、中断初始化及中断服务程序

　　　　结构 ………………………… 141
　　五、外部中断应用举例 …………… 142
　任务二　定时/计数器应用 ………… 148
　　一、定时/计数器的结构和工作原理 … 148
　　二、定时/计数器的控制 …………… 149
　　三、定时/计数器的工作方式 ……… 150
　　四、定时/计数器的编程应用 ……… 152

　任务三　串行口应用 ……………… 161
　　一、串行通信基本概念 …………… 161
　　二、51单片机串行口的结构 ……… 163
　　三、串行口控制寄存器 …………… 164
　　四、串行口各工作方式及应用 …… 166
项目六　单片机应用课程设计1 ……… 175

第二部分　单片机接口技术与应用

项目七　单片机接口电路应用实例 …… 179
　任务一　1602字符型液晶显示器的
　　　　　应用设计 ………………… 179
　　一、1602字符型液晶显示器 ……… 180
　　二、1602字符型液晶显示器的应用
　　　　设计实例 ………………………… 185
　任务二　DS18B20温度传感器应用
　　　　　设计 ……………………… 192
　　一、DS18B20温度传感器的特点 … 192
　　二、DS18B20温度传感器的封装与
　　　　引脚排列 ………………………… 193
　　三、DS18B20温度传感器的内部
　　　　结构 ……………………………… 193
　　四、DS18B20温度传感器与单片机
　　　　连接 ……………………………… 195
　　五、DS18B20温度传感器的工作
　　　　时序 ……………………………… 196
　　六、主机对DS18B20温度传感器的
　　　　控制 ……………………………… 198
　　七、DS18B20温度传感器进行一次
　　　　温度转换的操作过程 …………… 199
　　八、应用举例 ……………………… 199
　任务三　DS1302时钟芯片设计与
　　　　　应用 ……………………… 209
　　一、DS1302时钟芯片的引脚 …… 210
　　二、DS1302时钟芯片的内部结构 … 210
　　三、DS1302时钟芯片的单字节读写
　　　　操作 ……………………………… 212
　　四、程序设计流程 ………………… 213

　　五、DS1302时钟芯片的示例 …… 214
　任务四　AT24C××系列存储器的
　　　　　应用 ……………………… 226
　　一、AT24C××系列存储器总体描述 … 226
　　二、I^2C总线协议 ………………… 228
　　三、器件操作 ……………………… 231
　任务五　串行A/D、D/A转换接口
　　　　　设计 ……………………… 243
　　一、PCF8591内部结构及引脚功能
　　　　描述 ……………………………… 244
　　二、PCF8591内部可编程功能设置 … 245
　　三、PCF8591的A/D转换 ……… 246
　　四、PCF8591的D/A转换 ……… 246
　　五、应用举例 ……………………… 248
　任务六　并行I/O口扩展设计 …… 257
　　一、使用中小规模集成电路扩展
　　　　I/O口 …………………………… 257
　　二、8255A可编程通用并行I/O口 … 259
项目八　单片机应用设计与制作 …… 265
　任务一　单片机应用课程设计2 …… 265
　任务二　数字电子时钟的设计与
　　　　　制作 ……………………… 266
　　一、数字电子时钟系统框架 ……… 267
　　二、数字电子时钟系统电路分析 … 267
　　三、数字电子时钟参考程序代码 … 269
　任务三　应用设计举例 …………… 276
　　一、室温控制器的主要功能 ……… 277
　　二、硬件电路设计 ………………… 277
参考文献 ……………………………… 278

第一部分
单片机原理与应用

项目一　单片机基础知识的准备

项目背景

单片机诞生于20世纪70年代，它是利用大规模集成电路技术把中央处理单元（CPU）和数据存储器（RAM）、程序存储器（ROM）及其他I/O口、通信口集成在一块芯片上，构成的一个最小的计算机系统。单片机是计算机技术的一个分支，因为芯片是按工业测控环境要求设计的，故抗干扰的能力优于PC（个人计算机）。用单片机构成的电路往往具有体积小、成本低、功能强、可靠性高、功耗低、电路简单、开发和改进容易等一系列优点，表现出较微处理器更具个性的发展趋势。小到电子玩具，大到航空航天设备等都有单片机应用的例子，可以说，在电子行业中单片机发挥着举足轻重的作用。

单片机应用技术是电气、电子、机电和通信等专业毕业生必备的专业知识和技能，学好单片机课程对其将来的就业与个人职业发展具有极大的促进作用。

项目目标

1. 掌握数制与编码等预备知识；
2. 掌握单片机的概念，了解单片机的相关知识；
3. 了解部分常用单片机的特性。

项目任务

1. 学习单片机的基本概念及相关知识；
2. 进行各种单片机的性能比较。

任务一　预备知识——数据表示与编码

【能力目标】

1. 了解各种数制间的关系；
2. 了解计算机中的编码方法。

【知识点】

1. 数制及其转换；
2. 计算机中的编码。

计算机所处理的信息，必须先经过数字化处理，即对数据、文字、图形、符号等信息进行编码，使之成为计算机可以识别和处理的对象。二进制数只有"0"和"1"两种状态，便于物理实现，而且可以方便地实现信息的储存、传输和处理,所以沿用至今。下面简单介绍计算机中数据的表示方法。

一、数制及其转换

单片机中数据的表示和计算机中是一致的,它对数据的操作主要是计算与处理加工。数制是数的制式,是人们利用符号进行计数的科学方法。常用的数制有二进制、十进制和十六进制等。

（1）数制的基数与权

基数:每种计数制中表示每个位数上可用字符的个数。

如十进制,每位上可用字符为 0~9,故基数为 10；

又如二进制,每位上可用字符为 0、1,故基数为 2。

权:数值中的每一位都有一个表示该位在数值中位置的值与之相对应,几进制数其权就是基数的相应次幂。

如:二进制数　 1　0　1　1．1　1

　　对应位权　　2^3　2^2　2^1　2^0　2^{-1}　2^{-2}

（2）数制间的转换

1）非十进制转换成十进制——按位权展开,如：

二进制数 $1101B = 1×2^3 + 1×2^2 + 0×2^1 + 1×2^0 = 8 + 4 + 0 + 1 = 13D$

十六进制数 $1AFH = 1×16^2 + 10×16^1 + 15×16^0 = 431D$

2）十进制→二进制：

整数部分:除 2 取余倒序

小数部分:乘 2 取整正序

如:$14.35D = 1110.01011B$

3）二进制↔十六进制：

二进制→十六进制:按照表 1-1,每 4 位一组,位数不足 4 时,整数部分前面补零,小数部分后面补零。

十六进制→二进制:按照表 1-1,将每一位的十六进制数展开成 4 位的二进制数即可。

如:$(3AB.7E)_{16} = (0011\ 1010\ 1011.0111\ 1110)_2$

　　$(101\ 1101\ 0101\ 1010.1011\ 01)_2 = (5D5A.B4)_{16}$

各进制数的字母表示:二进制　　八进制　　十进制　　十六进制
　　　　　　　　　　　　B　　　　Q　　　　D　　　　H

书写规定:十六进制数以字母开头时,前面要加"0"。

由于十六进制数易于书写和记忆,且与二进制数之间的转换十分方便,所以在书写计算机语言时多用十六进制数。

二、计算机中的编码

在计算机中采用的二进制代码通常需要按照一定规律编排,使每组代码具有特定含义,成为机器可以表示并识别的带符号数据,即为计算机中的编码。

（1）有符号数的编码

数学上有符号数的正负号分别用"+"和"-"来表示。在计算机中由于采用二进制,只有"1"和"0"两个数字,所以规定最高位是符号位,最高位为"0"表示正数,为"1"表示负数。计算机中的带符号数有三种表示法,即原码、反码和补码。

1)原码:

正数的符号位用"0"表示,负数的符号位用"1"表示,数的绝对值与符号一起编码,这种表示法称为原码。

例如:X1 = +1010101 　　　[X1]原 = 01010101
　　　X2 = -1010101 　　　[X2]原 = 11010101

左边数称为真值,右边为用原码表示的机器数,两者的最高位分别用"0"和"1"代替了"+"和"-"。

2)反码:

一个数的反码可由原码求得。如果是正数,则其反码与原码相同;如果是负数,则其反码的符号位不变,其他各位均将"1"转换为"0","0"转换为"1"。

例如:X1 = +1010101 　　　[X1]反 = 01010101
　　　X2 = -1010101 　　　[X2]反 = 10101010

3)补码:

一个数的补码也可由反码求得。如果是正数,则其补码与反码相同;如果是负数,则其补码为反码加"1"。

例如:X1 = +1010101 　　　[X1]补 = 01010101
　　　X2 = -1010101 　　　[X2]补 = 10101011

(2)有符号数的运算

根据有关资料介绍,当数用补码表示时,无论是加法还是减法,都可连同符号位一起进行运算,若符号位有进位,则丢掉,结果即为两数之和或差的补码形式。因此在计算机中普遍采用补码来表示带符号数,并进行相关的运算。

(3)十进制数的二进制编码表示

人们通常习惯使用十进制数,但是计算机内部数据的存储和运算均使用二进制数,为了解决这个矛盾,常用4位二进制数表示1位十进制数,称为二进制编码的十进制数。二进制编码的十进制数有许多编码方法,可以分为有权编码和无权编码两类,我们常用的BCD码就是有权编码的一种。有权编码的种类有8421码(BCD码)、5421码、2421码,无权编码的种类有余3码和格雷码等。数制的对应关系见表1-1。

表1-1　数制的对应关系

十进制数	二进制数	十六进制数	十进制数	二进制数	十六进制数
0	0000	0	8	1000	8
1	0001	1	9	1001	9
2	0010	2	10	1010	A
3	0011	3	11	1011	B
4	0100	4	12	1100	C
5	0101	5	13	1101	D
6	0110	6	14	1110	E
7	0111	7	15	1111	F

现以8421码为例进行讨论。

8421码是一种采用4位二进制数代表1位十进制数的编码系统,4位二进制数编码的位权从高位到低位分别为 8、4、2、1。由于 4 位二进制数可以表示 16 种状态,而十进制只有 10 个数(0~9),所以只需在 16 种状态中取出前 10 种状态,将余下的 6 个状态(称为非法码)舍去,见表 1-2。

表 1-2　8421BCD 编码表

十进制数	8421BCD 码	十进制数	8421BCD 码
0	0000	10	0001 0000
1	0001	11	0001 0001
2	0010	12	0001 0010
3	0011	13	0001 0011
4	0100	14	0001 0100
5	0101	15	0001 0101
6	0110	16	0001 0110
7	0111	17	0001 0111
8	1000	18	0001 1000
9	1001	19	0001 1001

8421BCD 码表示十进制数后,十进制中的 0~9 将以 BCD 码形式出现,无须考虑位权,只要将十进制数的每一位逐一"翻译"成对应的 BCD 码即可,如需计算,仍"逢十进位"。

如:685 = 0110 1000 0101BCD,0110 0101 0011 BCD = 653

BCD 码与二进制之间的转换不是直接的,要先经过十进制,然后再转换为二进制,反之过程类似。

这种方法同时兼顾了计算机的特点和使用者的习惯,因此被大量应用在计算机的数据输入和输出中。

(4) 字母与字符的编码

由于计算机中采用二进制数,所以在计算机中字母和字符都要用特定的二进制编码表示。目前在计算机中普遍采用的 ASCII 码已成为国际通用的标准编码,广泛用于微型计算机中。

ASCII 码采用 7 位二进制编码,可以表示 128 个字符,见表 1-3。

任何一个字母、数字、标点符号和控制符均可在表 1-3 中找到其对应的位置以及相应的 ASCII 编码。

例如,根据字母"P"所在位置的对应行可确定该字符的低 4 位编码($b_3b_2b_1b_0$ 为 0000),根据对应列可确定其高 3 位编码($b_6b_5b_4$ 为 101),将高 3 位编码与低 4 位编码连在一起就组成了该字符的 ASCII 码 1010000B 或 50H。

表 1-3　ASCII(美国标准信息交换代码)表

$b_3b_2b_1b_0$	$b_6b_5b_4$						
	000	001	010	011	100	101	110	111
0000	NUL	DLE	SP	0	@	P	`	p
0001	SOH	DC1	!	1	A	Q	a	q
0010	STX	DC2	"	2	B	R	b	r
0011	ETX	DC3	#	3	C	S	c	s
0100	EOT	DC4	$	4	D	T	d	t
0101	ENQ	NAK	%	5	E	U	e	u

续表

$b_3b_2b_1b_0$	$b_6b_5b_4$							
	000	001	010	011	100	101	110	111
0110	ACK	SYN	&	6	F	V	f	v
0111	BEL	ETB	,	7	G	W	g	w
1000	BS	CAN	(	8	H	X	h	x
1001	HT	EM	)	9	I	Y	i	y
1010	LF	SUB	*	:	J	Z	j	z
1011	VT	ESC	+	;	K	[	k	{
1100	FF	FS	,	<	L	\	l	|
1101	CR	GS	-	=	M	]	m	}
1110	SO	RS	.	>	N	↑	n	~
1111	SI	US	/	?	O	←	o	DEL

（5）数据存储形式

1）字节。在计算机内部，数据是以二进制的代码形式存储和运算的，数据的最小单位是二进制的一位（bit）数。国际上统一把 8 位二进制数定义为 1 字节（Byte），4 位称为半字节。一个英文字母的编码可用 1 字节来存储。

2）字长。在计算机中常用一个字（word）表示数据或信息的长度。通常将组成一个字的位数叫该字的字长，一般用字长定义一台计算机进行信息处理时能同时处理的二进制代码的位数。例如某计算机的字长为 16 位，则表示该计算机的一个字由 2 字节（16 位二进制数）组成。

不同级别的计算机字长是不同的，字长越长，其代表的数值就越大，计算的精度就越高。微型计算机常用的字长有 8 位、16 位、32 位和 64 位等。

动手与动脑

▼ 列出与十进制数 0~255 对应的二进制、十六进制数。

思考与练习

1. 列出与十进制数 0~15 相对应的二进制、十六进制数。
2. 二进制数 0101 1101 对应的十进制数是多少？如何用十六进制数表示？

任务二　单片机基础认知

【能力目标】

1. 理解单片机的概念、用途、发展趋势；
2. 了解单片机的分类。

【知识点】

1. 单片机的概念、用途、发展趋势；

2. 单片机的分类。

微课 单片机的概念

一、认识单片机

1. 单片机的概念

单片机(single-chip microcomputer)是指将 CPU、存储器(程序存储器和数据存储器)、定时/计数器、I/O 接口电路等集成在一块芯片上的微型计算机,通常简称为单片机,又称为微控制器(micro-controller unit,MCU)。它能在软件的控制下单独、准确地完成程序设计者事先规定的任务。单片机芯片的外形如图 1-1 所示。

图 1-1 单片机芯片外形

单片机可以处理三种基本信息:数据信息、地址信息、指令信息。

这三种信息都以二进制数的形式存在,并根据各自属性的不同在对应的数据总线(DB)、地址总线(AB)和控制总线(CB)上传输,它们都是一串由"0"和"1"组成的序列。

指令信息:由单片机芯片的设计者规定的一组数字,它与我们常用的指令助记符有着严格的一一对应关系,不可以由单片机的开发者更改。

地址信息:是寻找单片机内部、外部的存储单元、输入/输出接口的依据,内部单元的地址值已由芯片设计者规定好,不可更改,外部的单元可以由单片机开发者自行决定。

数据信息:由微处理器进行运算与处理的具体对象。

单片机芯片在没有被使用者开发前只是一片集成电路,如对其进行应用开发,它便成为一个小型的微机控制系统。

2. 单片机的用途

单片机技术是计算机技术的一个分支,因其按工业测控环境要求设计,故抗干扰的能力优于 PC。单片机的应用使产品功能、精度和质量大幅度提升,且其具有体积小、成本低、功能强、可靠性高、功耗低、电路简单、开发和改进容易等一系列优点,已广泛地应用于军事、工业控制、家用电器、智能玩具、便携式智能仪表、机器人制作和计算机外设等领域,主要分为以下几方面。

1)显示功能:通过单片机 I/O 口控制 LED 或 LCD 来显示特定的图形或字符。

2)机电控制:用单片机控制机电产品做出定向或定时的动作。

3)检测:通过单片机和传感器相结合检测产品或工况的意外情况。

4)科学计算:实现简单的算法。

5)通信:利用串行口或 USB 口实现数据或信号的传输。

3. 单片机的发展历史

单片机的硬件结构和指令系统非常适合自动控制,在一般工业领域,8 位通用单片机应用很广泛。以 51 系列产品最多。51 系列单片机是以美国 Intel 公司的 8051 芯片为核心派生出来的产品,目前也发展了16位、32位等机型,发展方向是高可靠性、抗干扰性、低功耗、低电压、低噪声和低成本。

1) 低性能8位单片机(1976—1978年):以Intel公司的MCS-48系列单片机和通用CPU68××系列为代表,主要用于工业控制领域。

2) 高性能8位单片机(1978—1982年):1980年Intel公司推出了高性能的MCS-51系列8位单片机,如8031、8051等,并成为此时期的代表机型,而且迅速得到了推广应用。

3) 8位单片机提高及16位单片机推出(1982—1990年):8位机以MCS-51系列单片机为代表,同时16位单片机也有很大发展,如Intel公司的MCS-96系列单片机。

4) 单片机全面发展(1990年至今):多品种、高速度、高运算能力、大寻址空间以及小型廉价和专用型单片机是其发展方向。

4. 单片机的发展趋势

1) 低功耗CMOS化:现在的单片机基本都采用CMOS工艺,具有高速和低功耗的特点。

2) 低噪声与高可靠性:单片机内部都增加了抗电磁干扰的电路,使得单片机能适应较恶劣的工作环境。

3) 单片机的软件嵌入:新的工艺使得单片机的存储空间有了很大提高,可装入平台软件、虚拟外设软件等,以提高开发效率。

4) 高性能化:RISC(精简指令集结构)使得绝大部分指令成为单周期指令,很易实现流水线作业,可大幅度提高指令运行速度,还可以实现用软件模拟硬件I/O功能;增强型单片机还在芯片内部集成了A/D(模数)转换、D/A(数模)转换、WTD(看门狗)、PWM(脉宽调制)、液晶驱动等功能电路。

5) 增强I/O及扩展功能:提高单片机外围驱动能力,适用于输出大电流和高电压的场合,无须另加驱动模块,还有的单片机具有高速I/O接口,能更快响应外设并快速读取数据,推行串行扩展总线,减少了单片机引线,节约了成本。

5. 单片机分类

1) 按应用范围分:分为通用型和专用型。通用型是将所有资源提供给用户,用户可进行开发;专用型是量身定做,如电子记事簿、计价器等。

2) 按应用领域分:分为家电类、工业控制类、通信类、个人信息终端类等。

3) 按字长分:分为4位、8位、16位、32位,如今智能手机的32位单片机工作频率在300~2000MHz,多数属于双核或四核处理器。

4) 按指令结构分:分为CISC(复杂指令集计算机)和RISC(精简指令集计算机),是当前MCU的两种架构。

采用CISC结构的单片机数据线和指令线分时复用,即冯·诺依曼结构。它的指令丰富,功能较强,但取指令和取数据不能同时进行,速度受限,价格亦高。属于CISC结构的单片机有Intel 8051系列、Motorola的M68HC系列、Atmel的AT89系列、Philips的PCF80C51系列等。

采用RISC结构的单片机数据线和指令线分离,即哈佛结构。这使得取指令和取数据可同时进行,且由于一般指令线宽于数据线,使其指令较同类CISC单片机指令包含更多的处理信息,执行效率更高,速度亦更快。同时,这种单片机指令多为单字节,程序存储器的空间利用率大大提高,有利于实现超小型化。属于RISC结构的单片机有MICROCHIP公司的PIC系列、Zilog的Z86系列、Atmel的AT90S系列、三星公司的KS57C系列4位单片机等。

一般来说,控制关系较简单的小家电可以采用 RISC 型单片机;控制关系较复杂的场合,如通信产品、工业控制系统应采用 CISC 单片机。不过,RISC 单片机的迅速完善,使其佼佼者在控制关系复杂的场合也毫不逊色。

二、单片机的基本功能单元

单片机实际上是一种将中央处理单元(CPU)、存储器、输入输出电路(I/O 口)、内部控制寄存器等基本功能单元集成在一个芯片中的微型计算机,下面对这些功能单元分别进行介绍。

1. 中央处理系统

单片机的中央处理系统具有很强的控制功能,好比人的大脑和心脏,是单片机系统最关键的部件。在它的控制之下,可以完成程序设定的各种操作和控制任务。

单片机的中央处理系统包括中央处理单元、时钟系统、总线控制系统等。

(1) 中央处理单元

CPU 由控制器和运算器两部分组成,主要完成指令译码、指令存取,产生控制信号,使单片机的各部分协调工作和进行数据处理等功能。

所谓指令,实际上是由一连串单片机的 CPU 能够识别的二进制代码构成的,一条指令与单片机的一种基本操作相对应。单片机根据其内部设定的具体含义,有效调动其内部资源,并最终通过输入/输出接口来实现对外部系统进行控制的程序。单片机种类不同,其 CPU 所能够识别的指令代码也就不同。一种单片机的 CPU 所能够识别的全部指令的集合,构成了其指令系统。

(2) 时钟系统

单片机执行指令都有一个严格的先后次序,这种次序就是单片机的时序。时钟是时序的基础,时序是由时钟系统的电路产生的,所以说单片机是在一定的时序控制下工作的。单片机本身就如同一个复杂的同步时序电路,为了保证同步工作方式的实现,电路就要在唯一的时钟信号控制下按时序进行工作。包括 CPU 在内的所有单片机部件都是按照时钟系统所提供的节拍工作的。时钟电路一般由晶振电路构成,它产生的时钟脉冲周期称为振荡周期。

(3) 总线控制系统

单片机的总线控制系统包括复位控制和外部总线时序管理两部分。

1) 复位控制。使单片机的内部寄存器和与程序运行相关的主要功能部件设置为规定的初始状态的操作称为复位,它能确保程序计数器(PC)装入程序存储器的初始单元地址,为正常运行做好准备。

单片机的复位包括上电复位、人工复位和自动复位,由单片机硬件(复位电路)完成。

2) 外部总线时序管理。外部总线时序管理是在单片机片内资源不足,需要扩展时对所扩展器件进行控制的时序信号。没有这些时序信号,单片机就无法对扩展器件实施控制。外部总线时序信号由外部总线时序管理机构进行管理。

需要说明的是,目前单片机正朝着单片化的方向发展,内部资源的日益丰富和针对不同应用推出的从简到繁的众多单片机,使得在中小规模的单片机控制系统中基本不需要进行外部并行总线器件的扩展。

2. 控制中心外围单元

单片机的控制中心外围单元包括程序存储器、数据存储器、输入/输出电路和内部控制寄存器等。

存储器用于存放程序和数据,分为程序存储器和数据存储器两种。

由于两种存储器用途不同,对于存储器性能的要求也不相同。程序存储器用于存放程序、表格和固定的常数,单片机工作时只从中提取指令或常数,通常不会对其内容进行修改,因此对其基本要求是必须确保存储内容长期不变,断电也不丢失,所以程序存储器用的是非易失性只读存储器(non-volatile read only memory,NVROM 或 ROM);而数据存储器所存放的内容在程序运行中要经常改变,即对数据存储器的要求是能够随时快速、方便地读写,所以数据存储器用的是随机存储器(random access memory,RAM)。

为了能够准确、快速地找到存储器中的每个存储单元,我们对它们进行编号,这个编号就是存储单元的地址。每个存储单元可存放一个 8 位二进制数,通常用两位十六进制数来表示,这就是存储单元的内容。整个存储空间的大小称为存储容量,它是单片机的一个性能指标。存储空间一般由该空间的首末存储单元地址表示。

(1) 单片机中常用的几种程序存储器

单片机中常用的程序存储器有掩膜型只读存储器(MROM)、一次性可编程存储器(OTP-ROM)、紫外线可擦除可编程只读存储器(EPROM)和闪速存储器(flash memory)四种。

1) 掩膜型只读存储器。MROM 是由厂家生产时采用掩膜工艺将信息写入只读存储器内的,其内容用户不可修改。MROM 仅在已定型,且批量很大的产品中采用。

2) 一次性可编程存储器。OTPROM 的内部结构和工作原理与 EPROM 相似,里面的信息只能由用户一次性写入,由于没有擦写窗口,故写入后不能修改。OTPROM 通常用于已定型,但批量不很大的产品中。

3) 紫外线可擦除可编程只读存储器。EPROM 是紫外线擦除、可多次写入的只读存储器,在早期的单片机中使用普遍。其擦除时间通常需要 5~10 min、写入电压通常为 12~21 V、擦写次数有限(100 次左右),目前在单片机中已较少使用。

4) 闪速存储器。Flash Memory 又称 Flash PEROM(programmable erasable read only memory),由于其可以快速地电擦写,故被称为闪速存储器(简称闪存)。它的写入速度比 EPROM 快数百至上千倍。写入电压为 1.8~6 V,写入次数为 1 000 次以上,写入的内容掉电后可保持十年以上。由于具有优异的性能,使其取代了 EPROM,成为在单片机中应用最广泛的程序存储器。

(2) 单片机中常用的几种数据存储器

单片机中常用的数据存储器有随机存储器(RAM)和电可擦除可编程只读存储器(EEP-ROM)两种。此外,有的单片机提供通过内部程序修改片内闪存的功能,因此也可以用闪存存储,偶尔需要修改少量的数据。

1) 随机存储器。RAM 的读写速度很快,掉电后数据不会保存,在单片机中用于存储需要经常改变,且掉电后不必保存的常数、变量、中间数据、运行状态、运算结果等。

2) 电可擦除可编程只读存储器。和闪存一样,EEPROM 也是可以在线电擦写,掉电后数据不会丢失的存储器。但 EEPROM 的写入速度相对较慢,可写入的次数也要少些,在单片机中主要用于存储各种变化不频繁且掉电后必须保存的数据和参数。

3) 闪速存储器。对于提供通过内部程序修改片内闪速存储器功能的单片机,如 Philips 公司的 P89LPC900 系列等,可以用闪速存储器存储偶尔需要修改的少量数据。又如 Cygnal 公司的系统级 C8051F 系列单片机,还提供了用 MOVC 和 MOVX 指令对片内闪速存储器进行读/写的功能,为将片内闪速存储器作为数据存储器提供了极大的方便。

(3) 输入/输出口——单片机与外界进行信息交换的通道

单片机的输入/输出口(简称 I/O 口)是其从外部获取信息,并将控制信号送达被控对象的桥梁。

(4) 内部控制寄存器

内部控制寄存器是具有不同特定功能的存储器的统称,是单片机中的重要控制指挥单元。通过访问内部控制寄存器,就能将集成在单片机内部的存储器、定时器/计数器、串行通信口、I/O口、A/D 转换器、D/A 转换器、看门狗等众多的外围部件和功能单元有效地控制起来。

其实,无论一种单片机的内部集成了多少外围部件和功能单元,对于使用者而言,不过是增加了一些内部控制寄存器而已。只要掌握了这些内部控制寄存器的使用方法,就能够有效地调动单片机内部的所有资源了。因此,使用单片机的任何一个功能部件时,一定要了解与之相关的内部控制寄存器,并弄清如何通过这些内部控制寄存器去控制所要使用的功能部件。

三、单片机的开发与仿真

1. 单片机开发与仿真的概念

一个单片机应用系统从提出任务到正式投入运行的过程称为单片机的开发。与一般计算机系统相比,它在硬件上增加了目标系统的在线仿真器、编程器等部件,在软件上增加了目标系统的汇编和调试程序等。

仿真是单片机开发过程中非常重要的一个环节,仿真的主要目的是进行软件调试。除了一些极简单的任务,一般产品开发过程中都要进行仿真,当然借助仿真机,也能进行一些硬件排错。一块单片机应用电路板包括单片机芯片和接口应用电路,仿真就是利用仿真机来代替应用电路板(称为目标机)的单片机芯片,不占用目标系统单片机的任何资源,对接口应用电路进行测试和调试。仿真有 CPU 仿真、ROM 仿真和计算机虚拟仿真三种方式。图 1-2 所示为单片机开发学习板。

图 1-2 单片机开发学习板

CPU 仿真是指用仿真机代替目标机的 CPU,由仿真机向目标机的应用电路提供各种信号、数据,进行调试的方法。这种仿真可以通过单步运行、连续运行等多种方法来运行程序,并能观察到单片机内部的变化,便于改正程序中的错误。

ROM仿真,就是用仿真机代替目标机的ROM,目标机的CPU工作时,从仿真机中读取程序,并执行。这种仿真其实就是将仿真机当成一片EPROM,只是省去了擦片、写片的麻烦,并没有多少调试手段可言。

计算机虚拟仿真是在装有单片机仿真调试软件的计算机上创建出一个可视化的操作环境,包括硬件电路设计和虚拟的仪器设备,使用相应的编译软件调试和操作达到电路仿真调试的目的。

2. 计算机虚拟仿真

Proteus 是由英国 Labcenter Electronics 公司开发的 EDA 软件,该软件由 ISIS 和 ARES 两个软件组成。其中,ISIS 是便捷的电子系统仿真平台;ARES 是一款高级的布线编辑软件,从原理图布图、代码调试到单片机与外围电路(如电机、LED、LCD开关等)协同仿真,用户可以实时看到运行后的输入输出的效果(配合系统配置的虚拟仪器如示波器、逻辑分析仪等)。在 ISIS 中能够将仿真电路原理图一键切换到 ARES 环境的 PCB 设计,真正实现了从概念到产品的完整设计。它是目前世界上唯一将电路仿真软件、PCB 设计软件和虚拟模型仿真软件三合一的设计平台。

对于单片机硬件电路和软件的调试,Proteus 提供了两种方法:一种是系统总体执行效果;另一种是对软件的分步调试,以查看具体的执行情况。

Proteus 与其他单片机仿真软件不同的是,它不仅能仿真单片机 CPU 的工作情况,也能仿真单片机外围电路或没有单片机参与的其他电路的工作情况。因此在仿真和程序调试时,关心的不再是某些语句执行时单片机寄存器和存储器内容的改变,而是从工程的角度直接看程序运行和电路工作的过程和结果。

该软件具有以下特点。

(1) 全部满足单片机软件仿真系统的标准,并在同类产品中具有明显的优势。

(2) 具有模拟电路仿真、数字电路仿真、单片机及其外围电路组成的系统的仿真、RS-232动态仿真、I²C调试器、SPI调试器、键盘和LCD系统仿真的功能;有各种虚拟仪器,如示波器、逻辑分析仪、信号发生器等。

(3) 其处理器模型支持 8051、HC11、PIC10/12/16/18/24/30/DsPIC33、AVR、ARM、8086 和 MSP430 等,以及大量的存储器和外围芯片。

(4) 提供软件调试功能。在硬件仿真系统中具有全速、单步、设置断点等调试功能,可以观察各个变量、寄存器等的当前状态,同时支持第三方的软件编译和调试环境,支持 IAR、Keil 和 MPLAB 等多种编译器,可实现与 Keil C 等软件的联调。

总之,该软件是一款集单片机和 SPICE 分析于一体的仿真软件,功能极其强大,后面的学习项目将介绍该仿真软件的使用方法。

🔍 动手与动脑

1. 给出单片机的概念。
2. 调查实际工作中常用单片机的型号和性能。
3. 在网上查找有关单片机学习网站,查阅单片机相关知识。

思考与练习

1. 什么是单片机？其用途主要有哪些？
2. 单片机如何分类？
3. 单片机的发展趋势是什么？

项目二　51单片机内部结构

项目背景

Intel 公司 1980 年推出的增强型通用 8 位单片机系列产品有 8031、8751、8051、8032、8052 等型号,其中 8051 是早期最典型的代表作。由于 MCS-51 进入市场早,总线开放,仿真开发设备多(ASM51、Keil C51、MedWin),加之 51 系列单片机已经成为 8 位通用单片机的公认标准,因此许多著名的半导体生产厂家,如 Atmel、Philips、Cygnal、Dallas 等纷纷推出以 80C51 为基核的各具特色、性能优异、功能强大的单片机,形成了庞大的 80C51 系列单片机家族,通称 51 单片机。

任务　了解 51 单片机

【能力目标】
1. 掌握 51 单片机的构成;
2. 理解单片机存储结构和存储单元地址的含义;
3. 掌握单片机特殊寄存器的功能、各位含义、寻址方式;
4. 掌握实现单片机有效复位的方法;
5. 掌握 51 单片机的引脚功能;
6. 理解什么是单片机最小系统。

【知识点】
1. 几种常用 51 系列单片机的性能比较;
2. 常用 51 单片机特性简介;
3. 51 单片机的结构。

一、常用 51 系列单片机的性能比较

1. 51 单片机简介

51 系列单片机最早由 Intel 公司推出,为满足不同的需求,后续产品对 8051 一般都作了某些扩充,功能或多或少有些改变,功能更强,市场竞争力更强(如目前流行的 89C51、89S51 等)。人们统称这些与 8051 内核相同的单片机为"51 系列单片机"。

2. 51 系列单片机的特点

1) 布尔处理功能(位操作)。这是 MCS-51 系列单片机的一个重要特征,是出于实际应用需要而设置的。布尔变量也即开关变量,它是以位(bit)为单位进行操作的。

2）芯片存储容量大，规格多，闪存逐渐成为主流。

3）扩展了接口电路，如增加了高速 I/O，并具有可选择性 I/O 输出方式（准双向输出、互补推挽、漏极开路、高阻输入）。

4）系统功耗低，除正常模式外，还有节电运行和掉电运行方式。

5）兼容性好。同样的一段程序，在各个 51 单片机的硬件上运行的结果都是一样的，如同一种单片机的多个版本一样，虽都在不断地改变制造工艺，但内核却都一样。也就是说，这类单片机指令系统完全兼容，引脚也基本兼容，在使用上基本可以直接互换。

下面介绍几种近年来在国内应用十分广泛的 51 系列单片机。

3. AT 系列的 51 单片机

Atmel 公司以 8051 的内核为基础推出了 AT89 系列单片机。其中 AT89C51、AT89C52、AT89S51、AT89S52、AT89S8252 等单片机完全兼容 8051 系列单片机，所有的指令功能也是一样的。

按程序存储器的类型，Atmel 的 51 系列单片机可分为 Flash、OTP 和掩膜 ROM 三种类型。该系列单片机突出的特点是片内有看门狗电路，有的还有 EEPROM、API、SPI、A/D 转换器等，部分产品片内 Flash 存储器的容量相当大。AT89S52、AT89S8252 增加了内部 WDT 功能，即增加了一个定时器功能。其中，AT89C/89LP/89LS/89S 系列等 Flash 单片机应用十分广泛。

（1）AT89C51 系列总线型 Flash 单片机

在前些年流行的众多的 51 系列单片机中，Atmel 公司的 AT89C51 比较实用。该型号不但和 8051 指令、引脚完全兼容，而且增强了许多特性，如最高时钟频率由 8051 的 12 MHz 提高到了 24 MHz；更优秀的是由 Flash 工艺的程序存储器取代了原来一次性写入的 ROM，对这种工艺的存储器，用户可以用电的方式瞬间擦除、改写，一般专为 Atmel AT89×× 做的编程器均带有这些功能。AT89C51 在实际电路中可以直接互换 8051/8751，较之 8051，其性能已有了较大的提高。

如 AT89C51RB2、AT89C51RC、AT89C51RD2 片内的 Flash 存储器的容量分别为 16 KB、32 KB 和 64 KB。也有部分产品如 AT89C51RD2 可通过 ISP 或者软件用串行模式编程。

（2）AT89C2051 系列非总线型 Flash 单片机

Atmel 公司的 51 系列还有 AT89C2051、AT89C1051 等品种，是针对单片机的低端应用设计的。这些芯片是在 AT89C51 的基础上将一些功能精简掉后形成的精简版，用该系列单片机组成简单的控制系统基本不需要进行外部扩展。其突出特点是去掉了标准 80C51 与总线扩展相关的口线，如 AT89C2051 去掉了 P0 口和 P2 口，将 I/O 口减少到 15 个，加了两个比较器，内部的 Flash 程序存储器小到 2 KB，封装形式改为 20 脚，相应的价格也低一些，特别适合在一些智能玩具、手持仪器等程序不大的电路环境下应用；AT89C1051 在 2051 的基础上，再次精简掉了串口功能等，程序存储器则减小到 1 KB。

该系列单片机有 89C1051/2051/4051 等型号，内部 Flash 存储器分别为 1 KB、2 KB 和 4 KB。对 2051 和 1051 来说，虽然减掉了一些资源，但它们片内都集成了一个精密比较器，为测量一些模拟信号提供了极大的方便，在外加几个电阻和电容的情况下，就可以测量电压、温度等物理量。这对很多日用电器的设计是很宝贵的资源。Atmel 的 51、2051、1051 均有多种封装，如 AT89C(S)51 有 PDIP、PLCC 和 PQFP/TQFP 封装，2051/1051 有 PDIP 和 SOIC 封装等。

图 2-1 所示为 AT89C51、AT89C2051 的外形图。

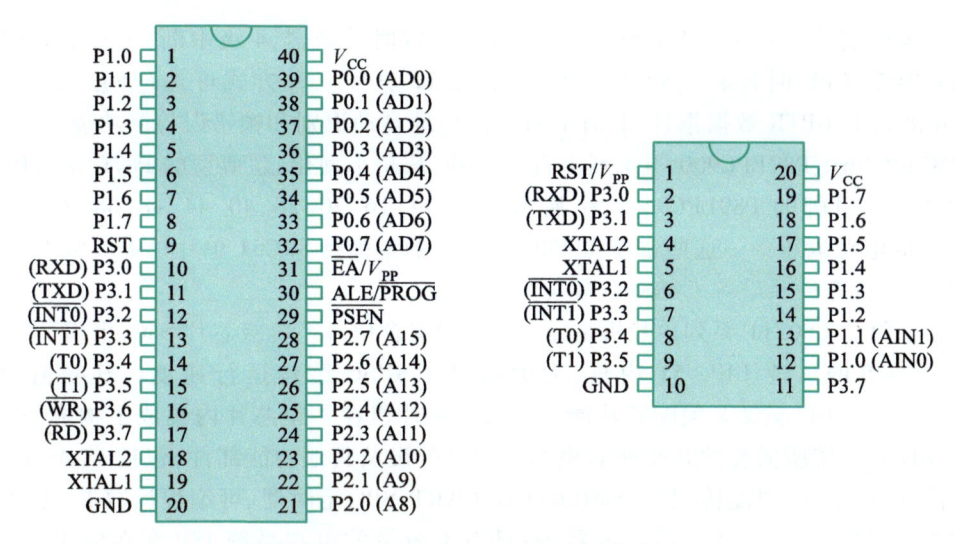

图 2-1　AT89C51、AT89C2051 外形图

（3）AT89S5X 系列总线型 Flash 单片机

AT89S5X 系列单片机最突出的特点是片内 Flash 存储器可在系统编程（In-System Programmable，ISP），即不必将芯片从电路板上拔下来便可编程，给产品开发带来了极大的方便，它是 Atmel 用于取代 AT89C51 系列单片机的产品。

89S51 和 89C51 内核相同，相较于 89C51 的优势如下。

1）程序存储器写入方式：二者写入程序的方式不同，89C51 只支持并行写入，同时需要 V_{PP} 烧写高压。89S51 则支持 ISP 在线可编程写入技术，串行写入、速度更快、稳定性更好，烧写电压也仅需要 4~5 V。

2）电源电压范围：89S5×电源电压范围宽达 4~5.5 V，而 89C5×系列在电压低于 4.8 V 和高于 5.3 V 时则无法正常工作。

3）工作频率：89S1×的性能远高于 89C5×，89S5×系列支持最高达 33 MHz 的工作频率，而 89C51 的工作频率范围最高只支持到 24 MHz。

4）兼容性：89S5×向下兼容 89C5×，就是说 89S5×可以替代 89C5×使用，同样的程序，运行结果相同。

5）加密功能：89S5×系列采用全新的加密算法，这使得对于 89S51 的解密变为不可能，程序的保密性大大加强，这样就可以有效地保护知识产权不被侵犯。

6）抗干扰性：内部集成看门狗计时器，不再需要像 89C51 那样外接看门狗计时器单元电路。

7）烧写寿命更长：89S5×标称的烧写寿命 1 000 次，实际最少是 1 000~10 000 次。

89S××除了可以完全向下兼容 8051、AT89C51 等 51 系列芯片，还多了 ISP 编程和看门狗功能，对开发设备的要求很低，开发时间也大大缩短。写入单片机内的程序还可以进行加密，能够很好地保护产品设计者的劳动成果，增加了竞争力。

89S51 已经成为实际应用市场上新的宠儿，作为市场占有率第一的 Atmel 公司目前已经停产 AT89C51，由 AT89S51 代替。

4. Philips 公司的增强型 80C51 单片机

Philips 公司的增强型 80C51 单片机，从片内资源、运行速度、功率消耗到外形尺寸和封装形式等多方面全面超越80C51。其主要特点为：有三个定时计数器，4级中断，可动态关闭ALE以改善电磁兼容性，CPU时钟有主频2分频、6分频、12分频三种方式可选（速度最高可达标准80C51的6倍），双DPTR数据指针，具有UART的地址自动识别和帧错误检测功能。有P87C51、P89C51、P87LPC76×、P89LPC900等系列上百个品种，从超小型化、超薄型的P87C5××2BDH，到低功耗、低价格、小引脚的P89LPC9××，引脚数有8、14、16、20、28、40、44、48、68、80甚至更多。1.8～3.3 V的电源电压……这些都使得Philips公司的增强型80C51单片机更具吸引力。

5. Cygnal公司的系统级C8051F系列单片机

Cygnal公司的C8051F系列单片机是完全集成的混合信号系统级芯片SoC，采用了与MCS-51指令集完全兼容的高速CIP-51内核，大大提升了CISC结构运行速度。其峰值速度可达25MIPS，并具有I/O口交叉开关配置功能。该系列单片机在一个芯片内集成了构成一个单片机数据采集或控制系统所需要的几乎所有模拟和数字外设及其他功能部件，包括PGA、ADC、DAC、电压比较器、电压基准、温度传感器、SMBus/I^2C、UART、SPI、定时器、可编程计数器/定时器阵列、内部振荡器、看门狗定时器及电源监视器等；具有大容量的可在系统ISP和在应用IAP编程的Flash存储器。优异的性能，使其成为很多测控系统的首选机型。

6. STC单片机

STC单片机是中国内地专业的8051单片机设计公司宏晶科技的产品，STC单片机主要基于8051内核，是新一代增强型单片机，指令代码完全兼容传统8051，速度比其快8～12倍，带ADC、4路PWM、双串口，有全球唯一的ID号，加密性好，抗干扰强。无须使用昂贵的编程器，只要一根廉价的下载线即可，而且它也有KeilC51的C编译器，可以利用C语言来写程序。

二、51单片机的内部结构

图2-2所示为89S51单片机内部结构框图。

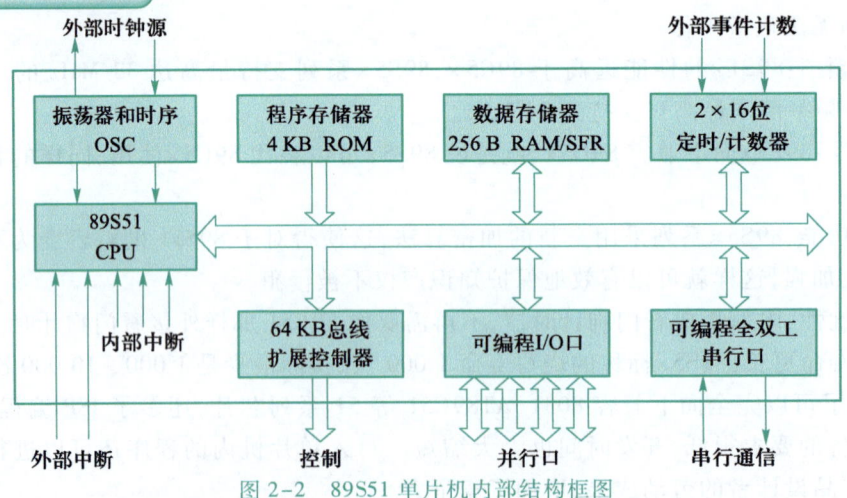

图2-2　89S51单片机内部结构框图

89S51单片机内部结构具体描述如下：

- 内部时钟和定时电路
- 8位CPU
- 4KB ROM

- 256B RAM、21 个特殊功能寄存器
- 两个 16 位加 1 工作的定时/计数器
- 5 个中断源、两个优先级的中断控制系统
- 可寻址的 64KB 外部数据、程序存储空间
- 4 个 8 位,共 32 位准双向 I/O 口线
- 一个全双工串行口

1. 中央处理器(CPU)

CPU 是整个单片机的核心部件,是 8 位数据宽度的处理器,能处理 8 位的二进制代码或数据,它负责控制、指挥和调度各个单元系统的工作,完成运算、处理和 I/O 操作等功能。CPU 由控制器和运算器组成,运算器分为算术运算器与逻辑运算器两种。

控制器主要由以下几部分构成。

1) 程序计数器(PC):当读取一条指令执行后,PC 能自动指向下一条指令,为执行下一条指令做准备,因此单片机工作时,程序可以自动连续执行。

2) 指令寄存器(IR):临时存放从存储器中预取来的指令。

3) 指令译码器(ID):负责翻译指令,从 IR 送来的指令经 ID 译码后,单片机就能判断该指令要进行何种操作。

4) 操作控制部件:不同的指令在指令译码器中翻译后,由操作控制部件产生相应的控制命令和控制信号,用以控制单片机按指令的要求进行对应操作。

5) 时序控制电路:产生单片机各种操作所需的定时脉冲信号,严格保证各操作动作按时间先后执行。

2. 存储器

存储器根据作用不同分为程序存储器(ROM)和数据存储器(RAM)两类,前者存放固定程序和常数等,后者存放一些临时性的数据。

每个存储单元都有自己对应的唯一地址,存储器进行读写时,就是通过这个地址(由地址总线提供)找到对应的存储单元进行读写操作(由数据总线传输),每个存储单元一般为 1 字节。

注意:不同单片机的存储器类型和大小有所不同。AT89S51 的程序存储器为 4 KB 的闪存,数据存储器是 128 B 的 RAM;AT89S52 的程序存储器为 8 KB 的闪存,数据存储器是 256 B 的 RAM;STC89C51/52 内部闪存分别为 4 KB 和 8 KB,数据存储器是 512 B。如果单片机内部的存储器不够用可以进行扩展,扩展后的存储空间就分为 4 部分,即内、外程序存储器和内、外数据存储器。89S51 的存储空间如图 2-3 所示。

(1) 工作寄存器区

该区共有 32 个单元,地址为 00H~1FH,这 32 个单元平分为 4 组,称为第 0~3 组通用寄存器,如图 2-4 所示,每组的 8 个单元都记作 R0~R7。该区的作用是用于存放操作数及指令执行的中间结果,CPU 在某时刻只能使用 4 组中的某一组作为当前寄存器组,单片机复位后默认第 0 组为当前寄存器组,可通过 PSW 中的 RS1、RS0 两位来设置,不被选中的工作寄存器组可作为一般 RAM 使用。

(2) 位寻址区

该区共有 16 个单元,地址为 20H~2FH,它们每一个单元既可以独立进行位寻址,又可以进行单元寻址,作为一般 RAM 使用。具体位寻址地址分配表如表 2-1 所示。

项目二　51单片机内部结构

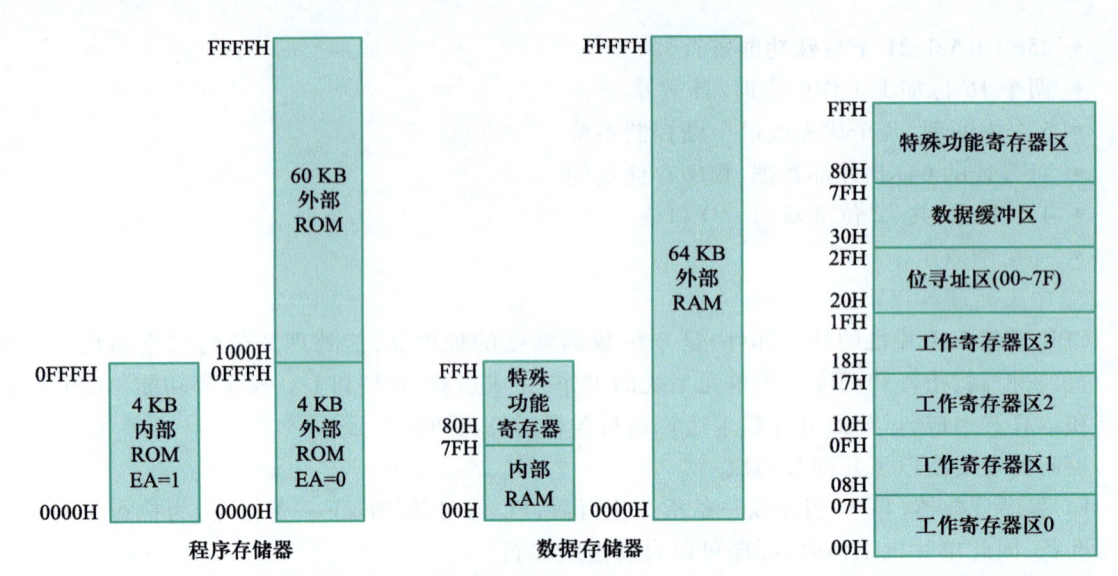

图 2-3　51单片机存储器空间分布

图 2-4　内部 RAM 的结构

表 2-1　位地址与单元地址对照表

单元地址	位地址							
	D7	D6	D5	D4	D3	D2	D1	D0
2FH	7FH	7EH	7DH	7CH	7BH	7AH	79H	78H
2EH	77H	76H	75H	74H	73H	72H	71H	70H
2DH	6FH	6EH	6DH	6CH	6BH	6AH	69H	68H
2CH	67H	66H	65H	64H	63H	62H	61H	60H
2BH	5FH	5EH	5DH	5CH	5BH	5AH	59H	58H
2AH	57H	56H	55H	54H	53H	52H	51H	50H
29H	4FH	4EH	4DH	4CH	4BH	4AH	49H	48H
28H	47H	46H	45H	44H	43H	42H	41H	40H
27H	3FH	3EH	3DH	3CH	3BH	3AH	39H	38H
26H	37H	36H	35H	34H	33H	32H	31H	30H
25H	2FH	2EH	2DH	2CH	2BH	2AH	29H	28H
24H	27H	26H	25H	24H	23H	22H	21H	20H
23H	1FH	1EH	1DH	1CH	1BH	1AH	19H	18H
22H	17H	16H	15H	14H	13H	12H	11H	10H
21H	0FH	0EH	0DH	0CH	0BH	0AH	09H	08H
20H	07H	06H	05H	04H	03H	02H	01H	00H

（3）数据缓冲区

该区为余下的80个单元，地址范围为30H～7FH，单片机对这一部分单元没有特殊定义，但一般将堆栈区设置在这个区域。

（4）特殊功能寄存器

51单片机有21个特殊功能寄存器（SFR），分散的位于80H～0FFH范围的地址空间内，其中不包括程序计数器(PC),因为它不能被访问。特殊功能寄存器如表2-2所示。

表2-2 特殊功能寄存器一览表

寄存器符号	地址	是否可位寻址	功能介绍
B	0F0H	是	B寄存器
ACC	0E0H	是	累加器
PSW	0D0H	是	程序状态字
IP	0B8H	是	中断优先级控制寄存器
P3	0B0H	是	P3口锁存器
IE	0A8H	是	中断允许控制寄存器
P2	0A0H	是	P2口锁存器
SBUF	99H	否	串行口锁存器
SCON	98H	是	串行口控制寄存器
P1	90H	是	P1口锁存器
TH1	8DH	否	定时/计数器1(高8位)
TH0	8CH	否	定时/计数器1(低8位)
TL1	8BH	否	定时/计数器0(高8位)
TL0	8AH	否	定时/计数器0(低8位)
TMOD	89A	否	定时/计数器方式控制寄存器
TCON	88H	是	定时/计数器控制寄存器
DPH	83H	否	数据地址指针(高8位)
DPL	82H	否	数据地址指针(低8位)
SP	81H	否	堆栈指针
P0	80H	是	P0口锁存器
PCON	87H	否	电源控制寄存器

1) 累加器ACC。ACC是8位的累加器,主要完成数据的算术和逻辑运算,可存放数据或中间结果,是最常用的SFR,可位寻址。

2) B寄存器。B是8位寄存器,主要用于乘除运算,与累加器ACC配对使用。B寄存器也可作为一般寄存器使用。乘法中,被乘数来自A,乘数来自B,积存放在BA中;除法中,被除数来自A,除数来自B,商存放在A,余数存放在B。

3) 程序状态字寄存器(PSW)。PSW是8位的特殊功能寄存器,如表2-3所示,有的位可以由用户设定,有的直接反映指令执行后的状态,起到标志的作用。简介如下。

表2-3 PSW

PSW.7	PSW.6	PSW.5	PSW.4	PSW.3	PSW.2	PSW.1	PSW.0
CY	AC	F0	RS1	RS0	OV	未使用	P

CY:进位标志。在加/减法中,若最高位出现进位/借位,则CY自动置1,否则为0;在位操作中,CY作为位累加器使用,位操作的操作数之一来于此。

AC：辅助进位标志。若低 4 位向高 4 位出现进位/借位，则 AC 自动置 1，否则为 0。主要用于 BCD 码的运算调整。

F0：用户定义标志。可由用户通过软件对其置位、复位、测试，用于控制程序的走向。

RS1、RS0：工作寄存器组选择，通过软件设置决定用哪一组。RS1、RS0 与寄存器组的对应关系如表 2-4 所示。

表 2-4　RS1、RS0 与寄存器组的对应关系

RS1	RS0	寄存器组	地址
0	0	0 组	00H～07H
0	1	1 组	08H～0FH
1	0	2 组	10H～17H
1	1	3 组	18H～1FH

OV：溢出标志。用于表示有符号数算术运算的溢出。当运算结果超出补码表示范围时 OV 由硬件置 1，否则为 0。

P：奇偶标志。表示累加器中 1 的个数的奇偶性，1 的个数为奇数时 P=1，否则为 0。

4）堆栈指针寄存器（SP）。堆栈是内部 RAM 中的一个区域，它的存储原则是"先进后出，后进先出"，这个方式需要有一个地址指针来指明栈顶的位置，这个工作由堆栈指针 SP 来承担，SP 就是用来存放栈顶位置的寄存器。

堆栈的操作有两种：进栈（向堆栈中存入数据）和出栈（从堆栈中取出数据）。进栈时指针先自动加 1，再存放数据；出栈时，先取出栈顶数据，SP 再减 1。

单片机复位后，SP=07H，这样堆栈就会落在 RAM 的工作寄存器区。我们通常只允许将堆栈设置在一般 RAM 区，所以，编程时应把 SP 的值设为 30H 或以上的区域。堆栈在中断处理或子程序调用时往往用于保护现场及恢复现场，具体内容详见中断部分。

5）数据指针寄存器（DPTR）。DPTR 是一个 16 位特殊功能寄存器，又可作为两个 8 位寄存器（DPH/DPL）使用。在系统扩展时，DPTR 作为片外程序存储器和数据存储器的地址指针，寻址要访问的存储器单元，可访问的地址范围是 2^{16} B 即 64 KB。

3．定时/计数器

单片机除了运算外还要进行控制，所以需要能完成定时/计数功能的部件。51 单片机内部有两个 16 位的定时/计数器 T0、T1，通过编程，可以设置成 8 位、13 位或 16 位的定时/计数器。

4．并行输入/输出口

51 单片机内部有 4 个 8 位并行口，即 P0～P3 口，用于与外部进行数据的并行传输。原则上 4 个口都可以作为通用的 I/O 口，其中 P2 口可以作为高 8 位地址复用口，P3 口有第二功能。

5．全双工串行口

51 单片机有一个全双工串行口，用于完成单片机与其他计算机或通信设备间的串行数据通信，单片机使用 P3 口的 RXD 和 TXD 两个引脚完成通信。

6．中断系统

51 单片机内部有 5 个中断源，分别是两个外部中断，两个定时/计数器中断，一个串行中断。它们有默认的优先级（从高到低依次为：$\overline{INT0}$、T0、$\overline{INT1}$、T1、串行口），也可以通过编程设置新的

优先级。

7. 总线

51单片机内部有一条将各部分连接起来的纽带,即内部总线,CPU、存储器、I/O口、中断系统等就是通过内部总线联系在一起的,一切命令、数据都可通过内部总线传输。

单片机与外部的联系纽带为外部总线,常用三总线结构,即地址总线(AD)、数据总线(DB)和控制总线(CB)。

1) 地址总线:16位,由P2口提供高8位地址(能够锁存),P0口分时复用提供低8位。

2) 数据总线:传送由P0口提供的8位数据,P0口分时复用时,先充当地址总线传输低8位地址,再充当数据总线传送8位数据。

3) 控制总线:由$\overline{PSEN}$、$\overline{EA}$、ALE 和 P3 口部分引脚组成,扩展系统时常用的控制信号有 ALE(地址锁存信号,锁存 P0 口分时复用时先传送过来的低 8 位地址信息)、$\overline{PSEN}$(外部程序存储器取指令信号)、$\overline{RD}$(外部数据存储器读信号)、$\overline{WR}$(外部数据存储器写信号)。

三、51单片机的引脚

图2-5所示为89S51单片机引脚图。

1. 电源引脚

V_{CC}(40脚):电源端,为+5 V。

GND(20脚):接地端。

2. 时钟电路引脚

XTAL2(18脚):单片机内部振荡电路反相放大器的输出端。

XTAL1(19脚):单片机内部振荡电路反相放大器的输入端。

单片机基本时序单位:单片机以晶体振荡器的振荡周期(或外部引入的时钟周期)为最小的时序单位,片内的各种微操作都以此周期为时序基准。

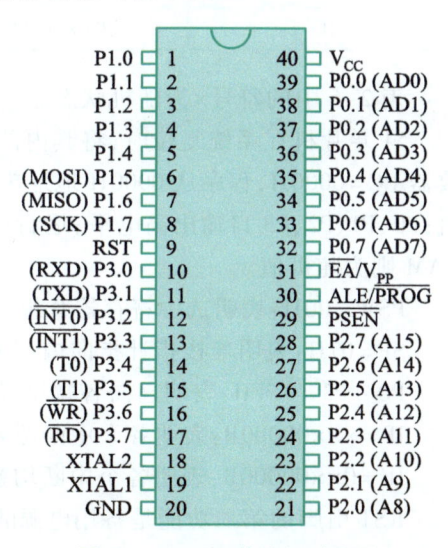

图2-5 89S51单片机引脚图

振荡频率二分频后形成状态周期或称S周期,所以1个状态周期包含两个振荡周期。振荡频率f_{osc}经过12分频后形成机器周期,所以1个机器周期包含6个状态周期或12个振荡周期。执行一条指令的时间叫作指令周期。51单片机指令系统中,各条指令的执行时间为1~4个机器周期。

振荡周期和机器周期是单片机内计算其他时间值(如波特率、定时器的定时时间等)的基本时序单位。

3. 复位引脚 RST(9脚)

RST是单片机复位信号输入端,高电平有效。

复位的概念:系统复位是任何微机系统执行的第一步,使整个控制芯片回到默认的硬件初始状态下,并从这一状态开始工作。对单片机来说,复位就是回到初始状态,程序计数器(PC)复位为0000H,为程序运行做好准备工作。另外,由于程序运行中的错误或操作失误使系统处于死锁状态时,为了摆脱这种状态,也需要进行复位,就像计算机死机了要重新启动一样。

单片机的复位操作使单片机进入初始化状态。51 单片机复位后特殊功能寄存器复位后的状态见表 2-5。

表 2-5 21 个特殊功能寄存器复位后的状态

寄存器名称	初始状态	寄存器名称	初始状态
A	00H	TMOD	00H
B	00H	TCON	00H
PSW	00H	TH0	00H
SP	07H	TL0	00H
DPL	00H	TH1	00H
DPH	00H	TL1	00H
P0 ~ P3	0FFH	SBUF	不定
IP	×××00000B	SCON	00H
IE	0××00000B	PCON	0×××××××B

表 2-5 中的符号×为随机状态。

51 单片机在系统复位时,将其内部的一些重要寄存器设置为特定的值,其中包括使程序计数器 PC=0000H,程序从 0000H 地址单元开始执行;21 个特殊功能寄存器复位后的状态为确定值;P0、P1、P2、P3 口输出高电平;运行中的复位操作不改变内部 RAM 的数据,重新上电时片内 RAM 则为随机值。

PSW=00H:表明选中寄存器 0 组为工作寄存器组;

SP=07H:表明堆栈指针指向内部 RAM 07H 字节单元;

P0 ~ P3=0FFH:表明已向各端口线写入 1,此时,各端口既可用于输入又可用于输出;

IP=×××00000B:表明各个中断源处于低优先级;

IE=0××00000B:表明各个中断均被关断,处于禁止状态。

RST 引脚的第二功能是备用电源的输入端,当主电源发生故障,降低到规定的低电平时,+5 V 电源自动接入 RST 端,为系统提供备用电源,保证复位后能继续正常运行。

复位的实现:当在单片机的 RST 引脚上加上高电平并保持两个机器周期(24 个时钟振荡周期)时,就可以完成复位操作。

4. 地址锁存允许信号端 ALE(30 脚)

当系统正常工作后,ALE 引脚不断输出脉冲信号;CPU 访问外部数据存储器或 I/O 口时,ALE 输出信号作为锁存 P0 口上的低 8 位地址的控制信号。

ALE 端可以驱动(吸收或输出电流)8 个 LS 型 TTL 输入。

5. 外部程序存储器读选通信号端 $\overline{PSEN}$(29 脚)

在访问外部程序存储器时,此引脚定时输出脉冲作为外部程序存储器的读选通信号,$\overline{PSEN}$ 端同样可以驱动(吸收或输出电流)8 个 LS 型 TTL 输入。

6. 内、外部程序存储器选择信号端 $\overline{EA}$(31 脚)

使用内部还是外部 ROM 由第 31 脚(即 $\overline{EA}$ 脚)决定。当 $\overline{EA}$ 为高电平时,先寻址 0000H ~ 0FFFH 的内部 ROM,大于 0FFFH 后,单片机 CPU 自动访问外部程序存储器,即先内部、后外部。

当$\overline{EA}$引脚接低电平时，CPU 只访问外部程序存储器。对于早期无内部程序存储器的型号如 8031 等，需外扩 EPROM，$\overline{EA}$引脚接地。

7. 输入/输出端 P0～P3

P0：准双向输入/输出端口或地址（低 8 位）/数据复用总线。

P1：单一功能的准双向输入/输出端口。

P2：准双向输入/输出端口或地址高 8 位。

P3：准双向输入/输出端口或第二功能端口。

四、单片机最小系统

1. 单片机的工作电源

51 单片机的第 40 引脚接+5 V 电源，第 20 引脚接地，为单片机提供工作电源。由于现在的单片机内部都含有程序存储器，因此在使用时，一般要将第 31 引脚（$\overline{EA}$）接高电平。

2. 单片机的复位电路

复位是单片机的初始化操作，其主要功能是把 PC 复位为 0000H，使单片机从地址为 0000H 的单元开始执行程序。除了系统正常的初始化外，当程序运行出错或系统处于死锁状态时，也需要按下复位键重启系统。

单片机的复位是通过在第 9 引脚（RST）接入持续一定时间（至少 2 个机器周期）的高电平实现的，通常为了保证可靠复位，该高电平复位信号至少保持 10 ms 以上。只要该引脚保持高电平，单片机就循环复位。当引脚变为低电平时，单片机退出复位状态，转入 0000H 单元开始执行程序。复位方式有以下三种。

1）上电复位：在加电时，复位电路通过电容加给复位端一个短暂的高电平信号，此信号随着 V_{CC} 对电容的充电过程而逐渐回落，即复位端 RST 的高电平持续时间取决于电容的充电时间。

2）手动复位：需要人为地在复位端加上高电平，一般采用的方法是在复位端与电源端之间接一个按钮，当按下按钮时，电源端的高电平就会直接加到复位端，即使按下的速度较快，也能使按钮保持接通数十毫秒，因此能保证最小复位时间要求。

3）自动复位：用于系统受到干扰造成死机或程序跑飞时，自动使单片机 CPU 复位，进入初始状态，如 Watchdog 监控方式（可参考其他资料）。

为了达到上电复位和手动复位的要求，可以用很多种方法，这里提供一种供参考，如图 2-6 所示。

这种复位电路的工作原理是：通电时，电容两端相当于短路，于是 RST 端为高电平，然后电源通过电阻对电容充电，RST 端电压慢慢下降，经过一段时间，达到低电平，单片机开始正常工作。

根据实际操作的经验，给出图 2-6 中复位电路的电容、电阻参考值：$C = 10$ μF，$R_1 = 1$ kΩ，$R_2 = 10$ kΩ。

3. 单片机的时钟电路

时钟电路用于产生时钟信号，以保证同步工作方式的实现。单片机本身是一个复杂的同步时序电路，因此需要时钟电路。在单片机芯片内部有一个高增益反相放大器，输入端是晶振引脚 XTAL1，输出引脚是 XTAL2，在芯片外部通过这两个引脚跨接晶振和微调电容，形成反馈电路，构成稳定的自激振荡器，如图 2-7 所示。

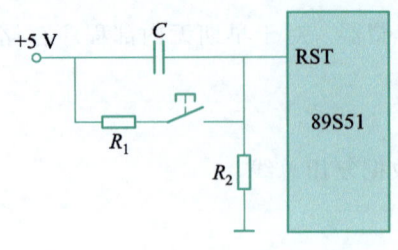

图 2-6　51 单片机的复位电路 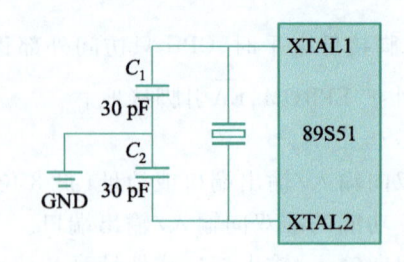　　　　图 2-7　51 单片机的时钟电路

电路中对电容 C_1 和 C_2 要求不是非常严格,如果使用高品质的晶振,则不管频率是多少,电容一般都选择 30 pF,对于 AT89S51/52 单片机,晶振频率范围为 0～33 MHz。晶振频率越高,时钟频率就越高,单片机运行速度也就越快。

4. 单片机最小系统

能让单片机运行起来的最简单的硬件连接就是单片机的最小系统电路,一般包括工作电源、振荡电路和复位电路等几部分,如图 2-8 所示。

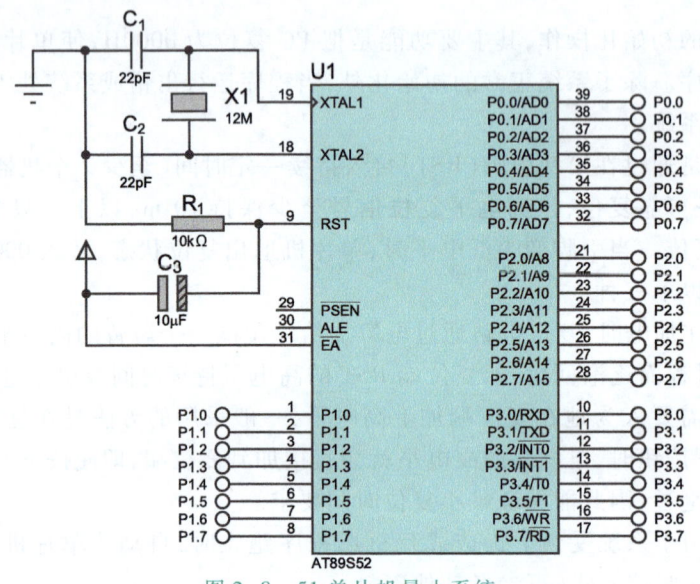

图 2-8　51 单片机最小系统

🔍 动手与动脑

1. 详细描述 51 单片机的内部结构组成。
2. 给出 51 单片机的典型产品型号。
3. 给出单片机最小系统的概念,并画图。
4. 描述 51 单片机内部数据存储器的分区和使用特点。

🔎 思考与练习

1. 画出 51 单片机的内部结构图。
2. 写出 51 单片机内部组成。51 单片机由哪些主要单元构成?各自的功能是什么?
3. 51 单片机有多少只引脚?作为 I/O 口的引脚有哪些?具体说明 RST、XTAL1、XTAL2 的作用。

4. 单片机的振荡周期、状态周期、机器周期之间有什么关系？若晶振频率是 6 MHz，那么上述三个周期的值分别是多少？

5. 什么是复位？单片机复位有几种方法？复位后寄存器 A、B、PSW、SP、PC、DPTR 的值分别是多少？

6. 画图说明复位电路的工作原理。

7. ALE 是何引脚？有何作用？

8. 什么是 ROM 和 RAM，其英文全称如何写？

9. 什么是单片机最小应用系统？画出最小系统示意图。

10. 时钟电路的作用是什么？

项目三　单片机编程语言及仿真工具认知

项目背景

51 单片机常用的编程语言有汇编语言和 C51 语言。

汇编语言是面向机器的程序设计语言,也是能直接控制硬件的语言。在汇编语言中,用助记符(memoni)代替操作码,用地址符号(symbol)或标号(label)代替地址码。汇编语言的机器代码生成效率很高,能够高效地利用内部资源并节省代码空间。但是,其可读性不强,程序晦涩难以理解;并且,由于汇编语言存在开发周期长、移植困难等弊端,其发展、推广受到了一定的限制。

C 语言是一门通用计算机编程语言,应用广泛。C 语言的设计目标是提供一种能以简易的方式编译、处理低级存储器,产生少量的机器码以及不需要任何运行环境支持便能运行的编程语言。它具有通用性强、移植容易、二次开发容易、代码易懂等优点。

正是由于借鉴了 C 语言的优势,为了更加便捷地开发 51 单片机代码,C51 语言应运而生。

C51 语言是由 C 语言发展而来的。和 C 语言不同的是,C51 语言运行于 51 单片机平台,而 C 语言则运行于普通的桌面平台。C51 语言具有 C 语言结构清晰的优点,便于学习,同时具有汇编语言的硬件操作能力。具有 C 语言编程基础的读者,能够轻松地掌握单片机 C51 语言的程序设计。

C 语言代码要经过编译才能应用于硬件,C51 代码亦是如此。Keil C51 是一款专门的 C51 代码编译器。

为了便于初学者学习 51 单片机,本书借助 Proteus 软件来完成单片机案例虚拟仿真任务。Proteus7 及以下版本支持汇编语言编译并仿真,也支持与第三方 C51 语言编译器(本书介绍 Keil μVision 软件)的联合仿真。Proteus8 及以上版本可以通过嵌入第三方编译器实现 C51 语言的编译及仿真。

本项目重点学习 51 单片机编程语言和单片机的仿真调试基础知识。

项目目标

1. 认识 51 单片机的汇编语言及指令系统;
2. 学习单片机 C51 语言及编程知识;
3. 了解单片机的开发与仿真的方法;
4. 学习 Keil、Proteus 开发与仿真工具的使用方法。

项目任务

1. 通过 51 单片机的汇编语言及指令系统的认知学习,能够了解单片机汇编语言的特点及编程思路。熟悉单片机的编程语言。

2. 通过单片机 C51 语言及编程知识的详细学习，掌握 C51 语言的特点，能够用 C51 语言编写单片机程序。

3. 通过对 Keil 与 Proteus 软件的学习，能够实现 51 单片机的 C51 调试和虚拟仿真。

任务一　51 单片机汇编语言初识

【能力目标】

1. 了解汇编语言指令格式；
2. 了解指令字节、寻址方式、常用符号、常用伪指令等书写规范；
3. 了解 51 单片机指令系统；
4. 了解 51 单片机具体指令的功能。

【知识点】

1. 汇编语言指令格式；
2. 指令字节、寻址方式、常用符号、常用伪指令等指令中的常用概念；
3. 单片机指令系统说明；
4. 51 单片机具体指令功能学习。

一、汇编语言的特点

汇编语言是面向具体机型的，它离不开具体计算机的指令系统，对于不同型号的计算机，有不同结构的汇编语言。各大类单片机的指令系统是由单片机生产厂家规定的，所以用户必须遵循厂家规定的标准，才能达到应用单片机的目的。

汇编语言比机器语言易于读写、调试和修改，同时具有机器语言的全部优点。但在编写复杂程序时，相对高级语言而言其代码量较大，而且汇编语言依赖于具体的处理器体系结构，不能通用，因此不能直接在不同处理器体系结构之间移植。

汇编语言具有以下特点。

（1）它是面向机器的低级语言，通常是为特定的计算机或系列计算机专门设计的。

（2）保持了机器语言的优点，具有直接和简捷的特点。

（3）可有效地访问、控制计算机的各种硬件设备，如磁盘、存储器、CPU、I/O 端口等。

（4）目标代码简短，占用内存少，执行速度快，是高效的程序设计语言。

随着电子技术的发展，新产品的生态周期不断缩短，产品的开发周期越来越短，汇编语言的弊端也就越来越明显。

二、汇编语言指令格式

51 单片机采用助记符表示的汇编语言指令格式如下。

标号:操作码 操作数或操作数地址;注释

例如：

CHENGXU1:MOV A,#0F6H;给累加器 A 赋值 F6H，字母及符号都为英文半角标号是程序员根据编程需要给指令设定的符号地址,通常由字符组成,并且第一个字符必须是英文字母,标号后必须用冒号,一般在功能程序段的开始以程序段名称作为标号。注意,标号不能以寄存器名称、指令助记符等命名。

操作码表示指令的操作种类,如 MOV 表示数据传送操作等。

操作数或操作数地址表示参加运算的数据或数据的有效地址,与具体的指令和操作数的寻址方式有关。

注释是对指令的解释说明,用以提高程序的可读性,注释前必须加分号。在简单的程序段中注释可不写。

三、指令字节

指令字节是指指令被编译为相应的操作代码(机器码或称机器语言)后占用的字节数。51 单片机指令系统中有单字节指令、双字节指令和三字节指令三种格式。指令越短,占用程序存储器的空间越少。

1. 一字节指令

一字节指令只有 1 字节,操作码和操作数信息均在其中。51 单片机指令系统中,共有一字节指令 49 条。

2. 二字节指令

二字节指令包括 2 字节,其中第一字节为操作码,第二字节为操作数。51 单片机指令系统中,共有二字节指令 45 条。

3. 三字节指令

三字节指令中,操作码占 1 字节,操作数占 2 字节,其中操作数可能是数据,也可能是地址。51 单片机指令系统中,共有三字节指令 17 条。

四、寻址方式

对指令中操作数的表达方式称为寻址方式。操作数是指令的重要组成部分,一条指令采用什么样的寻址方式由指令的功能决定,寻址方式越多,指令功能越强。

51 单片机的指令系统使用 7 种寻址方式,包括立即寻址、直接寻址、寄存器寻址、寄存器间接寻址、变址寻址、相对寻址和位寻址。

1. 立即寻址方式

立即寻址方式指操作数在指令中直接给出,出现在指令中的操作数称为立即数。为了与直接寻址指令中的直接地址区别,在立即数前面加"#"标志。

例:"MOV R0,#0F8H;",其功能是把立即数 F8H 送 R0 寄存器,立即数高位为字母时在前边加 0。

2. 直接寻址方式

直接寻址方式是操作数存放在内存单元中,指令中直接以该内存单元的有效地址表达出操作数的寻址方式。在这种寻址方式中,操作数项给出的是参与运算的操作数的地址,而不是操作数本身。

直接寻址只能用来表示特殊功能寄存器、内部数据存储器及位地址空间。

例:"MOV R7,37H;",其功能是将 RAM 单元中地址 37H 的数据送入 A 寄存器,37H 是操作数所在的地址,而并非操作数。如果 RAM 单元 37H 地址中存放的是 11H,则执行完该语句后,R7 中的内容为 11H。

3. 寄存器寻址方式

寄存器寻址方式是一种简单快捷的寻址方式,其操作数在寄存器中,在指令中使用寄存器的符号表示目标操作数的寻址方式。

寄存器寻址方式的寻址范围包括通用寄存器和部分专用寄存器,指令中可以引用的寄存器及其符号名称如下:

8 位寄存器,有 A、B、Rn 及特殊功能寄存器 PSW、DPH 和 DPL 等。

例:"MOV A,Rn;",其功能是将寄存器 Rn 的内容送到累加器 A 中,操作数在 Rn 中。

4. 寄存器间接寻址方式

寄存器间接寻址指寄存器存放的是操作数的地址,即操作数是通过寄存器间接得到的,因此得名。

寄存器间接寻址必须以寄存器符号的形式表示。51 单片机的指令系统规定工作寄存器的 R0、R1 或 DPTR 为间接寻址寄存器,用于寻址内部或外部数据存储器单元。

为了区别寄存器寻址和寄存器间接寻址,在寄存器间接寻址方式中,在寄存器的名称前面加前缀标志"@"。

寄存器间接寻址方式的寻址范围为内部 RAM 低 128 单元(通用形式为@Ri(i=0 或 1))和外部 RAM 中 64KB(通用形式为@DPTR)。

例:"MOV A,@R0;",指令以 R0 寄存器内容为地址,把该地址单元的内容送累加器 A;"MOVX A,@DPTR;",其功能是把 DPTR 指定的外部 RAM 单元的内容送累加器 A。

外部 RAM 中低 256 单元是一个特殊的寻址区,除使用 DPTR 作间址寄存器寻址外,还可使用 R0 或 R1 作间址寄存器寻址。

5. 变址寻址方式

变址寻址方式指以 DPTR 或 PC 作为基址寄存器,以累加器 A 作为变址寄存器,并以两者内容相加形成 16 位地址作为操作数的地址。

例:"JMP @A+DPTR;",其功能是把 DPTR 和 A 的内容相加,得到的数据作为跳转指令的目的地址。

6. 相对寻址方式

相对寻址是以当前程序计数器(PC)的内容为基址,加上指令给出的操作数(偏移量)形成新的 PC 值,作为跳转指令的转移地址(也称目的地址)的寻址方式。

相对转移以转移指令所在地址为基点,向前最大可转移(127+转移指令字节数)个单元,向后最大可转移(128-转移指令字节数)个单元。

例:"SJMP rel(标号);",该跳转指令的目的地址由当前的 PC 值与偏移量 rel 相加得到。

7. 位寻址方式

51 单片机有位处理功能,对位地址中的内容进行位操作的寻址方式称为位寻址。

由于单片机中只有内部 RAM 和特殊功能寄存器的部分单元有位地址,因此位寻址只能对有位地址的这两个空间进行寻址操作。位寻址是一种直接寻址方式,由指令给出直接位地址。与直接寻址不同的是,位寻址只给出位地址,而不是字节地址。

例:"ANL C,30H;"指令功能是累加位 C 的状态和地址为 30H 的位状态进行逻辑与操作,并把结果保存在 C 中。

五、51 单片机指令系统说明

51 单片机共有 111 条指令，按其功能可分为 5 类。

1）数据传送类指令（共 29 条）。分为内部 RAM、外部 RAM、程序存储器的传送指令、交换及堆栈操作指令。

2）算术运算类指令（共 24 条）。分为加、带进位加、减、乘、除、加 1、减 1 指令。

3）逻辑运算及移位类指令（共 24 条）。分为逻辑与、或、异或、移位指令。

4）布尔变量操作类指令（共 17 条）。分为位变量传送、位变量与、或、位测试转移指令。

5）控制转移类指令（共 17 条）。分为无条件转移、调用、条件转移和空操作指令。

六、常用符号

Rn——工作寄存器 R0~R7

Ri——间接寻址寄存器 R0、R1

Direct——直接地址，包括内部 128B RAM 单元地址、26 个 SFR 地址

#data——8 位常数

#data 16——16 位常数

addr 16——16 位目的地址

addr 11——11 位目的地址

rel——8 位带符号的偏移地址

DPTR——16 位外部数据指针寄存器

bit——可直接位寻址的位

A——累加器

B——寄存器 B

C——进、借位标志位，或位累加器

@——间接寄存器或基址寄存器的前缀

/——指定位求反

(x)——x 中的内容

((x))——x 中的地址中的内容

$——当前指令存放的地址

←——传送方向

七、常用伪指令

在编程过程中为了做一些标记、规定程序段的起始地址和标记程序结束等常使用一些伪指令。伪指令一般不属于指令系统，不产生机器代码，但编译软件在编译程序时却有实际意义，同时也为识读程序提供了方便。

下面介绍几个常用的伪指令。

1）ORG：程序段起始地址伪指令，用来规定汇编语言程序段在程序存储器中存放的起始地址。格式如下：

ORG　　16位地址

例："ORG　0100H；"，表示下面的程序地址从0100H开始。

在一个源程序中，可多次使用ORG指令，规定不同程序段的起始位置。

2）END：程序结束伪指令，用在程序的末尾，表示程序已结束。汇编程序对END以后的指令不再汇编。

3）EQU：赋值伪指令。

例："PAI　EQU　3；"以后程序中出现的PAI全部代表3

4）DB：定义字节伪指令，常用于定义数据常数表。

例：TAB1：DB　3FH，06H，5BH，4FH，66H，6DH，7DH，07H

DB 7FH，6FH，77H，7CH，39H，5EH，79H，71H

5）BIT：位定义伪指令。

例："FLAG BIT P1.0；"，程序中出现FLAG即为对单片机I/O口P1.0的操作。

八、51单片机具体指令功能

51单片机具体指令功能见表3-1～表3-5。

表3-1　数据传送类指令

类型	指令助记符	说明	字节数
内部RAM传送指令	MOV A，Rn	工作寄存器内容送累加器：A←(Rn)	1
	MOV A，direct	直接寻址单元的内容送累加器：A←(direct)	2
	MOV A，@Ri	间接寻址单元的内容送累加器：A←((Ri))	1
	MOV A，#data	立即数送累加器：A←#data	2
	MOV Rn，A	累加器的内容送工作寄存器：Rn←(A)	1
	MOV Rn，direct	直接寻址单元的内容送工作寄存器：Rn←(direct)	2
	MOV Rn，#data	立即数送工作寄存器：Rn←#data	2
	MOV direct，A	累加器的内容送直接寻址单元：direct←(A)	2
	MOV direct，Rn	工作寄存器的内容送直接寻址单元：direct←(Rn)	2
	MOV direct1，direct2	直接寻址单元的内容送另一直接寻址单元：direct1←(direct2)	3
	MOV direct，@Ri	间接寻址单元的内容送直接寻址单元：direct←((Ri))	2
	MOV direct，#data	立即数送直接寻址单元：direct←#data	3
	MOV @Ri，A	累加器的内容送间接寻址单元：(Ri)←(A)	1
	MOV @Ri，direct	直接寻址单元的内容送间接寻址单元：(Ri)←(direct)	2
	MOV @Ri，#data	立即数送间接寻址单元：(Ri)←#data	2
	MOV DPTR，#data16	16位地址以立即数的形式送数据指针寄存器 DPTR←#data16	3
ROM传送	MOVCA，@A+DPTR	变址寻址单元的内容送累加器：A←((A)+(DPTR))	1
	MOVCA，@A+PC	变址寻址单元的内容送累加器：A←((A)+(PC))	1

续表

类型	指令助记符	说明	字节数
外部RAM传送指令	MOVX A,@Ri	外部RAM（8位地址）单元的内容送累加器：A←((Ri))	1
	MOVX A,@DPTR	外部RAM（16位地址）单元的内容送累加器：A←((DPTR))	1
	MOVX @Ri,A	累加器中的内容送外部RAM（8位地址）单元：((Ri))←A	1
	MOVX @DPTR,A	累加器的内容送外部RAM（16位地址）单元：((DPTR))←A	1
堆栈指令	PUSH direct	直接寻址字节压入栈顶：SP←(SP)+1,(SP)←(direct)	2
	POP direct	栈顶弹至直接寻址字节：direct←((SP)),SP←(SP)-1	2
交换指令	XCH A,Rn	工作寄存器内容与累加器内容交换：(A)←→(Rn)	1
	XCH A,direct	直接寻址单元的内容与累加器内容交换：(A)←→(direct)	2
	XCH A,@Ri	内部RAM内容与累加器内容交换：(A)←→((Ri))	1
	XCHD A,@Ri	内部RAM的低4位与累加器低4位交换：(A)3-0←→((Ri))3-0	1

表3-2 算术运算类指令

类型	指令助记符	说明	字节数
不带进位加法	ADD A,Rn	累加器内容与工作寄存器内容相加，结果存于累加器：A←(A)+(Rn)	1
	ADD A,direct	累加器内容与直接寻址单元内容相加，结果存于累加器：A←(A)+(direct)	2
	ADD A,@Ri	累加器内容与间接寻址单元内容相加，结果存于累加器：A←(A)+((Ri))	1
	ADD A,#data	累加器内容与立即数相加，结果存于累加器：A←(A)+data	2
带进位加法	ADDC A,Rn	累加器内容与工作寄存器内容相加（带进位），结果存于累加器：A←(A)+(Rn)+CY	1
	ADDC A,direct	累加器内容与直接寻址单元内容相加（带进位），结果存于累加器：A←(A)+(direct)+C+CY	2
	ADDC A,@Ri	累加器内容与间接寻址单元内容相加（带进位），结果存于累加器：A←(A)+((Ri))+CY	1
	ADDC A,#data	累加器内容与立即数相加（带进位），结果存于累加器：A←(A)+data+CY	2

续表

类型	指令助记符	说明	字节数
带进位减法	SUBB A,Rn	累加器内容减去工作寄存器内容（带借位），结果存于累加器：A←(A)-(Rn)-CY	1
	SUBB A,direct	累加器内容减去直接寻址寄存器内容（带借位），结果存于累加器：A←(A)-(direct)-CY	2
	SUBB A,@Ri	累加器内容减去间接寻址寄存器内容（带借位），结果存于累加器：A←(A)-((Ri))-CY	1
	SUBB A,#data	累加器内容减去立即数（带借位），结果存于累加器：A←(A)-data-CY	2
加1指令	INC A	累加器内容加1：A←(A)+1	1
	INC Rn	工作寄存器内容加1：Rn←(Rn)+1	1
	INC direct	直接地址单元内容加1：direct←(direct)+1	2
	INC @Ri	间接寻址单元内容加1：(Ri)←((Ri))+1	1
	INC DPTR	数据指针寄存器内容加1：DPTR←(DPTR)+1	1
减1指令	DEC A	累加器内容减1：A←(A)-1	1
	DEC Rn	工作寄存器内容减1：Rn←(Rn)-1	1
	DEC direct	直接地址单元内容减1：direct←(direct)-1	2
	DEC @Ri	间接寻址单元内容减1：(Ri)←((Ri))-1	1
乘	MUL AB	累加器A内容和寄存器B内容相乘，结果存于B寄存器（高）和A寄存器（低）：BA←(A)*(B)	1
除	DIV AB	累加器A内容除以寄存器B内容，商存于A，余数存于B：AB←(A)/(B)	1
调整	DA A	对A的内容进行十进制调整，用于BCD加法	1

表3-3 逻辑运算类指令

类型	指令助记符	说明	字节数
与操作	ANL A,Rn	累加器内容与工作寄存器内容相"与"，结果存于累加器中：A←(A)&(Rn)	1
	ANL A,direct	累加器内容与直接地址单元内容相"与"，结果存于累加器中：A←(A)&(direct)	2
	ANL A,@Ri	累加器内容与间接寻址单元内容相"与"，结果存于累加器中：A←(A)&((Ri))	1
	ANL A,#data	累加器内容与立即数相"与"，结果存于累加器：A←(A)&data	2
	ANL direct,A	直接地址单元内容与累加器内容相"与"，结果存于该单元：direct←(direct)&(A)	2
	ANL direct,#data	直接地址单元内容与立即数相"与"结果，存于直接寻址单元：direct←(direct)&data	3

续表

类型	指令助记符	说明	字节数
或操作	ORL A,Rn	累加器内容与工作寄存器内容相"或",结果存于累加器:A←(A)|(Rn)	1
	ORL A,direct	累加器内容与直接地址单元内容相"或",结果存于累加器:A←(A)|(direct)	2
	ORL A,@Ri	累加器内容与间接寻址单元内容相"或",结果存于累加器:A←(A)|((Ri))	1
	ORL A,#data	累加器内容与立即数相"或",结果存于累加器:A←(A)|data	2
	ORL direct,A	直接地址单元内容与累加器内容相"或",结果存于该单元:direct←(direct)|(A)	2
	ORL direct,#data	直接地址单元内容与立即数相"或",结果存于直接寻址单元:direct←(direct)|data	3
异或操作	XRL A,Rn	累加器内容与工作寄存器内容相"异或",结果存于累加器:A←(A)^(Rn)	1
	XRL A,direct	累加器内容与直接寻址单元内容相"异或",结果存于累加器:A←(A)^(direct)	2
	XRL A,@Ri	累加器内容与间接寻址单元内容相"异或",结果存于累加器:A←(A)^((Ri))	1
	XRL A,#data	累加器内容与立即数相"异或",结果存到累加器:A←(A)^data	2
	XRL direct,A	直接地址单元内容与累加器内容相"异或",结果存到直接地址单元:direct←(direct)^(A)	2
	XRL direct,#data	直接地址单元内容与立即数相"异或",结果存到直接寻址单元:direct←(direct)^data	3
清0	CLR A	累加器清0:A←0	1
取反	CPL A	累加器内容求反:A←($\overline{A}$)	1
逻辑移位	RL A	累加器内容循环左移	1
	RLC A	累加器A内容带进位循环左移一位	1
	RR A	累加器内容循环右移	1
	RRC A	累加器A内容带进位循环右移一位	1
半字节交换	SWAP A	累加器A内容半字节交换	1

表3-4 位操作类指令

类型	指令助记符	说明	字节数
位清0	CLR C	进位位清0:CY←0	1
	CLR bit	直接地址位清0:bit←0	2

续表

类型	指令助记符	说明	字节数
位置1	SETB C	进位位置1:CY←1	1
	SETB bit	直接地址位置1:bit←1	2
位取反	CPL C	进位位取反:CY←$\overline{CY}$	1
	CPL bit	直接地址位取反:bit←$\overline{bit}$	2
逻辑与	ANL C,bit	进位位和直接地址位相"与",结果存于C:CY←(CY)&(bit)	2
	ANL C,$\overline{bit}$	进位位和直接地址位的反码相"与",结果存于C:CY←(CY)&($\overline{bit}$)	2
逻辑或	ORL C,bit	进位位和直接地址位相"或",结果存于C:CY←(CY)|(bit)	2
	ORL C,$\overline{bit}$	进位位和直接地址位的反码相"或",结果存于C:CY←(CY)|($\overline{bit}$)	2
位传送	MOV C,bit	直接地址位送入进位位:CY←(bit)	2
	MOV bit,C	进位位送入直接地址位:bit←CY	2
位测试转移	JC rel(目标地址)	进位位为1则转移:若(CY)=1,则PC←(PC)+2+2rel	2
	JNC rel(目标地址)	进位位为0则转移:若(CY)=0,则PC←(PC)+2+rel	2
	JB bit,rel(目标地址)	直接地址位为1则转移:若(bit)=1,则PC←(PC)+3+rel	3
	JNB bit,rel(目标地址)	直接地址位为0则转移:若(bit)=0,则PC←(PC)+3,+rel	3
	JBC bit,rel(目标地址)	直接地址位为1则转移,并将该位清0:若(bit)=1,则bit←0,PC←(PC)++3rel	3

表3-5 控制转移类指令

类型	指令助记符	说明	字节数
无条件转移	LJMP addr16(目标地址)	长转移,可跳转至程序存储空间的任意地址:PC←addr16	3
	AJMP addr11(目标地址)	绝对转移,转移范围2KB:PC←(PC)+2,PC10-0←addr11,(PC15-11)不变	2
	SJMP rel(目标地址)	短转移,转移范围-127 B~+128 B:(PC)←(PC)+2+rel	2
	JMP @ A+DPTR	散转移,目的地址由(A)+(DPTR)决定:(PC)←(A)+(DPTR)	1

续表

类型	指令助记符	说明	字节数
条件转移	JZ rel(目标地址)	累加器为零则转移,转移范围-127 B ~ +128 B:(A) = 0 转移,(PC)←(PC)+ 2 + rel	2
	JNZ rel(目标地址)	累加器不为零则转移: (A)≠0 转移,(PC)←(PC)+2+rel	2
	CJNE A,direct,rel(目标地址)	A 内容和直接寻址字节比较,不相等则转移: (A)≠(direct)转移, (PC)←(PC)+3+rel	3
	CJNE A,#data,rel(目标地址)	A 内容和立即数比较,不相等则转移: (A)≠#data 转移,(PC)←(PC)+3+rel	3
	CJNE Rn,#data,rel(目标地址)	寄存器内容和立即数比较,不相等则转移: (Rn)≠#data 转移,(PC)←(PC)+3+rel	3
	CJNE @Ri,#data,rel(目标地址)	比较立即数和间接寻址 RAM,不相等则转移:((Ri))≠#data 转移, (PC)←(PC)+3+rel	3
	DJNZ Rn,rel(目标地址)	寄存器减 1 不为零则转移: (Rn)-1→(Rn),(Rn)≠0 转移, (PC)←(PC)+2+rel	2
	DJNZ direct,rel(目标地址)	直接寻址字节减 1 不为零则转移: (direct)-1→(direct),(direct)≠0 转移,(PC)←(PC)+2+rel	3
调用及返回	LCALL addr16(目标地址)	长调用子程序:(PC)←addr16	2
	ACALL addr11(目标地址)	绝对调用子程序:PC←(PC)+2,PC10-0 ←addr11,(PC15-11)不变	3
	RET	从子程序返回	1
	RETI	从中断返回	1
	NOP	空操作	1

任务二　从通用 C 到 C51 的认知

【能力目标】

1. 熟悉 C 语言编程相关知识;
2. 掌握 C51 与通用 C 语言的区别;
3. 掌握 C51 的数据类型及其含义;
4. 能简要分析 C51 语言编制单片机程序。

【知识点】
1. C 语言基础知识；
2. C51 与通用 C 语言的区别；
3. C51 的数据类型；
4. C51 程序框架。

一、C 语言知识

在大多数情况下 C 语言的机器代码生成效率和汇编语言相当，但其可读性和可移植性却远远超过汇编语言，而且在使用 C 语言编程时还可以嵌入汇编来解决高时效性的代码编写问题。中大型的软件编写用 C 语言的开发周期通常要比用汇编语言小很多。因此，掌握用 C 语言对单片机编程很重要，可以大大提高开发的效率。

1. C 语言的特点

C 语言具有以下特点。

1）简洁、紧凑，使用方便、灵活。相对其他计算机语言而言，其源程序较短，因此输入程序时工作量少。

2）既具有高级语言的特点，又具有低级语言的一些功能，可以直接对硬件进行操作。

3）C 语言是一种结构化程序设计语言，它具有结构化控制语句。因此，C 语言十分有利于实现结构化、模块化程序设计。

4）C 语言的运算符丰富，表达式类型多样化。灵活使用各种 C 语言的运算符可以实现在其他高级语言中难以实现的运算。

5）数据类型丰富，能用来实现各种复杂的数据结构。因此，C 语言具有很强的数据处理能力。

6）程序中可以使用某些编译预处理语句，有利于提高程序质量和软件开发的工作效率。

7）生成的代码质量高。C 语言的代码效率只比汇编语言的代码效率低 10%~20%。

8）程序不依赖于机器硬件系统，从而便于在硬件结构不同的机种间和各种操作系统中实现程序的移植。

C 语言程序以函数形式组织程序结构，C 程序中的函数与其他语言中所描述的"子程序"或"过程"的概念是一样的。

一个 C 语言源程序由一个或若干个函数组成，每一个函数完成相对独立的功能。每个 C 程序都必须有（且仅有）一个主函数 main()，程序的执行总是从主函数开始，调用其他函数后返回主函数 main()，不管函数的排列顺序如何，最后在主函数中结束整个程序。

C 语言程序中可以有预处理命令，预处理命令通常放在源程序的最前面。

C 语言程序使用半角字符";"作为语句的结束符，一条语句可以多行书写，也可以一行书写多条语句。

与汇编语言相比，C 语言的优点如下：

① 不要求编程者详细了解单片机的指令系统，但需了解单片机的存储器结构；
② 寄存器分配、不同存储器的寻址及数据类型等细节可由编译器管理；
③ 结构清晰，程序可读性强；
④ 编译器提供了很多标准库函数，具有较强的数据处理能力。

2. C 语言的基本语句

C 语言程序的执行部分由语句组成。C 语言提供了丰富的程序控制语句，按照结构化程序设计的基本结构——顺序结构、选择结构和循环结构,组成各种复杂程序。这些语句主要包括表达式语句、复合语句、选择语句和循环语句等。

(1) 表达式语句和复合语句

表达式语句是最基本的 C 语言语句。表达式语句由表达式加上分号";"组成,其一般形式如下:

```
表达式;
```

执行表达式语句就是计算表达式的值。

1) 在 C 语言中有一个特殊的表达式语句,称为空语句。空语句中只有一个分号";",程序执行空语句时需要占用一条指令的执行时间,但是什么也不做。在 C51 程序中常常把空语句作为循环体,用于消耗 CPU 时间等待事件发生的场合。

2) 把多条语句用大括号{}括起来,组合在一起形成具有一定功能的模块,这种由若干条语句组合而成的语句块称为复合语句。在程序中应把复合语句看成单条语句,而不是多条语句。

3) 在程序运行时,{}中的各行单语句是依次顺序执行的。在 C 语言的函数中,函数体就是一个复合语句。

(2) 选择语句

1) 基本 if 语句的格式如下:

```
if(表达式)
  {
  语句组;
  }
```

if 语句执行过程:当"表达式"的结果为"真"时,执行其后的"语句组";否则,跳过该语句组,继续执行下面的语句。

if 语句中的"表达式"通常为逻辑表达式或关系表达式,也可以是任何其他的表达式或数据,只要表达式的值非 0 即为"真"。以下语句都是合法的:

```
if(3){……}
if(x=8){……}
if(P3_0){……}
```

在 if 语句中,"表达式"必须用括号括起来。

在 if 语句中,大括号"{ }"里面的语句组如果只有一条语句,可以省略大括号。如"if(P3_0==0)P1_0=0;"语句。但是为了提高程序的可读性和防止程序书写错误,建议读者在任何情况下都加上大括号。

2) if-else 语句的一般格式如下:

```
if(表达式)
    {
    语句组 1;
    }
```

```
        else
         {
        语句组 2;
         }
```

　　if-else 语句执行过程：当"表达式"的结果为"真"时，执行其后的"语句组 1"；否则，执行"语句组 2"。

　　if-else if 语句是由 if-else 语句组成的嵌套，用来实现多个条件分支的选择，其一般格式如下：

```
    if(表达式 1)
      {
     语句组 1;
      }
     else if(表达式 2)
      {
      语句组 2;
       }
      …
     else if(表达式 n)
      {
      语句组 n;
       }
    else
      {
     语句组 n+1;
       }
```

　　3) 多分支选择的 switch 语句，其一般形式如下：

```
    switch(表达式)
{
    case 常量表达式 1：   语句组 1;break;
    case 常量表达式 2：   语句组 2;break;
    ……
    case 常量表达式 n：   语句组 n;break;
    default:           语句组 n+1;
}
```

　　该语句的执行过程是：首先计算表达式的值，并逐个与 case 后的常量表达式的值相比较，当表达式的值与某个常量表达式的值相等时，则执行对应该常量表达式后的语句组，再执行 break 语句，跳出 switch 语句的执行，继续执行下一条语句；如果表达式的值与所有 case 后的常量表达式均不相同，则执行 default 后的语句组。

（3）循环语句
1）格式：

> while(循环继续的条件表达式)
> {语句组； }

while 语句用来实现"当型"循环,执行过程:首先判断表达式,当表达式的值为真(非0)时,反复执行循环体;为假(0)时,执行循环体外面的语句。

2）格式：

> do
> {
> 循环体语句组；
> } while(循环继续条件)；

do-while 语句用来实现"直到型"循环执行过程:先无条件执行一次循环体,然后判断条件表达式,当表达式的值为真(非0)时,返回执行循环体直到条件表达式为假(0)为止。

3）for 语句的一般形式(总循环次数已确定的情况下,可使用 for 语句)：

> for(循环变量赋初值；循环继续条件；循环变量增值)
> {
> 循环体语句组；
> }

for 语句不仅可用于循环次数已经确定的情况,也可用于循环次数虽不确定,但给出了循环继续条件的情况,它完全可以代替 while 语句和 do-while 语句。

3. C 语言数据与运算

（1）赋值运算符

赋值语句的作用是把某个常量或变量或表达式的值赋值给另一个变量。

其符号为"＝",这里并不是等于的意思,只是赋值,等于用"＝＝"表示。

赋值语句左边必须是变量或寄存器,且必须先定义。常量不能出现在左边。

赋值运算符和赋值表达式如下。

1）简单的赋值运算符:＝
2）复合的赋值运算符

i ＋ ＝ 2　　　等价于　i ＝ i ＋ 2
a * ＝ b ＋ 5　等价于　a ＝ a * (b ＋ 5)
x％ ＝ 3　　　等价于　x ＝ x％3

（2）算术运算符

＋:加法运算符。

－:减法运算符。

*:乘法运算符。

/:除法运算符。

％:求余运算符,或称模运算符。例如:4 ％ 2 ＝0。

++:变量自加1。

--:变量自减1。

注意:

1) 两个整数相除结果为整数,如8/5的结果为1,舍去小数部分;

2) 如果参加运算的两个数中有一个数为实数,则结果是实型;

3) 求余运算要求%两侧都是整型数据;

4) 自增、自减运算:

① 前置运算(先增减、后运算)——++变量、--变量;

② 后置运算(先运算、后增减)——变量++、变量--。

(3) 关系运算符与关系表达式

用关系运算符将两个表达式(可以是算术表达式、关系表达式、赋值表达式或逻辑表达式)连接起来的式子,称为关系表达式。

关系表达式的值为逻辑值"真"或"假",以1代表"真",以0代表"假"。

(4) 逻辑运算符及其优先级(表3-6)

表3-6 逻辑运算符

运算类型	运算符	优先级	结合性
括号运算符	( )	1	左→右
逻辑非和按位取反	!、~	2	右→左
算术运算	*、/、%	3	左→右
	+、-	4	左→右
左移、右移运算	≪、≫	5	左→右
关系运算	<、<=、>、>=	6	左→右
	= =、! =	7	左→右
位运算	&	8	左→右
	^	9	左→右
	|	10	左→右
逻辑与	&&	11	左→右
逻辑或	||	12	左→右
赋值运算与复合赋值运算	=、+ =、- =、* =、/ =、% =、& =、^ =、| =、≪ =、≫ =	14	右→左

(5) 位运算(表3-7)

表3-7 位 运 算

运算类型	格式	规则	主要用途
"与" &	x&y	对应位均为1时才为1,否则为0	保留某些位不变,其余各位置0
"或" |	x|y	对应位均为0时才为0,否则为1	将某些位置1,其余各位不变

续表

运算类型	格式	规则	主要用途
"异或"^	x^y	对应位相同时为0,不同时为1	将某些位取反,其余各位不变
"按位取反"~	~x	按位翻转,即原来为1的位变成0,原来为0的位变成1	间接地构造一个数,以增强程序的可移植性
"左移"≪	x≪2	把"≪"左边操作数的各二进制位全部左移若干位,移动的位数由"≪"右边的常数指定,高位丢弃,低位补0	
"右移"≫	x≫2	把"≫"左边操作数的各二进制位全部右移若干位,移动的位数由"≫"右边的常数指定。进行右移运算时,如果是无符号数,则总是在其左端补"0"	

二、C51 语言知识

与通用 C 语言不同,单片机 C 语言要有专门的编译器对代码进行优化,以提高编译的效率。本节介绍 C51 与通用 C 语言的区别,C51 的数据类型、变量、数组、指针和函数。

1. C51 与通用 C 语言的区别

1)增加了 20 个关键字,用来描述新增的数据类型、数据的存储分区和访问方式、程序的编译模式、函数的附加属性等。

2)由于 51 单片机存储资源和访问方式的多样性,需要对数据的存储区域和访问方式做进一步描述,为此,C51 专门定义了 code、data、idata、bdata、pdata 和 xdata 六种存储类型。

3)由于单片机应用的特殊性,C51 中改变了 int、char、float 等原有数据类型的值域范围,删除了 short 和 double 这两种数据类型,增加了一种新的数据类型——bit。

4)可以用关键字"_at_"为数据和函数定义绝对地址。

5)因为单片机是直接面向硬件资源进行应用的,为了更好地在 C51 中应用其本身硬件资源,所以增加了 sfr 和 sfr16 这两种数据类型,用来命名 8 位和 16 位的单片机内部特殊功能寄存器 SFR,它命名的对象地址是确定的,不接受编译器的地址分配。另外,可以用 sbit 来定义特殊功能寄存器中可位寻址的位或者有明确地址的可寻址位。注意,用 sfr、sfr16 和 sbit 定义的变量地址是确定的,也不接受编译器的地址分配。

6)C51 语言中增加了 small、compact 和 large 三个关键字来描述编译模式。按用户要求,C51 编译器可对程序进行不同程度和不同侧重的优化,以适应片上存储器的大小。

7)提供 auto、static、const 等存储类型。

8)C51 语言与标准 C 语言的库函数大部分兼容,但有些函数发生了一些改变。例如:①有的函数的返回值发生了数据类型的改变;②增加了内联函数(用头文件 intrins.h 说明),这些函数在编译时被直接替换为单片机的指令或者指令序列。

9)头文件中定义宏、说明复杂数据类型和函数原型,有利于程序的移植和支持单片机的系列化产品的开发。

C51 与标准 C 的差异主要源于它们工作的机器环境(硬件环境)和它们所拥有的硬件资源的差异。

2. C51 的数据类型

Keil 支持的 C51 数据类型在标准 C 语言的基础上有所增减。
C51 的数据类型详见表 3-8。

表 3-8 C51 常用数据类型

数据类型	长度	值范围
unsigned char	1 B	0~255
(signed) char	1 B	-128~+127
unsigned int	2 B	0~655 35
(signed) int	2 B	-327 68~+327 67
unsigned long	4 B	0~429 496 729 5
(signed) long	4 B	-214 748 364 8~+214 748 364 7
float	4 B	±1.175 494E-38~±3.402 823E+38
bit	1 bit	0 或 1
sfr	8 bit	0~255
sfr16	16 bit	0~655 35
sbit	1 bit	0 或 1
*	1~3 B	地址长度取决于对象的存储区

（1）char 型

char 型也叫作字符型数据，长度为 1 B，通常用于定义英文字符的变量或常量，也可用来定义用 8 位二进制表示的整数。

char 数据类型分为无符号字符类型（unsigned char）和有符号字符类型（signed char 或 char）。unsigned char 类型用 1 字节中所有的位（8 位二进制）来表示数值，所能表达的数值范围是 0~255（用十六进制表示为 00H~FFH）。（signed）char 类型用字节中最高位表示数据的符号，"0" 表示正数，"1" 表示负数，所能表示的数值范围是 -128~+127（用十六进制表示 80H~7FH）。unsigned char 常用于处理 ASCⅡ 字符、小于或等于 255 的整型数。举例：

```
unsigned char i='a'   ;//定义一个变量 i,i 的值为字符'a'的 ASCII 码 61H
```

（2）int 型

int 型数据也叫整型数据，长度为 2 B，用于存放一个双字节数据。int 型数据也分为无符号整型数（unsigned int）和有符号整型数（signed int 或 int）。

unsigned int 表示的数值范围是 0~65 535，用十六进制表示为 0~FFFFH。

signed int 表示的数值范围是 -32 768~+32 767（十六进制表示为 8 000H~7FFFH），字节中最高位表示数据的符号，"0" 表示正数，"1" 表示负数。举例：

```
int i=-1;//实际在单片机存储器中存储的是 FFFFH
```

（3）long 型

long 型数据也叫长整型数据，长度为 4 B，用于存放一个 4 字节数据。分为有符号长整型（signed）long 和无符号长整型 unsigned long。signed long 表示的数值范围为 -2 147 483 648~

+2 147 483 647,字节中最高位表示数据的符号。unsigned long 表示的数值范围是 0～4 294 967 295。

（4）float 型

float 型也称为浮点型。在十进制中具有 7 位有效数字,是符合 IEEE 标准的单精度浮点型数据,占用 4 B。在 MCS-51 单片机编程中,如非必需,建议不要使用此数据类型。

（5）bit

bit 为位标量,是 C51 编译器的一种扩充数据类型,利用它可定义一个位,它的值是一个二进制位,不是"0"就是"1",类似一些高级语言中的 Bool 类型中的 True 或 False。但不能定义成为位指针,也不能定义为数组。

（6）sfr

sfr 是 C51 扩充的专门定义 8 位的特殊功能寄存器的数据类型,占用一个内存单元。利用它能访问 51 单片机内部的所有单字节特殊功能寄存器。

如果定义 sfr Port = 0x90,则表明标识符 Port 指向 P1 口所在片内的寄存器（因为 P1 口对应的寄存器地址就是 0x90）,在后面的语句中用 Port =0 或 Port =0xff 之类的赋值语句来对单片机的 P1 口的 8 只引脚清零和置位。

（7）sfr16

sfr16 也是 C51 扩充的专门定义 16 位的特殊功能寄存器的数据类型,占用两个内存单元。sfr16 和 sfr 一样用于操作特殊功能寄存器,所不同的是它用于操作占 2 B 的寄存器,如定时器（T0、T1）和数据指针（DP）等。

（8）sbit

sbit 同样是 C51 语言中的一种扩充数据类型,利用它能访问单片机内部 RAM 中的可寻址位或特殊功能寄存器中的可寻址位。

（9）*（指针型）

指针型本身就是一个变量,在这个变量中存放的是指向另一个数据的地址。这个指针变量要占据一定的内存单元,对不同的处理器长度也不尽相同,在 C51 中它的长度一般为 1～3 B。

单片机 C 语言支持一般指针（generic pointer）和存储器指针（memory_specific pointer）两种指针形式。

1）一般指针的声明和使用均与标准 C 相同,不过同时还能说明指针的存储类型,例如：

"long * state;",state 为一个指向 long 型整数的指针,而 state 本身则依存储模式存放。

"char * xdata ptr;",ptr 为一个指向 char 数据的指针,而 ptr 本身放于外部 RAM,以上的 long、char 等指针指向的数据可存放于任何存储器中。

一般指针本身用 3 B 存放,分别为存储器类型、高位偏移及低位偏移量。

2）存储器指针。基于存储器的指针说明时即指定了存储类型,例如：

"char data * i;",i 指向 data 区中 char 型数据,只需 1 B。

"int xdata * x;",x 指向外部 RAM 的 int 型整数。

这种指针存放时只需存放偏移量,所以只需 1～2 B 可以了。

（10）举例说明

1）sfr 和 sfr16 可以直接对 51 单片机的特殊寄存器进行定义,定义方法如下：

sfr 特殊功能寄存器名= 特殊功能寄存器地址常数；

sfr16 特殊功能寄存器名= 特殊功能寄存器地址常数；

在 Keil 工程中关于 AT89S51 的头文件 REG51.H 中有关于 P1 口的定义：

```
sfr P1 = 0x90;  //定义 P1 口,其地址为 90H
```

sfr 关键字后面是一个要定义的名字——标识符,可任意选取,但要符合标识符的命名规则,名字最好有一定的含义(如 P1 口能以 P1 为名),这样程序会很容易理解。等号后面必须是常数,不允许有带运算符的表达式,而且该常数必须在特殊功能寄存器的地址范围之内(80H~FFH)。sfr 用于定义 8 位的特殊功能寄存器,而 sfr16 则用于定义 16 位的特殊功能寄存器,如 AT89S52 的定时器 2,可以定义为：

```
sfr16 T2 = 0xCC;  //这里定义 8052 定时器 2,地址为 T2L=CCH,T2H=CDH。
```

用 sfr16 定义 16 位特殊功能寄存器时,等号后面是它的低位地址,高位地址一定要位于物理低位地址之上。注意它不能用于定时器 0 和 1 的定义。

2) sbit 可定义为可位寻址对象。其定义方法有三种。

例如：如果要访问 P1 口中的第 2 只引脚 P1.1,可以按照以下的方法定义。

① sbit 位变量名=位地址

```
sbit P1_1 = 0x91;
```

这样是把位的绝对地址赋给位变量。与 sfr 一样,sbit 的位地址必须在 80H~FFH 之间。利用 P1_1=0 语句可以直接把 P1.1 引脚清零。

② sbit 位变量名=特殊功能寄存器名^位位置

```
sft P1 = 0x90;
sbit P1_1 = P1^1;  //先定义一个特殊功能寄存器名,再指定位变量名所在的位置,当
                   //可寻址位位于特殊功能寄存器中时可采用这种方法
```

③ sbit 位变量名=字节地址^位位置

```
sbit P1_1 = 0x90^1;
```

这种方法其实和②是一样的,只是将特殊功能寄存器的位地址直接用常数表示。

另外,在单片机 C 语言存储器类型中有一个 bdata 存储器类型,这是指可位寻址的数据存储器,位于单片机的可位寻址区中,能将变量定义在 bdata 区,则这个变量也可以实现位寻址,如：

```
unsigned char bdata i;  //在可位寻址区定义 ucsigned char 类型的变量 i
sbit i7=i^7;  //用关键字 sbit 定义位变量来独立访问变量 i 的第 8 位
```

注意：操作符"^"后面的位数的最大值取决于变量的类型,char 型变量"^"后边的数的范围为 0~7,int 型变量"^"后边的数的范围为 0~15,而 long 型变量"^"后边的数的范围则为 0~31。

3. 变量的定义

变量是 C 语言构成的基本要素,要在程序中使用变量,必须先定义一个标识符作为变量名；另外,在 C51 中还要指出变量的数据类型和存储模式,这样编译系统才能为变量分配相应的存储空间。

定义一个变量的格式如下：

{存储种类}　数据类型　{存储器类型}　变量名

其中,"数据类型"和"变量名"是必需的,"存储种类"和"存储器类型"是可选项。

存储种类有4种:自动(auto)、外部(extern)、静态(static)和寄存器(register),默认类型为自动(auto)。

说明了一个变量的数据类型后,还可选择说明该变量的存储器类型。存储器类型的说明就是指定该变量在单片机C语言硬件系统中所使用的存储区域,并在编译时准确地定位。

(1) Keil C51 的存储器类型

Keil C51 的存储器类型共有 6 种,如表 3-9 所示。

表 3-9 C51 的存储器类型

存储器类型	说明
data	直接访问内部数据存储器 00H~7FH(共 128 B),访问速度最快
bdata	可位寻址内部数据存储器 20H~2FH(共 16 B),允许位与字节混合访问
idata	间接访问内部数据存储器 00H~FFH(共 256 B),允许访问全部内部地址,对应的汇编指令为 MOV @ Ri
pdata	分页访问外部数据存储器(256 B),对应的汇编指令为 MOVX @ Ri
xdata	外部数据存储器(64KB),对应的汇编指令为 MOVX @ DPTR
code	程序存储器(64KB),对应的汇编指令为 MOVC @ A+DPTR

1) data。对于 51 系列芯片,data 类型对应单片机内部的 128 B 的 RAM,是单片机访问最快的内存单元。

data 区空间小,所以只有频繁使用或对运算速度要求很高的变量才放到 data 区内,比如 for 循环中的计数值。data 区内最好放局部变量,以提高内存利用率。这是因为局部变量的空间是能覆盖的,例如某个函数的局部变量占用的空间在该函数退出时就被释放,就可以由其他函数的局部变量占用了(即覆盖)。当然静态局部变量除外,其内存使用方式与全局变量相同。

在 small 存储模式下,未说明存储器类型时,变量默认被定位在 data 区。标准变量和用户自定义变量都可以存储在 data 区,只要不超过 data 区的范围即可。因为 C51 使用默认的寄存器组传递参数,因此至少有 8 B 的内部 RAM 不能使用。另外要定义足够大的堆栈空间,当内部堆栈溢出的时候,程序会产生莫名其妙的错误,实际原因是 51 系列单片机没有硬件报错机制,堆栈溢出就会出现这样的错误。

2) bdata。在 51 系列芯片中,bdata 对应于单片机内部 16 B 的可位寻址区,共 128 bit。定义方法是:"bdata bit flag1;",但位类型不能用在数组和结构体中。

当在 data 区的位寻址区(20H~2FH)定义变量,这个变量就可进行位寻址,并且声明位变量。这对状态寄存器来说十分有用,因为它可以单独使用变量的每一位,而不一定要用位变量名引用位变量。

另外,编译器不允许在 bdata 区中定义 float 和 double 类型的变量,如果想对浮点数的每位寻址,可以通过包含 float 和 long 的联合实现。

程序中的逻辑标志变量如果定义到 bdata 中,能大大降低内存占用空间。

3) idata。idata 区也可以存放使用比较频繁的变量,使用寄存器作为指针进行寻址。在寄存器中设置 8 位地址进行间接寻址,与外部存储器寻址比较,它的指令执行周期和代码长度都比较短。值得注意的是,不建议在 AT89S51 单片机中使用该类型,因为 AT89S51 的内存单元只有 128

字节;可以适用于 AT89S52 单片机(RAM 为 256 B)。

4) pdata。pdata 指向分页访问外部数据存储器(256 B),对应汇编指令为"MOVX @ Ri"。

5) xdata。xdata 指向分页访问外部数据存储器(65 536 B),对应汇编指令为"MOVX @ DPTR"。

对于 xdata,其操作与 pdata 的操作相似,但是对 xdata 区寻址比对 pdata 区寻址要慢,因为对 pdata 区寻址只需要装入 8 位地址,而对 xdata 区寻址需装入 16 位地址。所以尽量把外部数据存储在 pdata 区中,它们寻址都要使用 MOVX 指令,需要 2 个处理周期。

在这两个区声明变量和在其他区的语法是一样的,pdata 区只有 256 B,而 xdata 区可达 65 536 B。

6) code。code 区即 51 系列单片机的程序代码区,所以代码区的数据是不可改变的。一般代码区中可存放数据表,跳转向量和状态表,对 code 区的访问和对 xdata 区的访问的时间是一样的,代码区中的对象在编译时初始化,否则就得不到想要的值。

(2) 变量的存储类别

1) static(静态局部)变量。

① 静态局部变量在程序整个运行期间都不会释放内存。

② 对于静态局部变量,是在编译的时候赋初值的,即只赋值一次。如果在程序运行时已经有初值,则以后每次调用的时候不再重新赋值。

③ 如果定义局部变量的时候不赋值,则编译的时候自动赋值为 0。而对于自动变量而言,定义的时候不赋值,则是一个不确定的值。

④ 虽然静态变量在函数调用结束后仍然存在,但是其他函数不能引用。

2) 用 extern 声明外部变量。用 extern 声明外部变量,是为了扩展外部变量的作用范围。比如一个程序能由多个源程序文件组成。如果一个程序中需要引用另外一个文件中已经定义的外部变量,就需要使用 extern 来声明。

例如:在第一个文件中定义为全局变量,而在另外一个文件中使用 extern 对该变量作外部变量声明,这样编译连接时,系统就会知道该变量是一个已在别处定义过的外部全局变量,在本文件中就可以合法引用了。具体如下:

第一个文件中对变量的定义:

```
unsigned char n;    //变量 n 要在函数外部定义,即定义为全局变量
```

另外一个文件中对变量的声明:

```
extern    n;        //变量 n 在第一个文件中已被定义
```

寄存器变量是为了提高执行效率,而将一些使用频繁的变量放在 CPU 的寄存器中,需要时直接从寄存器中取出,而无须再从内存中存取的变量,用关键字 register 进行声明。

值得注意的是,在 AT89S51 单片机中只能使用低 128 字节的 RAM——即地址为 00H ~ 7FH 的存储单元,高 128 字节是特殊功能寄存器区。而 AT89S52 单片机则可以使用 256 字节的 RAM,其中高 128 字节的 RAM 与其特殊功能寄存器地址重叠。

如果省略存储器类型,系统则会按编译模式 Small、Compact 或 Large 所规定的默认存储器类型去指定变量的存储区域。值得注意的是,把最常用的变量(如循环计数器和队列索引)放在内部数据区能显著地提高系统性能。此外还要指出的是,变量的存储种类与存储器类型是完全无关的。

（3）数据存储模式

数据存储模式决定了没有明确指定存储类型的变量、函数参数等的默认存储区域，数据存储模式共三种：

1）Small 模式。所有默认变量参数均装入内部 RAM，优点是访问速度快，缺点是空间有限，只适用于小程序。

2）Compact 模式。所有默认变量均位于外部 RAM 的一页（256B），具体哪一页可由 P2 口指定，在 STARTUP.A51 文件中说明，也可用 pdata 指定，优点是空间比 Small 大，速度比 Small 慢、比 Large 快，是一种中间状态。

3）Large 模式。所有默认变量可放在多达 64KB 的外部 RAM，优点是空间大，可存变量多，缺点是速度较慢。

提示：数据存储模式在单片机 C 语言编译器中可以选择，将在下一个任务中介绍。

4）常量的使用说明：

① 整型常量能表示为十进制（如 135、9、-12 等）和十六进制（以 0x 开头，如 0x34、-0x3B 等）。长整型就在数字后面加字母 L，如 104L、034L、65535L、2147483647L 等。

② 浮点型常量可以用十进制和指数表示形式。十进制由数字和小数点组成，如 0.888、3345.345、0.0 等，整数或小数部分为 0 时可以省略但必须有小数点。指数表示形式为"[±]数字[.数字]e[±]数字"，[ ]中的内容为可选项，其内容根据具体情况可有可无，但其余部分必须有，如 125e3、7e9、-3.0e-3。

③ 字符型常量是单引号内的字符，如'a'、'd'等。对于不能显示的控制字符，可在该字符前面加一个反斜杠"\"组成专用转义字符。常用转义字符表见表 3-10。

表 3-10　常用转义字符表

转义字符	含义	ASCII 码（十六/十进制）	转义字符	含义	ASCII 码（十六/十进制）
\0	空字符（NULL）	00H/0	\f	换页符（FF）	0CH/12
\n	换行符（LF）	0AH/10	\'	单引号	27H/39
\r	回车符（CR）	0DH/13	\"	双引号	22H/34
\t	水平制表符（HT）	09H/9	\\	反斜杠	5CH/92
\b	退格符（BS）	08H/8			

④ 字符串型常量由双引号内的字符组成，如"test"、"OK"等。当引号内没有字符时，为空字符串。在使用特殊字符时同样要使用转义字符（如双引号）。在 C 语言中字符串型常量是作为字符型数组来处理的，在存储字符串时系统会在字符串尾部加上转义字符"\0"以作为该字符串的结束符。字符串型常量"A"和字符型常量'A'是不一样的，前者在存储时多占用一个字节的字间。

⑤ 位标量，它的值是一个二进制。

常量可用在不必改变值的场合，如固定的数据表、字库等。常量的定义方式如下

```
#define False 0; //用预定义语句定义常量
#define True 1;  //这里定义 False 为 0,True 为 1
```

在程序编译时，把 False 自动替换为 0，同理，把 True 替换为 1。

4. C51 的数组

数组是一组有序数据的集合,其中每个元素都属于同一种数据类型,下面着重介绍常用的一维、二维、字符数组。

（1）一维数组
类型说明符　数组名[常量表达式];
如:

```
char n[6];
```

上例定义了一个包含 6 个元素的一维数组,每个元素由不同的标号表示,分别为 n[0]、n[1]、n[2]、n[3]、n[4]、n[5],注意标号从 0 开始。

1) 一维数组的初始化。所谓初始化,即在定义数组的同时赋予新值,常用方法有以下几种:
① 定义数组时对数组的全部元素赋予新值。如:

```
int n[5]={10,9,8,7,6};
```

初始化后结果为 n[0]=10,n[1]=9,n[2]=8,n[3]=7,n[4]=6。
② 只对数组的部分元素初始化。如:

```
int n[10]={10,9,8};
```

初始化后结果为 n[0]=10,n[1]=9,n[2]=8,其余 7 个元素的值为 0。
③ 定义数组时,若对数组的全部元素都不赋值,则全部元素被赋值为 0。如:

```
int n[10];
```

初始化后结果为 n[0]~n[9]均被赋值为 0。

此外,C51 规定,通过赋初值可以用来定义数组的大小,此时数组说明符的方括号中可不指定数组的大小。如:

```
int n[ ]={1,2,3};
```

上述语句隐含说明数组 n 有 3 个元素。

需要特别说明的是,数组名 n 代表的是数组 n 在内存中的首地址,故可用其代表数组中的第一个元素,即 n[0]的地址。

2) 一维数组的查表功能。数组的一个典型应用就是查表,表可以事先计算好,然后装入程序存储器中。例如,下面程序可实现数字 0~5 的 ASCII 码转换。

```
unsigned char code ascii[ ]={0x30,0x31,0x32,0x33,0x34,0x35};
unsigned char shu(unsigned char cha)
{
    return ascii[cha]
}
main()
{
    x=shu(5);//把 5 的 ASCII 码 0x35 赋值给变量 x
}
```

（2）二维数组

类型说明符　数组名[常量表达式1][常量表达式2]；

其中，常量表达式1、2对应表示第一维、第二维标号的长度。如：

```
int n[2][3];
```

说明是一个2行3列的数组n，其标号变量为整型，该数组构成为：

n[0][0],n[0][1],n[0][2]

n[1][0],n[1][1],n[1][2]

二维数组的初始化：

1）所赋初值个数与数组元素个数相同时，可在定义数组的同时给数组元素赋值。如：

```
int   n[2][3]={{1,2,3},{4,5,6}};
```

每行所赋初值个数与数组元素个数不同，当某一行花括号内初值个数少于该行数组元素个数时，系统自动为该行后面元素补0。若所赋初值行数少于数组元素行数，则系统自动为数组后面各行的元素补0。

2）赋初值时可省略行花括号对。如：

```
int    n[2][3]={1,2,3};
```

编译时，系统将依据数组n中各元素在内存中的排列顺序，将花括号内数据依次赋予，数据不足时，系统将自动补0。即第二行数组元素初值均为0。

（3）字符数组

用来存放字符量的数组称为字符数组，它的一般形式与前面介绍的数值数组相同，如"char c[5]"（字符型），"int c[5]"（整型），每个数组元素占两个字节的内存单元。字符数组也可以是二维或多维数组，如：char c[2][3]。

字符数组的初始化如下：

将各字符逐一赋予数组中的各个元素，如：

```
char n[7]={'d','i','a','n','z','i','\0'};
```

还可将字符串直接赋予字符数组作为初值，如：

```
char n[8]={"dian-zi"};          //大括号可省略
```

上述两例中，用单引号('')括起来的字符是字符的ASCII码，而非字符串，如'd'表示的是d的ASCII码100。用双引号("")括起来的是字符串型常量，在编译时会自动在字符末尾加上结束符'\0'(NULL)，所以一个字符串在用一维数组装入时，数组元素个数要比字符数多一个。

如果将若干个字符串装入一个二维数组中，则数组的第一个标号表示的是字符串个数，第二个标号表示每个字符串的长度，该长度应比这些字符串中最长的多一个字符，用于在编译时加入结束符'\0'(NULL)。

5．C51的指针

（1）指针的概念

1）内存地址：内存是以字节为单位的一系列连续的存储空间，每一个字节都有一个编号与其对应，这个编号就是内存单元的地址，简称内存地址。

2）变量地址：根据程序中定义变量的类型，C51编译器会为其分配一定字节的内存空间（如字符型占1个字节，整型占2个字节，实型占4个字节等），每个变量所占内存空间的第一个存储单元的地址称为变量地址。

3）指针变量：有这样一种变量，它用于存放另外一个变量的地址，这样的变量称为指针变量，指针变量也拥有自己的变量地址，这点和普通变量地址是类似的。

例如：一个整型变量n，其值为45，分配到的内存单元地址是1000和1001，另有一个指针变量np（它自身的内存单元地址是2000），用来存放变量n的首地址，即np=1000=（n），（n）表示变量n的首地址。

4）访问变量的两种方式：

① 直接存取：在程序中直接给出变量名，则C51编译器会自动找到与该变量名所对应的存储单元地址，并对该地址单元内容进行操作。

② 间接存取：如上例假设，通过访问指针变量np间接获得变量n的地址，然后存取变量n值的方式称为间接存取方式，np称为指向n的指针变量。

（2）指针变量的定义及初始化

1）指针定义的一般形式：

数据类型　*指针变量名；

如：

```
 int  * np;
```

2）指针变量初始化：

例1：

```
 int   m=10,n=20;       //定义两个整型变量m、n
 int   * mp,* np;       //定义两个整型指针变量mp、np
 mp=&m,np=&n;           //通过取地址运算符 & 将变量 m 和 n 的地址存于
                        //指针变量mp 和 np 中
```

例2：

```
 int i,j,k,* i_ptr;     //定义整型变量i、j、k和整型指针变量i_ptr
```

为变量i赋值的方法有以下两种：

① 直接方式：

```
    i=10;
```

② 间接方式：

```
    i_ptr=&i;      //将变量i的地址赋给指针变量i_ptr
    * i_ptr=10;    //将整数10送入i_ptr指向的存储单元中
```

（3）指针运算符

1）取地址运算符。取地址运算符 & 是单目运算符，其功能是取变量的地址，如：

```
  i_ptr=&i;      //将变量i的地址赋给指针变量i_ptr
```

2）取内容运算符:取内容运算符 * 是单目运算符,用来表示指针变量所指的单元的内容,在 * 运算符之后跟的必须是指针变量。如:

```
j = * i_ptr;    //将 i_ptr 所指的单元的内容赋给变量 j
```

（4）指针变量的赋值运算
1）把一个变量的地址赋予指向相同数据类型的指针变量,如:

```
int i, * i_ptr;
i_ptr=&i;
```

2）把一个指针变量的值赋予指向相同类型变量的另一个指针变量,如:

```
int i, * i_ptr, * m_ptr;
i_ptr=&i;
m_ptr=i_ptr;
```

3）把数组的首地址赋予指向数组的指针变量,如:

```
int a[5], * ap;
ap=a; ap=&a[0];
int a[5], * ap=a;
```

4）把字符串的首地址赋予指向字符类型的指针变量,如:

```
unsigned char   * cp;
cp="Hello World!";
```

这里应该说明的是,并不是把整个字符串装入指针变量,而是把存放该字符串的字符数组的首地址装入指针变量。

6. C51 的函数

按照 C51 程序的结构来划分,C51 函数可以分为主函数 main( )和普通函数两种。普通函数又可分为标准库函数和用户自定义函数。

（1）标准库函数

标准库函数是由 C51 编译器提供的,用户不必定义这些函数,可以直接调用。Keil C51 编译器提供了 100 多个库函数供用户使用。常用的 C51 库函数一般包括 I/O 口函数、访问 SFR 地址函数等,在 C51 编译环境中以头文件的形式给出。在调用库函数时,用户需在源程序中用一个文件包含命令#include 将标准库函数的头文件包含进来。由于不同的编译器所用的头文件名可能不同,所以用 C51 编译器编译时,应注意头文件的名称,程序上的名称要与编译器规定的名称相符。

常用的库函数有 reg51.h、reg52.h、math.h、ctype.h、stdio.h 和 absacc.h。其中,reg51.h 和 reg52.h 分别用于定义 89S51 和 89S52 中的特殊功能寄存器及位寄存器,math.h 用于定义常用数学运算,absacc.h 用于访问显示存储地址的宏。

又如,调用右移位函数"_cror_"时,要求在调用输出库函数前包含以下命令:

```
#include<intrins.h>
```

在程序开头加上上述 intrins.h 头文件后,可以使用其包含的一些内部函数,其常用的内部函数有:

crol(v,n):将无符号字符变量 v 循环左移 n 位;
cror(v,n):将无符号字符变量 v 循环右移 n 位;
irol(v,n):将无符号整型变量 v 循环左移 n 位;
iror(v,n):将无符号字符变量 v 循环右移 n 位;
lrol(v,n):将无符号长整型变量 v 循环左移 n 位;
lror(v,n):将无符号长整型变量 v 循环右移 n 位;
nop( ):延时一个机器周期,相当于汇编指令的 NOP。

此外,C51 标准库函数还包含了可以访问显示存储地址的宏,可以像使用数组一样来使用,使用时要在程序开始时加上如下头文件:

```
#include<absacc.h>
```

举例说明几个常用宏:

CBYTE:允许用户访问程序存储器中指定的地址单元,如:

```
dz=CBYTE[0x300];  //读程序存储器中地址为 0x300 单元的内容给变量 dz
```

XBYTE:允许用户访问外部数据存储器中指定的地址单元,如:

```
XBYTE[0x100]=dz;  //将变量 dz 的值存入外部数据存储器地址为 0x100 的单元
```

DBYTE:允许用户访问内部数据存储器中指定的地址单元,如:

```
for(n=0;n<10;n++)
    XBYTE[0x200+n]=DBYTE[0x60+n];
```

(2)用户自定义函数

用户自定义函数是用户根据需要自行编写的函数,它必须先定义之后才能被调用。可划分为三种形式:无参函数、有参函数和空函数。

1)有参函数定义的一般形式为:

```
类型标识 符函数名(形式参数表)
{
    类型说明
    函数体语句
}
```

①"类型标识符"说明了自定义函数返回值的类型,默认是 int 类型,若标为 void,则表示不需要带回函数值。{}中为函数体,其间也可以有对函数体内部用到的变量进行的类型说明。

②"函数名"是自定义函数的名字。

③"形式参数表"给出函数被调用时传递数据的形式参数,形式参数的类型必须要加以说明。如果定义的是无参函数,可以没有"形式参数表",但是圆括号不能省略。有参函数的"形式参数表"中各参数用逗号分隔,在进行函数调用时,主调函数将赋予形式参数实际值。另外,在调用有参函数时,必须输入实际参数,以传递给函数内部的形式参数,在函数结束时返回结果,供调

用它的函数使用。

④"函数体语句"是为完成函数的特定功能而设置的语句。

2) 空函数定义的形式为：

> 返回值类型说明符　函数名( ){ }

此种函数体语句是空白的，调用它时，什么工作也不做，只是为了以后程序功能的扩充。

（3）函数的参数和返回值

1) 函数的参数。定义一个函数时，圆括号中的形式参数（简称形参）在未发生函数调用前不占用内存单元，也没有具体值，当它被调用时会被分配内存单元，并从主调用函数中获得实际参数（简称实参）传递过来的值。函数调用结束后，形参占用的内存单元也随之释放。

函数调用时的数据传送是单向的，即只能把实参传递给形参，并且二者的类型必须一致，否则会产生类型不匹配的错误。

2) 函数的返回值。函数的返回值是指函数被调用以后，执行函数体中的程序段所得到的并返回给主调函数的值。说明如下：

① 函数的返回值只能通过 return 语句返回主调函数。return 语句的一般形式为：

> return 表达式　或　return（表达式）

上述返回语句是计算表达式的值并返回给主调函数。函数中允许有多个返回语句，但每次调用只能有一个 return 语句被执行，所以只能返回一个函数值。

② 函数体内可以没有 return 语句，程序一直执行到函数末尾的"}"，然后返回到主调函数，这时没有具体的返回值，定义这种函数时可直接定义为空类型。为了使程序具有良好的可读性并减少出错，对于不要求返回值的函数均应定义为空类型。

（4）函数的调用

函数调用就是在一个函数体中引用另外一个已经定义的函数，前者称为主调函数，后者称为被调函数，函数调用的一般格式为：

> 函数名(实际参数列表)；

对于有参数的函数，若实际参数列表中有多个实参，则各参数之间用逗号隔开。实参与形参顺序对应地传递数据，个数应相等，类型应一致。

在一个函数中调用另一个函数需要具备如下条件：

1) 被调用函数必须是已经存在的函数（库函数或者用户已经定义的函数）。如果函数定义在调用之后，那么必须在调用之前（一般在程序头部）对函数进行声明。

2) 如果程序使用了库函数，则要在程序的开头用"#include"预处理命令将调用函数所需要的信息包含在本文件中。如果不是在本文件中定义的函数，那么在程序开始要用 extern 修饰符进行函数原型说明。

主调函数对被调函数的调用方式主要有两种：

① 把被调函数名作为主调函数中的一个语句。如：

> delay_ms(100);

此函数不要求被调函数返回结果数值，只是要求函数完成某种操作。

② 把函数结果作为表达式的一个运算对象。如:

```
sum=5*min(m,n);
```

被调函数 min 是表达式的一部分,其返回值乘以 5 再赋予变量 sum。

7. C51 的头文件

为了便于开发,人们把一些常用的定义统一编制在一个文件中,该文件即为头文件。例如,reg51.h 头文件中定义了 51 单片机所有的寄存器和硬件资源,只要引用了该文件,在主程序中就可以直接使用寄存器名称来访问寄存器,因为在该头文件中已经把该寄存器的名字和实际物理地址进行了关联。如果使用的是 AT89S52 单片机,只需要引用 reg52.h 头文件即可。

reg51.h 头文件(编译软件自带)的内容如下:

```
/*-
reg51.h
Header file for generic 80C51 and 80C31 microcontroller.
Copyright(c) 1988-2002 Keil Elektronik GmbH and Keil Software,Inc.
All rights reserved. 说明适合 8051 单片机,并说明版权的归属
-*/
#ifndef __REG51_H__
#define __REG51_H__
/* BYTE Register */
/* BYTE Register */字节寄存器
sfr P0 = 0x80;    //P0 口
fr P1 = 0x90;    //P1 口
fr P2 = 0xA0;    //P2 口
sfr P3 = 0xB0;    //P3 口
sfr PSW = 0xD0;   //程序状态字,具体位意义见位定义
sfr ACC= 0xE0;   //累加器,最常用
sfr B = 0xF0;    //寄存器,主要用于乘除
sfr SP = 0x81;    //堆栈指针,初始化为 07;先加 1 后压栈,先出栈再减 1
sfr DPL = 0x82;
sfr DPH = 0x83;   //数据指针
sfr PCON = 0x87; //电源控制寄存器
sfr TCON = 0x88; //定时/计数器控制寄存器
sfr TMOD = 0x89; //定时/计数器方式控制寄存器
sfr TL0 = 0x8A;   //计数器低 8 位
sfr TL1 = 0x8B;   //计数器高 8 位
sfr TH0 = 0x8C;
sfr TH1 = 0x8D;
sfr IE= 0xA8;    //中断控制寄存器
```

```
sfr IP = 0xB8;      //中断优先级控制寄存器
sfr SCON = 0x98;    //串行口控制寄存器
sfr SBUF = 0x99;    //串行口缓冲寄存器
/* BIT Register */位控制寄存器
/* PSW */程序标志(状态)寄存器
sbit CY = 0xD7;     //进位或借位
sbit AC = 0xD6;     //辅助进位或借位
sbit F0 = 0xD5;     //用户标志位
sbit RS1 = 0xD4;
bit RS0 = 0xD3;     //工作寄存器选择
sbit OV = 0xD2;     //溢出标志位
sbit P = 0xD0;      //奇偶校验标志
/* TCON */定时器控制寄存器
sbit TF1 = 0x8F;    //T1 的中断请求标志
sbit TR1 = 0x8E;    //T1 启动控制位
sbit TF0 = 0x8D;    //T0 的中断请求标志
sbit TR0 = 0x8C;    //T0 启动控制位
sbit IE1 = 0x8B;    //外部中断 1 请求标志
sbit IT1 = 0x8A;    //外部中断 1 触发方式
sbit IE0 = 0x89;    //外部中断 0 请求标志
sbit IT0 = 0x88;    //外部中断 0 触发方式
/* IE */中断允许控制寄存器
sbit EA = 0xAF;     //全局中断允许控制位
sbit ES = 0xAC;     //串行口中断允许控制位
sbit ET1 = 0xAB;    //T1 中断允许控制位
sbit EX1 = 0xAA;    //外部中断 1 中断允许控制位
sbit ET0 = 0xA9;    //T0 中断允许控制位
sbit EX0 = 0xA8;    //外部中断 0 中断允许控制位
/* IP */中断优先级控制寄存器
sbit PS = 0xBC;     //串行中断优先级
sbit PT1 = 0xBB;    //T1 优先级
sbit PX1 = 0xBA;    //外部中断 1 优先级
sbit PT0 = 0xB9;    //T0 优先级
sbit PX0 = 0xB8;    //外部中断 0 优先级
/* P3 */            //P3 的第二功能定义
sbit RD = 0xB7;     //读
sbit WR = 0xB6;     //写
sbit T1 = 0xB5;     //计数输入 1
```

```
sbit T0 = 0xB4;    //计数输入 0
sbit INT1 = 0xB3;  //外部中断 1
sbit INT0 = 0xB2;  //外部中断 0
sbit TXD = 0xB1;   //串行发送
sbit RXD = 0xB0;   //串行接收
/* SCON */ //串行口控制寄存器
sbit SM0 = 0x9F;   //串行口工作方式选择
sbit SM1 = 0x9E;   //串行口工作方式选择
sbit SM2 = 0x9D;   //多机通信控制位
sbit REN = 0x9C;   //串行接收允许控制位
sbit TB8 = 0x9B;   //发送的第九位
sbit RB8 = 0x9A;   //收到的第九位
sbit TI = 0x99;    //发送完成中断标志
sbit RI = 0x98;    //接收完成中断标志
#endif             //结束
```

任务三 C51 编译器的使用与调试

【能力目标】
1. 掌握 Keil μVision4 平台的使用方法；
2. 掌握 Keil 项目创建、程序调试的知识。

【知识点】
1. Keil μVision4 开发环境；
2. Keil C 软件常用调试窗口。

一、Keil μVision4 使用介绍

1. Keil μVision4 启动

可直接从计算机桌面上双击 Keil μVision4 的图标或通过单击开始菜单中程序下的 Keil μVision4 启动 Keil μVision4 软件的集成开发环境，启动界面如图 3-1 所示。几秒钟后，主画面中间的版本提示将会消失，由文本编辑窗口所代替，如果上次退出时没有关闭文件，那么将会恢复显示上次文件的编辑窗口状态，否则是空白窗口，需要打开新的编辑文件。Keil μVision4 允许同时打开、浏览多个源文件。

2. 菜单栏和快捷键

下面介绍 Keil μVision4 菜单栏中主要菜单下包含的命令和默认的快捷键及其功能。
（1）Edit(编辑)菜单(如表 3-11 所示)
（2）Project(项目)菜单(如表 3-12 所示)
（3）Debug(调试)菜单(如表 3-13 所示)

图 3-1　Keil μVision4 启动界面

表 3-11　Edit(编辑)菜单

菜单命令	快捷键	功能
Undo	Ctrl+Z	取消上次操作
Redo	Ctrl+Y	重复上次操作
Cut	Ctrl+X	剪切所选文本
Copy	Ctrl+C	复制所选文本
Paste	Ctrl+V	粘贴
Navigate Backwards	Alt+Left	向后浏览
Navigate Forwards	Alt+Right	向前浏览
Insert/Remove Bookmark	Ctrl+F2	设置/取消当前行的标签
Go to Next Bookmark	F2	移动光标到下一个标签处
Go to Previous Bookmark	Shift+F2	移动光标到上一个标签处
Clear All Bookmarks	Ctrl+Shift+F2	清除当前文件的所有标签
Find	Ctrl+F	在当前文件中查找文本
Replace	Ctrl+H	替换特定的字符
Find in Files	Ctrl+Shift+F	在多个文件中查找
Incremental Find	Ctrl+I	增量查找
Outlining	Collapse Selection		隐藏显示选定的
	Collapse All		隐藏显示所有程序
	Collapse Current Block		隐藏显示当前块
	Collapse Current Procedure		隐藏显示当前程序
	Stop Current		停止当前位置
	Stop All Outlining		停止所有的
	Start All Outlining		开始所有的

续表

菜单命令		快捷键	功能
Advanced	Go to line	Ctrl+G	定位到指定行
	Go to Matching brace	Ctrl+E	选择匹配的一对大括号、圆括号或方括号中的内容
	Tabify Selection		Tabify 选择
	Untabify Selection		空格选择
	Make Uppercase	Ctrl+Shift+U	使大写
	Make Lowercase	Ctrl+U	使小写
	Comment Selection		选定行转化为注释
	Uncomment Selection		选定行转化为正常
	Indent Selection		选定行增加缩进
	Unindent Selection		选定行减小缩进
	Indent Selection with Text		行首插入指定文本
	Unindent Selection with Text		行首删除指定文本
	Delete Trailing White Space		删除行尾空格
	Delete Horizontal White Space		删除水平空格
	Cut Current Line	Ctrl+L	剪切当前行
Configuration			配置

表 3-12　Project(项目)菜单

菜单命令	快捷键	功能
New μVision1 Project…		创建新项目
New Multi-Project Workspace		创建多项目工作区
Open Project…		打开一个已经存在的项目
Close Project…		关闭当前的项目
Export		导出
Manage		管理(工程组件、配置环境等)
Select Device for Target'Simulator'		选择目标器件
Remove Item		移除项目
Options for Target'Simulator'	Alt+F7	目标选项
Clear Target		清除目标
Build Target	F7	编译目标
Rebuild all Target Files		重新编译所有文件
Batch Build		批编译
Translate…	Ctrl+F7	编译当前文件
Stop Build		停止编译
1～7		最近打开过的项目

表 3-13 Debug(调试)菜单

菜单命令	快捷键	功能
Start/Stop Debug Session	Ctrl+F5	开始/停止调试
Reset CPU		重置 CPU
Run	F5	运行程序,直到遇到一个中断
Stop		停止
Step	F11	单步执行程序,遇到子程序则进入
Step Over	F10	单步执行程序,跳过子程序
Step Out	Ctrl+F11	执行到当前函数的结束
Run to Cursor Line	Ctrl+F10	运行到光标所在行
Show Next Statement		显示下一条指令
Breakpoints…	Ctrl+B	打开断点对话框
Insert/Remove Breakpoint	F9	设置/取消当前行的断点
Enable/Disable Breakpoint	Ctrl+F9	使能/禁止当前行的断点
Disable All Breakpoints		禁止所有的断点
Kill All Breakpoints	Ctrl+Shift+F9	取消所有的断点
OS Surppot		OS 支持
Execution Profiling		记录执行时间
Memory Map…		打开存储器空间设置对话框
Inline Assembly…		在线汇编
Function Editor(Open Ini File)		编辑调试初始化文件和调试函数
Debug Settings…		仿真器设置

(4) Peripherals(外围器件)菜单(如表 3-14 所示)

表 3-14 Peripherals(外围器件)菜单

菜单命令	功能
Inturrupts	外部中断,用于显示单片机中断系统状态
I/O-Port	显示各个并行 I/O 口的状态
Serial	用于仿真单片机的串行口
Timers	用于定时器观察

(5) Tools(工具)菜单(如表 3-15 所示)

利用 Tools(工具)菜单,可以设置并运行 Gimpel PC-Lint 和用户程序。通过 "Customize Tools Menu…" 菜单命令,可以添加需要的程序。

表 3-15 Tools(工具)菜单

菜单命令	功能
Set-up PC-Lint…	设置 Gimpel Software 的 PC-Lint 程序
Lint	用 PC-Lint 处理当前编辑的文件

续表

菜单命令	功能
Lint all C-Source Files	用 PC-Lint 处理项目中所有的 C 源代码文件
Customize Tools Menu…	添加用户程序到工具菜单中

二、Keil 项目创建

下面将介绍如何输入源程序，如何建立工程，如何对工程进行详细的设置，以及如何将源程序变为目标代码。如图 3-2 所示，AT89S51 单片机的 P1.0 口连接一个发光二极管，使其亮灭闪烁。其项目创建过程如下所述：

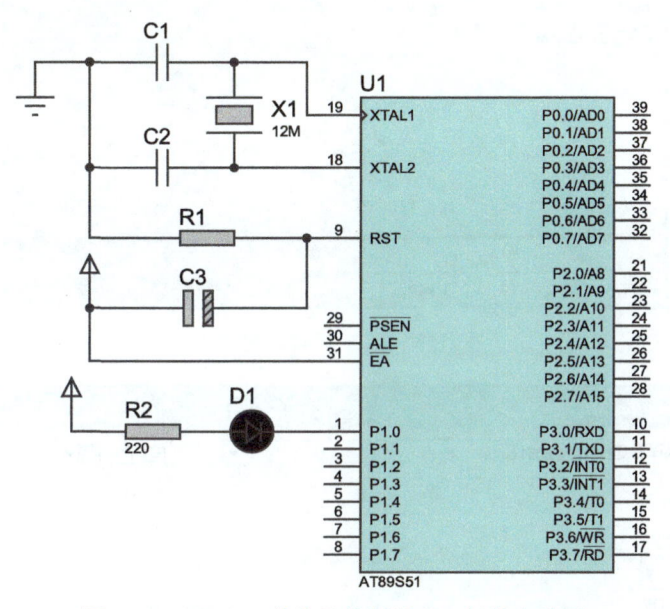

图 3-2 AT89S51 单片机控制发光二极管电路图

1. Keil 工程的建立

首先启动 Keil μVision4 软件的集成开发环境，启动后，程序窗口的左边有一个工程管理窗口，如图 3-3 所示。该窗口有 4 个选项卡，分别是 Project、Books、Functions 和 Templates。这 4 个选项卡分别显示当前项目的文件结构、所选 CPU 的附加说明文件、功能说明和常用程序的模板文件。如果是第一次启动 Keil μVision4，那么这 4 个选项卡全是空的。

（1）建立工程文件

在项目开发中，首先要建立一个工程项目，还要为这个项目选择 CPU（Keil 支持数百种 CPU，而这些 CPU 的特性并不完全相同），确定编译、汇编、连接的参数，指定调试的方式，有一些项目还会由多个文件组成等。为管理和使用方便，Keil 使用工程（Project）这一概念，将这些参数设置和所需的所有文件都放在一个工程中，用户只能对工程而不能对单一的源程序进行编译（汇编）和连接等操作。

下面就可以一步一步地来建立工程。选择"Project->New Project…"菜单命令，出现一个对话框，如图 3-4 所示，要求把将要建立的工程保存在一个文件夹下（设为 8051code），并在编辑框中输入一个工程名字(设为 exam),不需要扩展名,单击"保存"按钮。此时出现第二个对话框,如图 3-5 所示,这个对话框要求选择目标 CPU(即所需芯片的型号)。Keil 支持的 CPU 很多,这里选择 Atmel 公司的 AT89S51 芯片。单击 Atmel 前面的"+"号,展开该层,单击其中的 AT89S51,然后再单击"确定"按钮,回到主界面。此时,在工程窗口的 Project 选项卡中,出现了"Target 1",前面有"+"号,单击"+"号展开,可以看到下一层的"Source Group 1",这时的工程还是一个空的工程,里面什么文件也没有。接下来将要建立源文件。

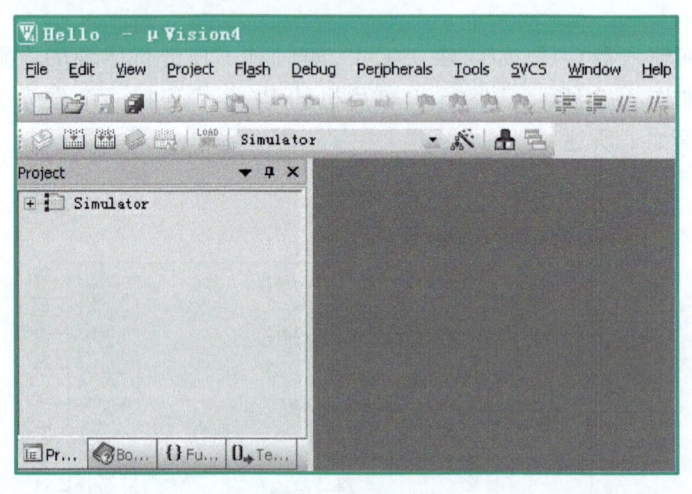

图 3-3 工程管理窗口

图 3-4 工程保存对话框

(2) 源文件的建立

选择"File->New"菜单命令(如图 3-6 所示)或者单击工具栏中的新建文件按钮,即可在工程管理窗口的右侧打开一个新的程序文本编辑窗口,在该窗口中可以输入汇编语言源程序或 C 语言源程序,如图 3-7 所示。

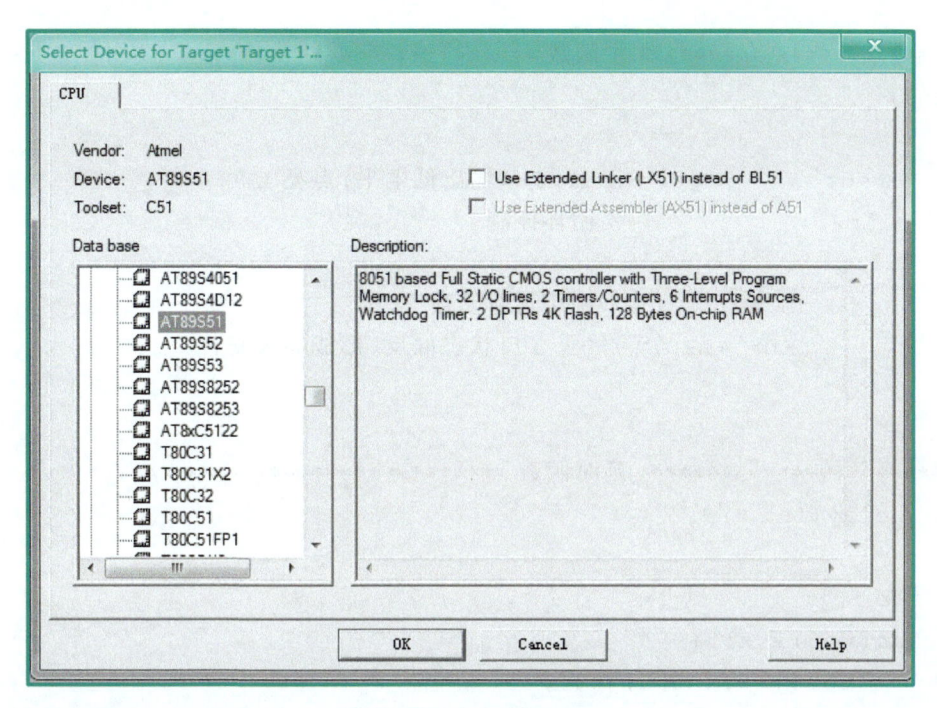

图 3-5 选择目标 CPU

图 3-6 新建源程序

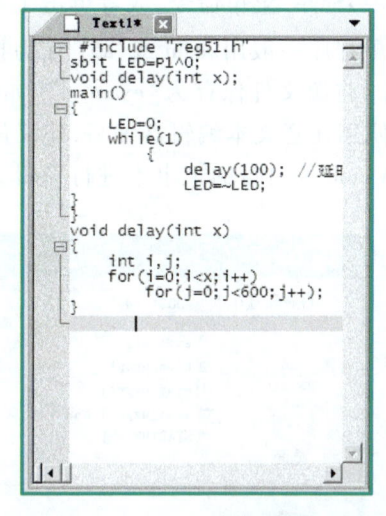

图 3-7 程序文本编辑窗口

例 3-1 用 P1.0 口作为输出口，控制发光二极管亮灭闪烁。

【C51 程序】

```
/********************* 声明区 ********************/
    #include <reg51.h>       //声明 51 单片机寄存器的头文件
    sbit LED=P1^0;           //位定义,使用符号 LED 代表 P1.0 口
    void delay(int x);       //声明延时函数 delay
```

```
/********************** 主函数 ********************** /
main()
{
    LED=0;                  //P1.0 口输出低电平,点亮 LED
    while(1)                //循环控制
        {
            delay(100);     //调用延时函数
            LED = ~LED;     //P1.0 口状态取反,形成亮灭交替
        }
}
/********************** 延时函数 ********************** /
void delay(int x)
{
    int i,j;
    for(i=0;i<x;i++)
        for(j=0;j<600;j++);
}
```

选择"File→Save"菜单命令,或者单击工具栏中的 按钮,保存源文件,注意必须加上扩展名(汇编语言源程序一般用.asm 或.a51 作为扩展名,C 语言源程序要用.c 作为扩展名),这里选用 C 语言程序,将源文件保存为"exam.c",如图 3-8 所示。需要说明的是,源文件就是一般的文本文件,可以使用任意文本编辑器编写,建议使用 Ultra Edit 之类的编辑软件进行源程序的输入,也可以使用 Windows 自带的记事本进行编辑。

图 3-8 源文件保存窗口

（3）为工程添加源文件

此时需要手动把刚才编写好的源程序加入工程，用鼠标右键单击（右击）"Source Group1"，弹出的快捷菜单如图 3-9 所示。选择其中的"Add Files to Group 'Source Group 1'"，出现一个对话框，用于选择源文件，如图 3-10 所示。注意，该对话框下面的"文件类型"默认为"C source file（*.c）"，也就是以.C 为扩展名的文件，直接选择 exam.c 后单击"Add"按钮即可。对于选择汇编语言的程序而言，则需要打开对话框中"文件类型"后的下拉列表，找到并选中"Asm Source File(*.s*;*.src;*.a*)"，才能找到 *.asm 的文件进行添加。

图 3-9　添加文件

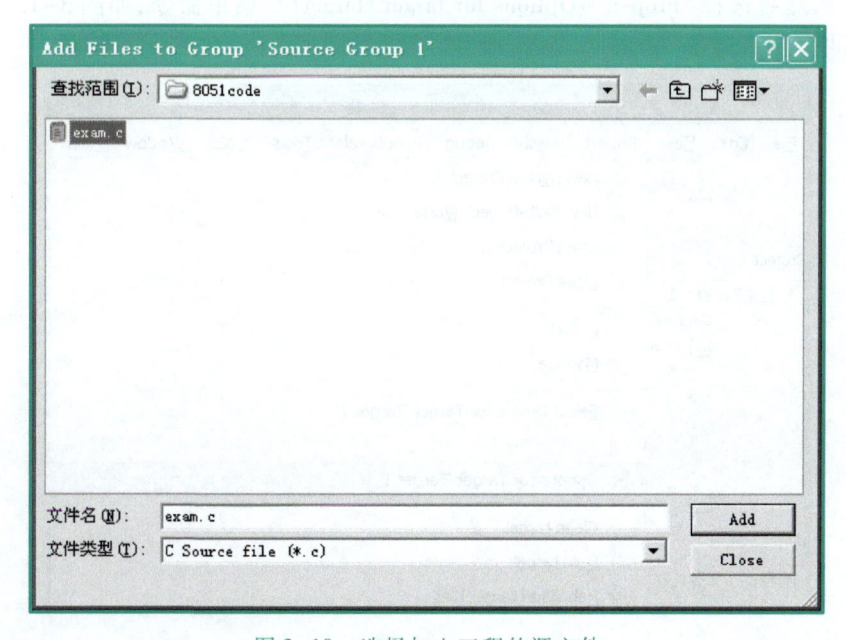

图 3-10　选择加入工程的源文件

双击 exam.c 文件,将文件加入工程。注意,在文件加入工程后,该对话框并不消失,等待继续加入其他文件,用户常会误认为操作没有成功而再次双击同一文件,这时会出现图 3-11 所示的对话框,提示所选文件已在列表中,此时应单击"确定"按钮,返回前一对话框,然后单击"Close"按钮即可返回主界面,返回后,单击"Source Group 1"前的加号,会发现 exam.c 文件已在其中。双击文件名,即可打开该源文件,如图 3-12 所示。

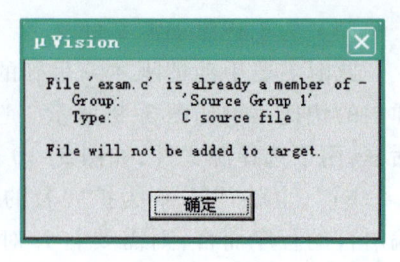

图 3-11　重复加入文件的错误提示

图 3-12　打开源文件

2. 工程的详细设置

工程建立好以后,还要对工程进行进一步的设置,以满足要求。首先单击左边 Project 选项卡中的 Target 1,然后选择"Project→Options for target 'target1'"菜单命令,如图 3-13 所示,即出现工程设置对话框。

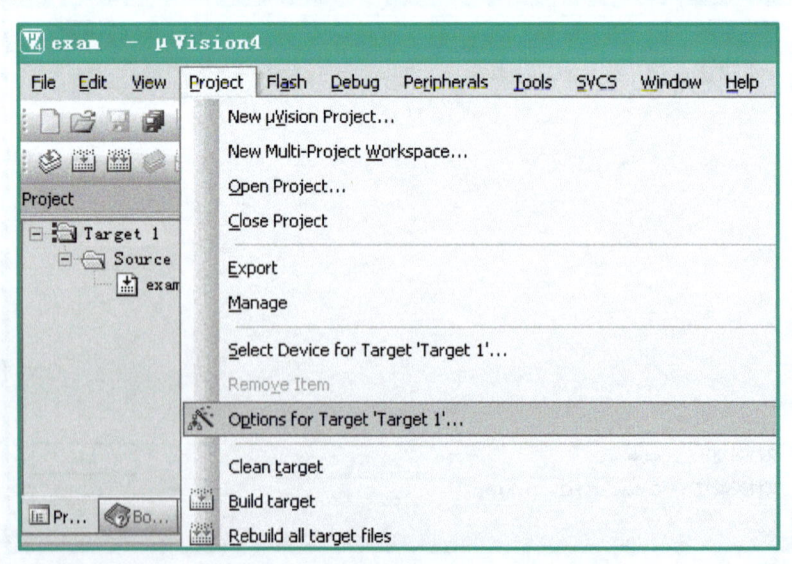

图 3-13　打开工程设置对话框

工程设置对话框共有 11 个选项卡,设置项目较多,下面介绍常用的设置选项的含义,其他大部分设置选项取默认值即可,如图 3-14 所示。

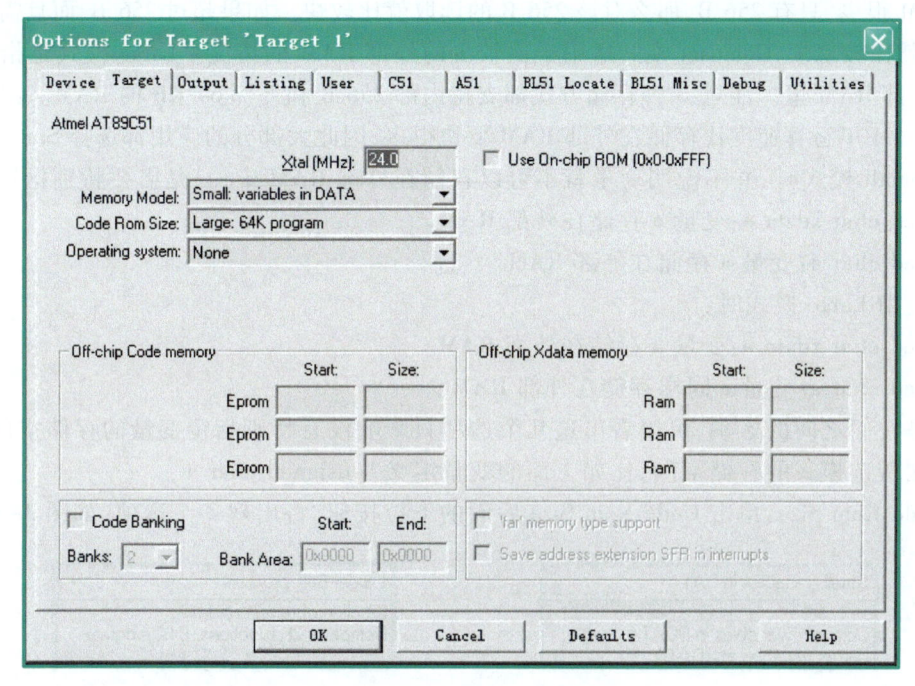

图 3-14 工程设置对话框

(1) 设置 Target 选项卡(如图 3-14 所示,工程设置对话框打开时默认为 Target 选项卡)

1) Xtal(MHz):设置单片机工作的频率,默认是 24.0MHz。

2) Use On-chip ROM(0x0-0xFFF):表示使用内部 Flash ROM,AT89S51 有 4KB 的可重编程的 Flash ROM。该选项取决于单片机应用系统,如果单片机的 EA 接高电平,则选中这个选项,表示使用内部 ROM;如果单片机的 EA 接低电平,表示使用外部 ROM;则不选中该项。这里选中该选项。

3) Off-chip Code memory:表示外部 ROM 的开始地址和大小,如果没有外接程序存储器,那么不需要填任何数据。这里假设使用一个外部 ROM,地址从 0x8 000 开始,一般填十六进制的数,Size 为外部 ROM 的大小。假设外部 ROM 的大小为 0x1 000 B,则最多可以外接 3 块 ROM。

4) Off-chip Xdata memory:表示外接 Xdata 外部数据存储器的起始地址和大小,常用的有 62256 芯片,这里特别指定 Xdata 的起始地址为 0x2 000,大小为 0x8 000B。

5) Code Banking:表示使用 Code Banking 技术。Keil 可以支持程序代码超过 64KB 的情况,最大可以有 2MB 的程序代码。如果代码超过 64KB,那么就要使用 Code Banking 技术,以支持更多的程序空间。Code Banking 支持 Bank 的自动切换,这在建立一个大型系统时是必需的。例如:在单片机里实现汉字字库、实现汉字输入法,都要用到该技术。

6) Memory Model:单击 Memory Model 后面的下拉按钮,会出现 3 个选项,如图 3-15 所示。

① Small:变量存储在内部 RAM 里。

② Compact:变量存储在外部 RAM 里,使用 8 位间接寻址。

③ Large:变量存储在外部 RAM 里,使用 16 位间接寻址。

一般使用 Small 来存储变量,此时单片机优先将变量存储在内部 RAM 里,如果内部 RAM 空间不够,才会存在外部 RAM 中。Compact 的方式要通过程序来指定页的高位地址,编程比较复杂,如果外部 RAM 很少,只有 256 B,那么对该 256 B 的读取就比较快。如果超过 256 B,而且需要不断地进行切换,就比较麻烦,Compact 模式适用于比较少的外部 RAM 的情况。Large 模式是指变量会优先分配到外部 RAM 里。注意:3 种存储方式都支持内部 256 B 和外部 64 KB 的 RAM。因为变量存储在内部 RAM 里运算速度比存储在外部 RAM 要快得多,因此大部分的应用都选择 Small 模式。

使用 Small 模式时,并不说明变量就不可以存储在外部 RAM 中,只是需要特别指定,比如:

unsigned char xdata a:变量 a 存储在外部 RAM。

unsigned char a:变量 a 存储在外部 RAM。

但是使用 Large 模式时:

unsigned char xdata a:变量 a 存储在外部 RAM。

unsigned char a:变量 a 同样存储在外部 RAM。

这就是它们之间的区别,可以看出这几个选项只影响没有特别指定变量的存储空间的情况,默认存储在所选模式的存储空间,比如上面的变量定义"unsigned char a"。

7)Code Rom Size:单击 Code Rom Size 后面的下拉按钮,将出现 3 个选项,如图 3-16 所示。

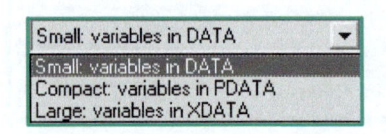

图 3-15　Memory Model 选项 　　　　图 3-16　Code Rom Size 选项

① Small:适用于 AT89C2051 等芯片,2051 只有 2KB 的代码空间,所以跳转地址只有 2KB,编译时会使用 ACALL、AJMP 这些短跳指令,而不会使用 LCALL、LJMP 指令。如果代码地址跳转超过 2KB,那么会出错。如果指令代码少于 2KB 可以使用该模式,对于初学者而言,一般的指令代码不会超过 2 KB,建议使用该模式。

② Compact:表示每个子函数的代码大小不超过 2KB,整个项目可以有 64KB 的代码。就是说在 main( )里可以使用 LCALL、LJMP 指令,但在子程序里只会使用 ACALL、AJMP 指令。只有确定每个子程序不会超过 2KB,才可以使用 Compact 方式。

③ Large:表示程序或子函数代码都可以大到 64KB,使用 Code Banking 技术时还可以更大。通常都选用该方式。选择 Large 方式速度不会比 Small 慢很多,所以一般没有必要选择 Compact 和 Small 方式。这里选择 Large 方式。

8)Operating system:单击 Operating system 后面的下拉按钮,会出现 3 个选项,如图 3-17 所示。

① None:表示不使用操作系统。

② RTX-51 Tiny:表示使用 Tiny 操作系统。

图 3-17　Operating system 选项

③ RTX-51 Full:表示使用 Full 操作系统。

Tiny 是一个多任务操作系统,使用定时器 0 进行任务切换。在 11.0592MHz 时,切换任务的速度为 30 ms,对 CPU 的浪费很大,对内部 RAM 的占用也很严重。实际上用到多任务操作系统的情况很少。

Full 是比 Tiny 要好一些的系统(但需要用户使用外部 RAM),支持中断方式的多任务和任务优先级,但是 Keil C51 里不提供该运行库,要另外购买。

这里选择 None。

(2)设置 Output 选项卡(如图 3-18 所示)

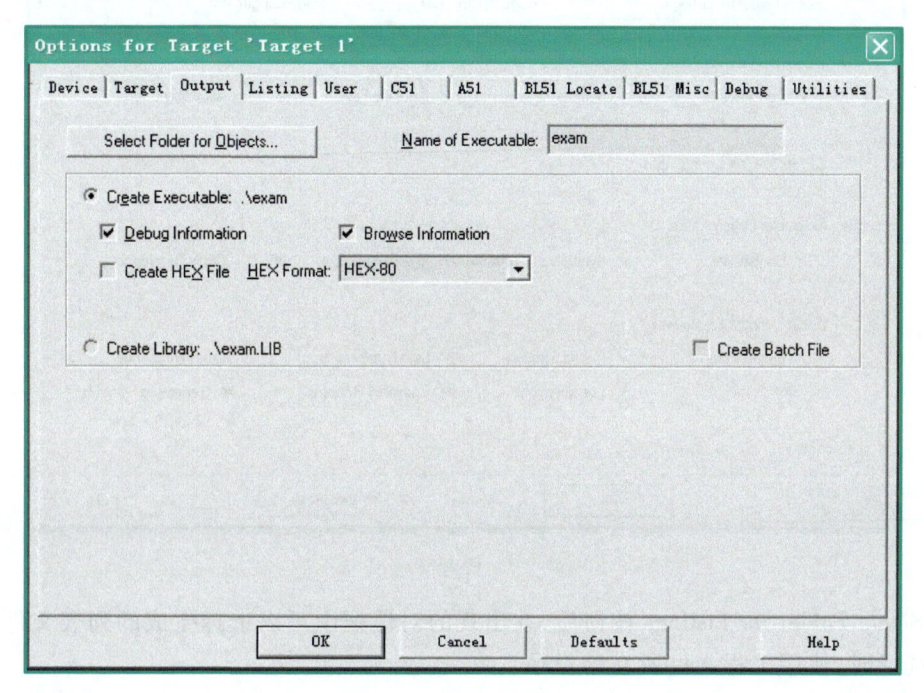

图 3-18　Output 选项卡

1)Select Folder for Objects:单击该按钮可以选择编译后目标文件的存储目录,如果不设置,就存储在工程文件的目录里。

2)Name of Executable:设置生成的目标文件的名字,默认情况下和工程的名字一样。目标文件可以生成库或者 obj、HEX 的格式。

3)Create Executable:如果要生成 OMF 以及 HEX 文件,一般选中 Debug Information 和 Browse Information。选中这两项,才有调试所需的详细信息。如果不选中,调试时将无法看到高级语言写的程序。

4)Create HEX File:要生成 HEX 文件,一定要选中该选项,如果编译之后没有生成 HEX 文件,就是因为这个选项没有被选中。默认是不选中的。

5)Create Library:选中该项时将生成 lib 库文件。根据需要决定是否要生成库文件,一般应用不生成库文件。

(3)设置 Listing 选项卡(如图 3-19 所示)

Keil C51 在编译之后除了生成目标文件之外,还生成 *.lst、*.m51 的文件。这两个文件可以告诉用户程序中所用的 idata、data、bit、xdata、code、RAM、ROM、stack 等的相关信息,以及程序所需的代码空间。

选中 Assembly Code 会生成汇编的代码。这是很有用处的,对于一个单片机程序员来说,往往既要熟悉汇编语言,同时也要熟悉 C 语言,才能更好地编写程序。某些地方用 C 语言无法实现,但用汇编语言却很容易;而有些地方汇编语言很繁琐,但用 C 语言就很方便。

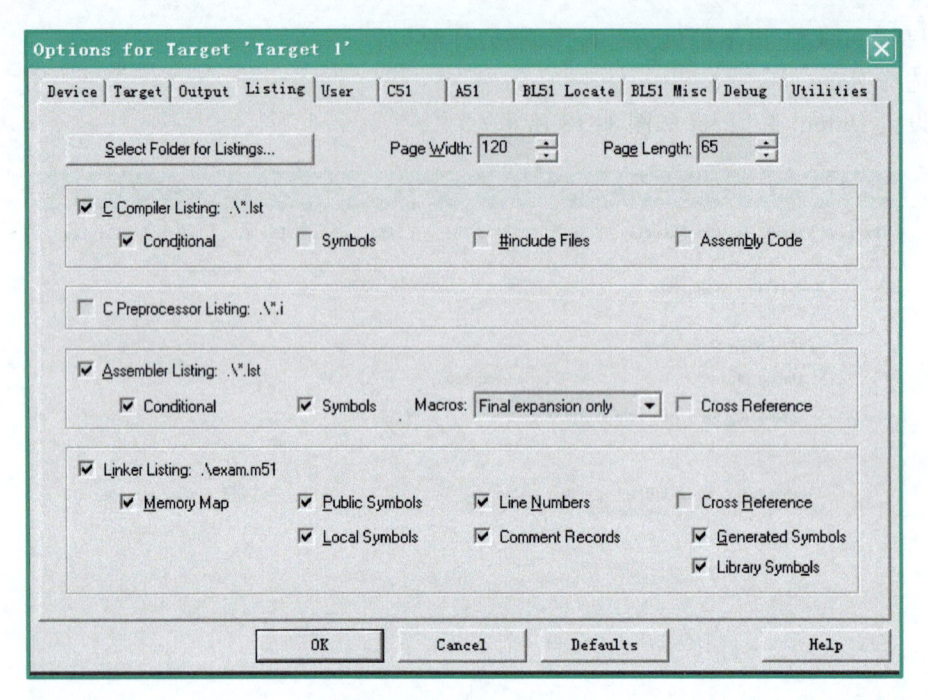

图 3-19　Listing 选项卡

单击 Select Folder for Listings 按钮后,在出现的对话框中可以选择生成的列表文件的存放目录。不做选择时,使用工程文件所在的目录。

(4) 设置 Debug 选项卡(如图 3-20 所示)

这里有两类仿真形式可选"Use Simulator"和"Use：Keil Monitor-51 Driver"。前一种是纯软件仿真,后一种是带有 Monitor-51 目标仿真器的仿真。

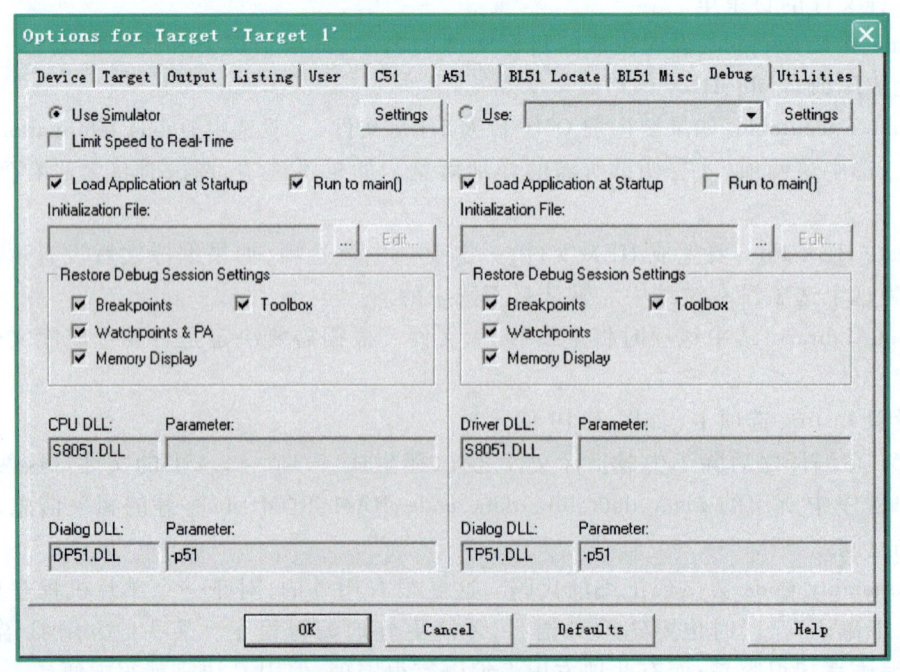

图 3-20　Debug 选项卡

Load Application at Startup：选择这项之后，Keil 才会自动装载程序代码。

设置完成后按确认返回主界面，工程文件建立、设置完毕。

3. 编译、连接

在设置好工程后，即可进行编译、连接。选择"Project→Build Target"菜单命令，对当前工程进行连接，如果当前文件已修改，软件会先对该文件进行编译，然后再连接以产生目标代码；如果选择 Rebuild all Target Files 菜单命令，将会对当前工程中的所有文件重新进行编译然后再连接，确保最终生成的目标代码是最新的；而选择 Translate 菜单命令则仅对该文件进行编译，不进行连接。

以上操作也可以通过单击工具栏按钮实现。图 3-21 是有关编译、设置的工具栏按钮，从左到右分别是：编译、编译连接、全部重建、批编译、停止编译、下载和对工程进行设置。

图 3-21 有关编译、连接、项目设置的工具栏

编译过程中的信息将出现在输出窗口中的 Build Output 页中，如果源程序中有语法错误，会出现错误报告，双击错误提示行，可以定位到出错的位置。对源程序反复修改之后，最终会得到如图 3-22 所示的结果，提示获得名为 exam.hex 的文件，该文件可被编程器读入并写到芯片中，同时还产生了一些其他相关的文件，可被用于 Keil 的仿真与调试，这时可以进入下一步调试的工作。

图 3-22 正确编译、连接之后的结果

三、Keil 程序的调试

上一节中介绍了如何建立、汇编、连接工程，并获得目标代码，但是做到这一步仅仅代表源程序没有语法错误，至于源程序中存在着的其他错误，必须通过调试才能发现并解决，事实上，除了极简单的程序以外，绝大部分的程序都要通过反复调试才能得到正确的结果，因此，调试是软件开发中的一个重要环节。

1. 常用调试命令

在对工程成功地进行汇编、连接以后，按 Ctrl+F5 键或者选择"Debug→Start/Stop Debug Session"菜单命令即可进入调试状态。

进入调试状态后，界面与编辑状态相比有明显的变化，Debug 菜单中原来不能用的命令现在已可以使用了，工具栏中会多出一个用于运行和调试的工具条，如图 3-23 所示，Debug 菜单中的大部分命令都可以在此找到对应的快捷按钮，从左到右依次是复位、运行、暂停、单步、过程单步、执行完当前子程序、运行到当前行、下一状态、命令窗口、反汇编窗口、符号窗口、寄存器窗口、调用堆栈窗口、观察窗口、内存窗口、串行窗口、分析窗口、跟踪窗口、系统测试窗口、工具箱、调试恢复视图。

图 3-23 运行和调试工具条

学习程序调试,必须明确两个重要的概念,即单步执行与全速运行。全速执行是指一行程序执行完以后紧接着执行下一行程序,中间不停止,这样程序执行的速度很快,并可以看到该段程序执行的总体效果,即最终结果是正确还是错误,但如果程序有错,则难以确认错误出现在哪些程序行。单步执行是每次执行一行程序,执行完该行程序以后即停止,等待命令再执行下一行程序,此时可以观察该行程序执行完以后得到的结果是否与写该行程序所想要得到的结果相同,借此可以找到程序中问题所在。在程序调试中,这两种运行方式都要用到。

选择 Debug→Step 菜单命令或单击相应的命令按钮或按 F11 键都可以单步执行程序,选择 Debug→Step Over 菜单命令或按 F10 键可以用过程单步形式执行程序,所谓过程单步,是指将汇编语言中的子程序或高级语言中的函数作为一个语句来全速执行。

按 F11 键,可以看到源程序窗口的左边出现了一个黄色调试箭头,指向源程序的第一行。每按一次 F11 键,即执行该箭头所指程序行,然后箭头指向下一行。当箭头指向"delay(100)"行时,如图 3-24 所示,再次按 F11 键,会发现箭头指向了延时函数 delay 的第一行。不断按 F11 键,即可逐步执行延时函数。

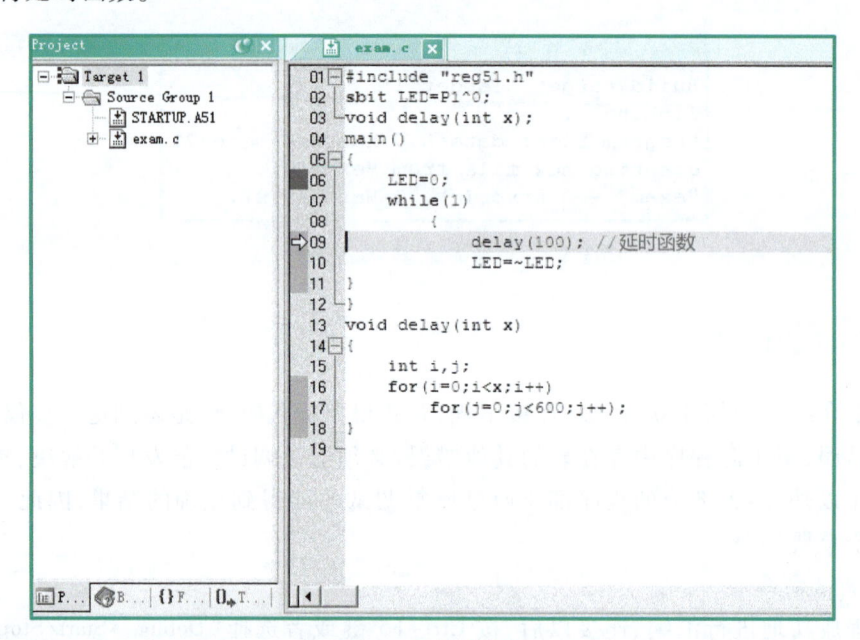

图 3-24 调试窗口

通过单步执行程序,可以找出一些问题的所在,但是仅依靠单步执行来查错有时是困难的,或虽能查出错误但效率很低,为此必须辅之以其他的方法,如图 3-24 所示程序中的延时功能是通过"delay(100);"调用延时函数来实现的,该函数内部要执行 6 万多次指令来完成延时的目的,如果用按 F11 键 6 万多次的方法来执行完该程序行,显然不合适,为此,可以采取以下一些方法:第一种方法,用鼠标在子程序的下一行点一下,把光标定位于该行,然后选择"Debug→Run to Cursor line(执行到光标所在行)"菜单命令,即可全速执行完黄色箭头与光标之间的程序行。第二种方法,在进入延时函数后,选择"Debug→Step Out(单步执行到该函数外)"菜单命令,即可全速执行完调试光标所在的子函数并指向主函数中的下一行程序。第三种方法,在开始调试时,按F10键而非F11键,程序也将单步执行,不同的是,执行到"delay(100);"行时,按 F10 键,调试光标不会进入延时函数内部,而是会全速执行完该函数,然后直接指向下一行"LED = ~LED;"。灵活应用这几种方法,可以大大提高查错的效率。

2. 在线汇编

在进入 Keil 的调试环境以后,如果发现程序有错,可以直接对源程序进行修改,但是要使修改后的代码起作用,必须先退出调试环境,重新进行编译、连接后再进行调试。如果只是需要对某些程序行进行测试,或仅需对源程序进行临时的修改,这样的过程未免有些麻烦,为此 Keil 软件提供了在线汇编的能力。将光标定位于需要修改的程序行上,选择"Debug→Inline Assambly"菜单命令,即可出现图 3-25 所示的对话框,在 Enter New Instruction 后面的编辑框内直接输入需更改的程序语句,输入后按 Enter 键将自动指向下一条语句,可以继续修改,如果不再需要修改,可以单击右上角的关闭按钮关闭对话框。

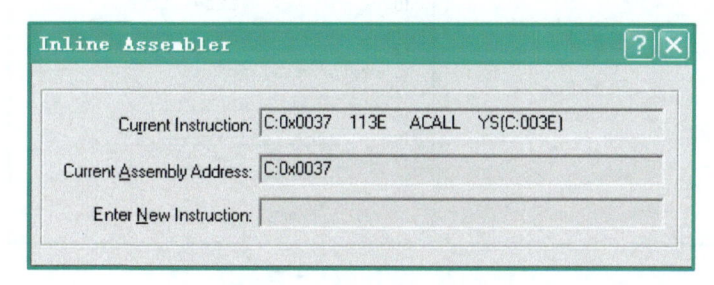

图 3-25 在线汇编对话框

3. 断点设置

程序调试时,一些程序行必须满足一定的条件才能被执行(如程序中某变量达到一定的值、按键被按下、串行口接收到数据、有中断产生等),这些条件往往是异步发生或难以预先设定的,这类问题使用单步执行的方法很难调试,这时就要使用到程序调试中的另一种非常重要的方法——断点设置。断点设置的方法有多种,常用的是在某一程序行设置断点,设置好断点后可以全速运行程序,一旦执行到该程序行即停止,可在此观察有关变量值,以确定问题所在。在程序行设置/移除断点的方法是将光标定位于需要设置断点的程序行,选择"Debug→Insert/Remove Breakpoint(F9)"菜单命令可以设置或移除断点(也可以用鼠标在该行双击实现同样的功能);选择"Debug→Enable/Disable Breakpoint (Ctrl+F9)"菜单命令可以开启或暂停光标所在行的断点;选择"Debug→Disable All Breakpoints"菜单命令可以暂停所有断点;选择"Debug→Kill All Break-Points(Ctrl+Shift+F9)"菜单命令可以清除所有的断点设置。

4. 实例调试

为进行程序的调试,首先给源程序制造一个错误,将延时函数的第三行"for(j=0;j<600;j++);"修改为"for(j=0;j<600;);",然后重新编译,由于程序中并无语法错误,所以编译时不会有任何出错提示,但由于 for 循环的自变量 j 没有进行增量运算,for 循环一直满足循环条件(j<600),所以子程序将陷入无限循环中。

进入调试状态后，按 F10 键以过程单步的形式执行程序，当执行到"for(j=0;j<600;);"行时，无论程序以何种方式运行（包含全速运行）都不能继续往下执行，如图 3-26 所示，可知程序出了差错。通过调试，很容易看到程序"卡"在了第 17 行，即"for(j=0;j<600;);"，通过仔细查看不难看出此语句的纰漏，将其改正并重新编译仿真即可。

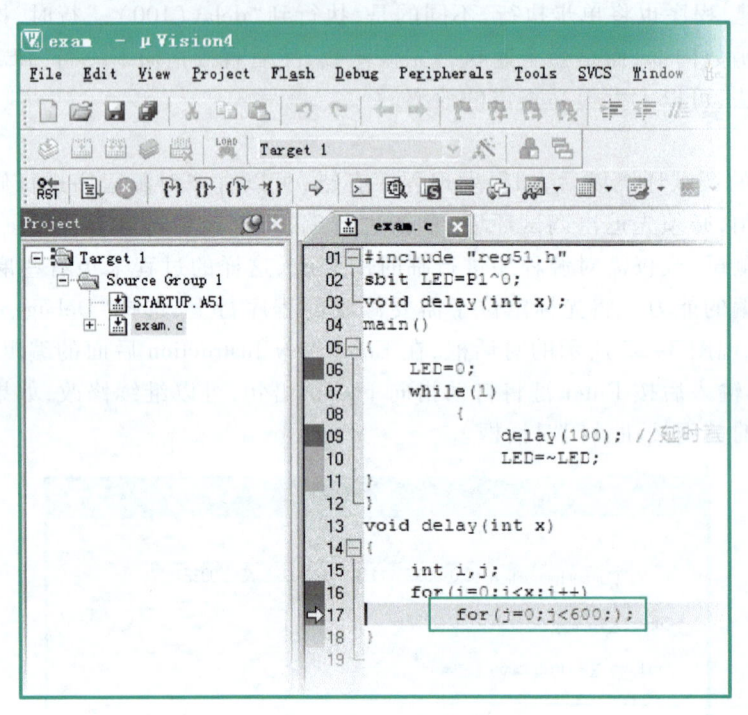

图 3-26　程序陷入无限循环

四、Keil 常用调试窗口

Keil 软件在调试程序时提供了多个窗口，包括命令窗口、反汇编窗口、符号窗口、寄存器窗口、调用堆栈窗口、观察窗口、存储器窗口、串行窗口等。进入调试模式后，可以通过 View 菜单下的相应命令打开或关闭这些窗口。图 3-27 是反汇编窗口和寄存器窗口，各窗口的大小可用鼠标调整。进入调试程序后，输出窗口自动切换到 Command 选项卡。该选项卡用于输入调试命令和输出调试信息。

1. 存储器窗口

存储器窗口中可以显示系统中各种内存中的值，通过在 Address 后的编辑框内输入"字母：数字"即可显示相应内存值，其中字母可以是 C、D、I、X，分别代表代码存储空间、直接寻址的内部存储空间、间接寻址的内部存储空间、扩展的外部 RAM 空间，数字代表想要查看的地址。例如输入"D:0"即可观察到地址 0 开始的内部 RAM 单元值，输入"C:0"即可显示从 0 开始的 ROM 单元中的值，即查看程序的二进制代码，如图 3-28 所示。

注意：在调试程序时，特别是 C51 编程时，时常要关注某一个变量的变化情况，但其所在的内存地址则不是关注的重点。这时，直接在 Address 后输入变量名称即可显示出该变量所在的内存空间。

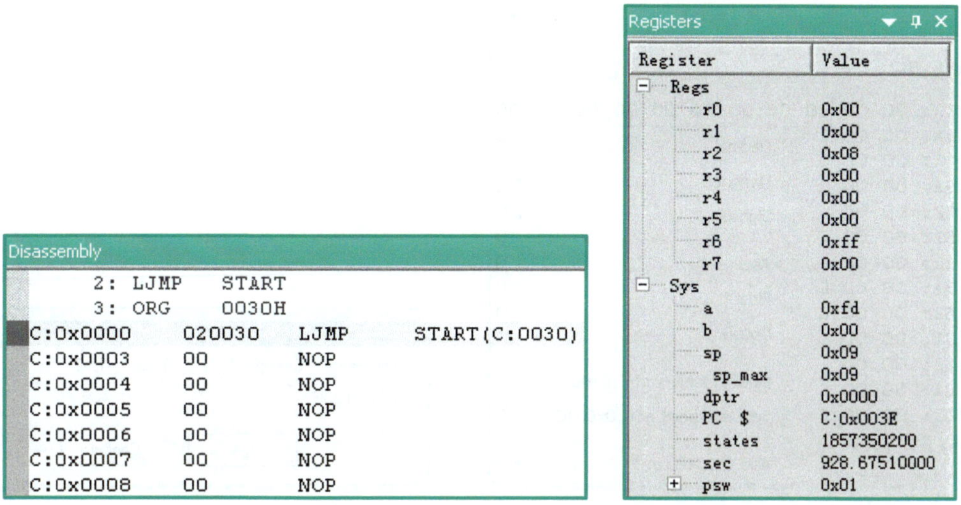

图 3-27　反汇编窗口和寄存器窗口

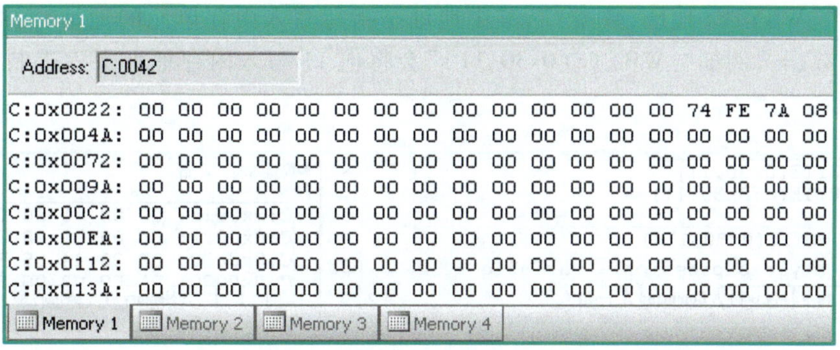

图 3-28　查看内存单元的值

存储器窗口的显示值可以以各种形式显示,如十进制、十六进制、字符型等。改变显示方式的方法是单击鼠标右键,在弹出的快捷菜单中选中相应选项,如图 3-29 所示。该菜单用分隔条分成四部分,其中第一部分与第二部分的三个选项为同一级别,选中第一部分的任一选项,内容将以整数形式显示,而选中第二部分的 Ascii 选项则将以字符形式显示,选中 Float 选项将以相邻 4 字节组成的浮点数形式显示,选中 Double 选项则将以相邻 8 字节组成双精度形式显示。第一部分又有多个选项,其中 Decimal 项是一个开关,如果选中该项,则窗口中的值将以十进制的形式显示,否则按默认的十六进制形式显示。Unsigned 和 Signed 后分别有三个选项:Char、Int、Long,分别代表以单字节形式显示、将相邻双字节组成整型数形式显示、将相邻 4 字节组成长整型形式显示,而 Unsigned 和 Signed 则分别代表无符号形式和有符号形式。究竟从哪一个单元开始的相邻单元则与相关设置有关,以整型为例,如果输入的是"I:0",那么 00H 和 01H 单元的内容将会组成一个整型数,而如果输入的是"I:1",则 01H 和 02H 单元的内容将会组成一个整型数,以此类推。默认以无符号单字节形式显示。第三部分的"Modify Memory at X:xx"用于更改鼠标处的内存单元值,选中该选项即出现图 3-30 所示的对话框,可以在对话框内输入要修改的内容,利用","分隔,可修改连续多个内存单元的值。

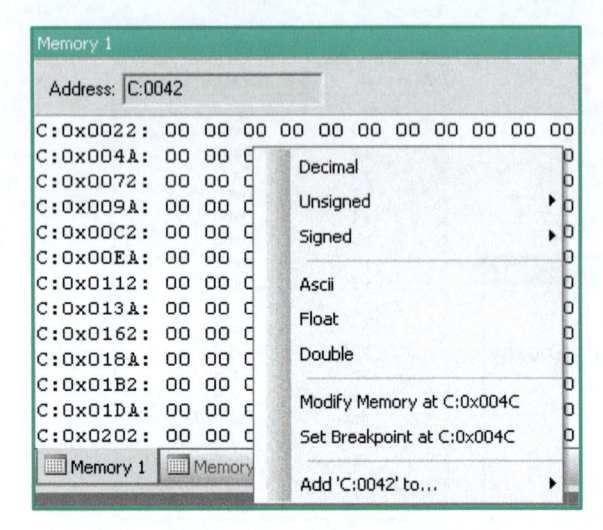

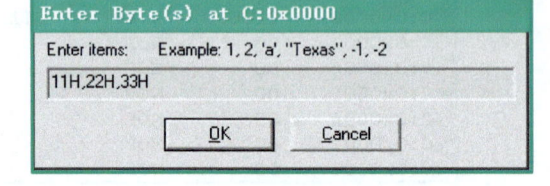

图 3-29　存储器数值各种显示形式选择　　　　图 3-30　存储器值的修改

在程序运行中,另一种更改相应内存单元的值的方法是通过在命令窗口输入命令进行修改,命令的形式是"_WBYTE(地址,数据)",其中地址是指待写入内存单元的地址,而数据则是指待写入该地址的数据。例如"_WBYTE(0x30,11)"会将值 11 写入内存地址十六进制 30H 单元中,如图 3-31 所示。

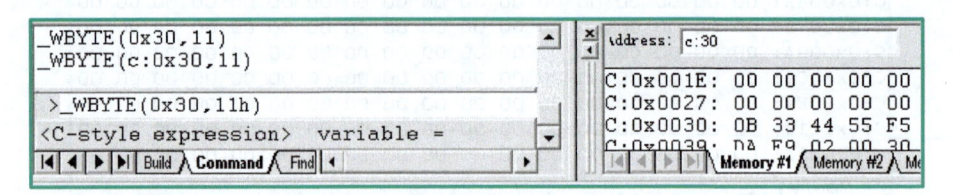

图 3-31　在命令窗口输入存储器值修改命令

注意:在修改存储器值时,默认输入的数值为十进制数据,可在数值后加"H"标明输入数据为十六进制。默认修改 RAM 存储单元的值。

2. 寄存器窗口

图 3-32 所示为寄存器窗口。寄存器窗口中包括了当前的工作寄存器组和系统寄存器组。系统寄存器组有一些是实际存在的寄存器,如 A、B、DPTR、SP、PSW 等;有一些是实际中并不存在或虽然存在却不能对其操作的寄存器,如 PC、Status 等。每当程序中执行到对某寄存器的操作时,该寄存器会以反色(蓝底白字)显示,用鼠标单击然后按 F2 键,即可修改该值。注:凡是用鼠标单击然后按 F2 键的操作都可以用鼠标连续单击两次(注意:不是双击)来替代。

3. 观察窗口

观察窗口是很重要的一个窗口,寄存器窗口中仅可以观察到工作寄存器和有限的系统寄存器如 A、B、DPTR 等,如果需要观察其他寄存器的值或者在高级语言编程时需要直接观察变量,就要借助于观察窗口。

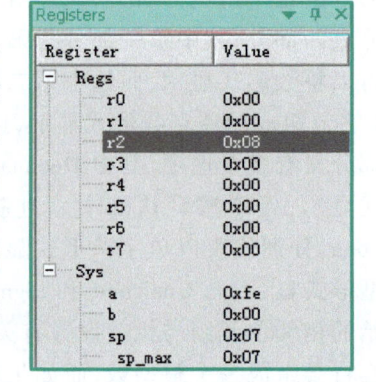

图 3-32　寄存器窗口

一般情况下，仅在单步执行时才对变量值的变化感兴趣，全速运行时，变量的值是不变的，只有在程序停下来之后，才会将这些值最新的变化反映出来，但是，在一些特殊场合下也可能需要在全速运行时观察变量的变化，此时可以选择"View→Periodic Window Updata（周期更新窗口）"菜单命令，确认该项处于被选中状态，即可在全速运行时动态地观察有关值的变化。但是，选中该项，将会使程序模拟执行的速度变慢。

4. 反汇编窗口

选择"View→Dissambly Window"菜单命令可以打开反汇编窗口，该窗口可以显示反汇编后的代码、源程序和相应反汇编代码的混合代码，可以在该窗口中进行在线汇编，利用该窗口跟踪已执行的代码，在该窗口按汇编代码的方式单步执行。打开反汇编窗口，单击鼠标右键，出现快捷菜单，如图3-33所示，其中Mixed Mode是以混合方式显示，Assembly Mode是以反汇编代码方式显示。

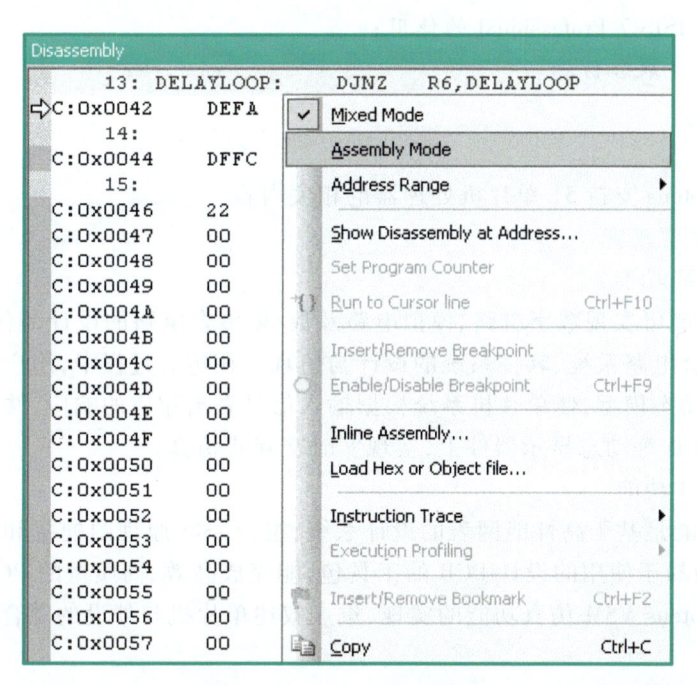

图3-33 反汇编窗口菜单

程序调试中常使用设置断点然后全速运行的调试方式，在断点处可以获得各变量值，但却无法得知程序到达断点以前究竟执行了哪些代码，而这往往是需要了解的，为此，Keil提供了跟踪功能，在运行程序之前打开调试工具条上的允许跟踪代码开关，然后全速运行程序，当程序停止运行后，单击查看跟踪代码按钮，自动切换到反汇编窗口，如图3-34所示。其中前面标有"-"号的行就是中断以前执行的代码，可以按窗口边的向上滚动按钮查看代码执行记录。

图3-34 反汇编窗口

任务四　Proteus 仿真工具使用与调试

【能力目标】

1. 能够正确设置 Keil 和 Proteus 软件；
2. 能够用 Proteus 的 ISIS 创建硬件电路图；
3. 能够进行 Keil 和 Proteus 的联调。

【知识点】

1. Proteus 认知；
2. Keil 联调补丁安装；
3. Proteus 软件 ISIS 7 Professional 的使用；
4. Proteus 与 Keil 联合仿真。

一、Proteus 简介

本节只介绍 Proteus 支持 51 单片机处理器的相关内容。

1. Proteus 的主要功能

（1）Proteus VSM 功能

Proteus VSM 功能可实现数字电路、模拟电路及数/模混合电路的设计与仿真，特别是能实现单片机与外设的混合电路系统、软件系统的设计与仿真。在仿真过程中，用户可以用鼠标单击开关、键盘、电位计等动态模型，使单片机系统根据输入信号做出相应的响应，并将相应处理结果实时地显示在 LED、LCD 等动态显示器件上，实现实时交互式仿真。

（2）Proteus PCB 功能

Proteus PCB 功能是基于高性能网表的设计系统，组合 ISIS 原理图捕捉和 ARES PCB 输出程序，构成一个强大的易于使用的设计 PCB 的工具包，能完成高效、高质量的 PCB 设计。

本节只介绍 Proteus VSM 仿真功能的实现，重点叙述单片机与外设的混合电路系统及其软件系统的设计和仿真。

2. Proteus 的四大功能模块

（1）智能原理图设计（ISIS）

1）丰富的元器件库：超过 27 000 种元器件，可方便地创建新元器件。

2）智能的元器件搜索：通过模糊搜索可以快速定位所需要的元器件。

3）智能化的连线功能：自动连线功能使连接导线简单快捷，大大缩短绘图时间。

4）支持总线结构：使用总线器件和总线布线使电路设计简明清晰。

5）可输出高质量图纸：通过个性化设置，可以生成印刷质量的 BMP 图纸，可以方便地提供 Word、Power Point 等多种文档。

（2）完善的电路仿真功能（Prospice）

1）Prospice 混合仿真：基于工业标准 SPICE3F5，实现数字/模拟电路的混合仿真。

2）超过 27 000 种仿真元器件：可以通过内部原型或使用厂家的 SPICE 文件自行设计仿真元器件，Labcenter 也在不断地发布新的仿真元器件，还可导入第三方发布的仿真元器件。

3)多样的激励源:包括直流、正弦、脉冲、分段线性脉冲、音频(使用 wav 文件)、指数信号、单频 FM、数字时钟和码流,还支持文件形式的信号输入。

4)丰富的虚拟仪器:13 种虚拟仪器,面板操作逼真,如示波器、逻辑分析仪、信号发生器、直流电压/电流表、交流电压/电流表、数字图案发生器、频率计/计数器、逻辑探头、虚拟终端、SPI 调试器、I^2C 调试器等。

5)生动的仿真显示:用色点显示引脚的数字电平,导线以不同颜色表示其对地电压大小,结合动态器件(如电机、显示器件、按钮)的使用可以使仿真更加直观、生动。

6)高级图形仿真功能(ASF):基于图表的分析可以精确分析电路的多项指标,包括工作点、瞬态特性、频率特性、传输特性、噪声、失真、傅立叶频谱分析等,还可以进行一致性分析。

(3)独特的单片机协同仿真功能(VSM)

1)支持主流的 CPU 类型:如 ARM7、8051/52、AVR、PIC10/12、PIC16、PIC18、PIC24、dsPIC33、HC11、BasicStamp、8086、MSP430、Cortex、DSP 处理器等。

2)支持通用外设模型:如字符 LCD 模块、图形 LCD 模块、LED 点阵、LED 七段显示模块、键盘/按键、直流/步进/伺服电机、RS232 虚拟终端、电子温度计等,其 COMPIM(COM 口物理接口模型)还可以使仿真电路通过 PC 串行口和外部电路实现双向异步串行通信。

3)实时仿真:支持 UART/USART/EUSARTs 仿真、中断仿真、SPI/I^2C 仿真、MSSP 仿真、PSP 仿真、RTC 仿真、ADC 仿真、CCP/ECCP 仿真。

4)编译及调试:支持单片机汇编语言的编辑/编译/源码级仿真,内带 8051、AVR、PIC 的汇编编译器,也可以与第三方集成编译环境(如 IAR、Keil 和 Hitech)结合,进行高级语言的源码级仿真和调试。

(4)实用的 PCB 设计平台

1)由原理图到 PCB 的快速通道:原理图设计完成后,一键便可进入 ARES 的 PCB 设计环境,实现从概念到产品的完整设计。

2)先进的自动布局/布线功能:支持元器件的自动/人工布局;支持无网格自动布线或人工布线;支持引脚交换/门交换功能,使 PCB 设计更为合理。

3)完整的 PCB 设计功能:最多可设计 16 个铜箔层、2 个丝印层、4 个机械层(含板边),灵活的布线策略供用户设置,支持自动设计规则检查、三维可视化预览。

4)多种输出格式的支持:可以输出多种格式文件,包括 Gerber 文件的导入或导出,便于与其他 PCB 设计工具的互转(如 Protel)和 PCB 的设计和加工。

3. Proteus 的丰富资源

1)Proteus 可提供的仿真元器件资源包括数字和模拟、交流和直流的数千种仿真元器件,有 30 多个元器件库。

2)Proteus 可提供的仿真仪表资源包括示波器、逻辑分析仪、虚拟终端、SPI 调试器、I^2C 调试器、信号发生器、模式发生器、交直流电压表、交直流电流表。理论上同一种仪器可以在一个电路中随意调用。

3)除了现实存在的仪器外,Proteus 还提供图表仿真功能,可以将线路上变化的信号以图表的方式实时地显示出来,其作用与示波器相似,但功能更多。这些虚拟仪器仪表具有理想的参数指标(例如极高的输入阻抗、极低的输出阻抗),尽可能减少了仪器仪表对测量结果的影响。

4)Proteus 提供比较丰富的测试信号用于电路的测试,这些测试信号包括模拟信号和数字

项目三　单片机编程语言及仿真工具认知

信号。

4. 单片机电路功能仿真

在使用 Proteus 绘制好单片机应用电路原理图后，调入已编译好的目标代码文件（*.hex 文件），可以在 Proteus 的原理图中看到模拟的实物运行状态和过程。

Proteus 不仅可将许多单片机实例功能形象化，也可将许多单片机实例运行过程图形化。前者可在相当程度上得到实物演示实验的效果，后者则可得到实物演示实验难以达到的效果。

Proteus 的元器件、连接线等和传统的单片机实验硬件高度对应，这在相当程度上替代了传统的单片机硬件实验教学的功能，例如元器件选择、电路连接、电路检测、电路修改、软件调试、运行结果等。

随着科技的发展，"计算机仿真技术"已成为许多设计部门重要的前期设计手段。它具有设计灵活，过程、结果统一的特点，可使设计时间大为缩短、耗资大为减少，也可降低工程制造的风险。在单片机开发应用中，Proteus 得到了越来越广泛的应用。

使用 Proteus 进行单片机系统仿真设计，是虚拟仿真技术和计算机多媒体技术相结合的综合运用，有利于培养学生的电路设计能力及仿真软件的操作能力；在单片机课程设计和全国大学生电子设计竞赛中，可以采用 Proteus 开发环境对学生进行培训；在不需要硬件投入的条件下，学生使用 Proteus 学习单片机要比单纯通过书本进行学习更容易。实践证明，在使用 Proteus 进行系统仿真开发成功之后再进行实际制作，能极大提高单片机系统设计效率。因此，Proteus 有较高的推广利用价值。

二、Keil 联调补丁安装

要实现 Proteus 和 Keil 的联机调试，必须安装 Labcenter Electronics 提供的 VSM AGDI 驱动，它可以实现 Proteus 和 Keil 联机调试时的通信设置，并为 Keil 安装"Proteus VSM simulator"驱动。Proteus 与 Keil 联调的驱动文件 vdmagdi.exe 可在 Proteus 的官网下载，下载完成后双击该文件，会出现图 3-35 所示的安装向导，单击"Next"按钮。

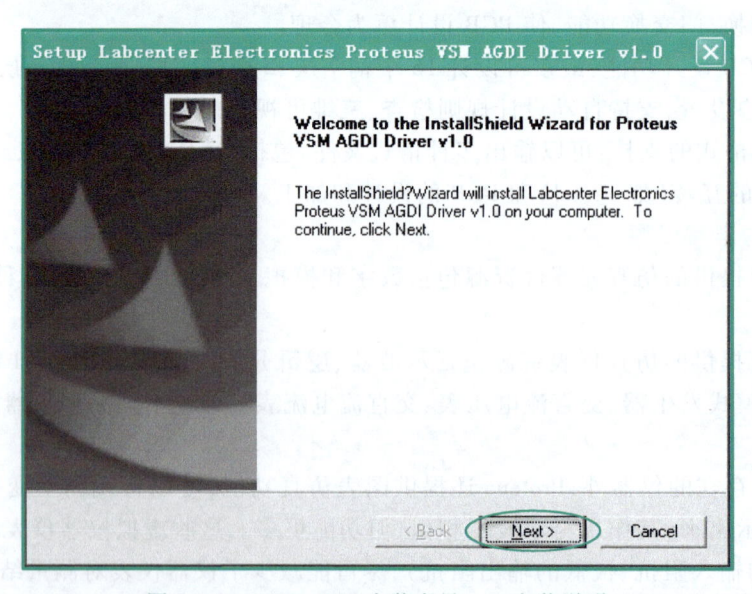

图 3-35　VSM AGDI 安装向导——安装说明

选择安装类型为支持 μVision 的版本,如图 3-36 所示。如果安装的 Keil 软件为 μVision2 版本,则在此选择"AGDI Drivers for μVision2"选项,然后单击"Next"按钮。如果是 Keil μVsion4 版本,则选择"AGDI Drivers for μVision3"选项。

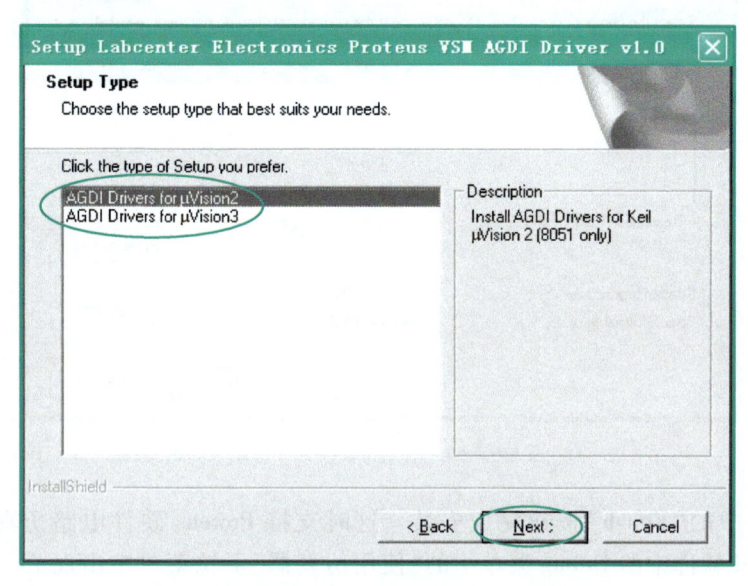

图 3-36 VSM AGDI 安装向导——版本选择

VSM AGDI 驱动安装路径最好与 Keil 软件的安装路径一致,尽量不要更改,如果 Keil 软件安装在"C:\Keil"下,则 VSM AGDI 驱动也选择安装在该目录下,如图 3-37 所示,然后单击"Next"按钮。

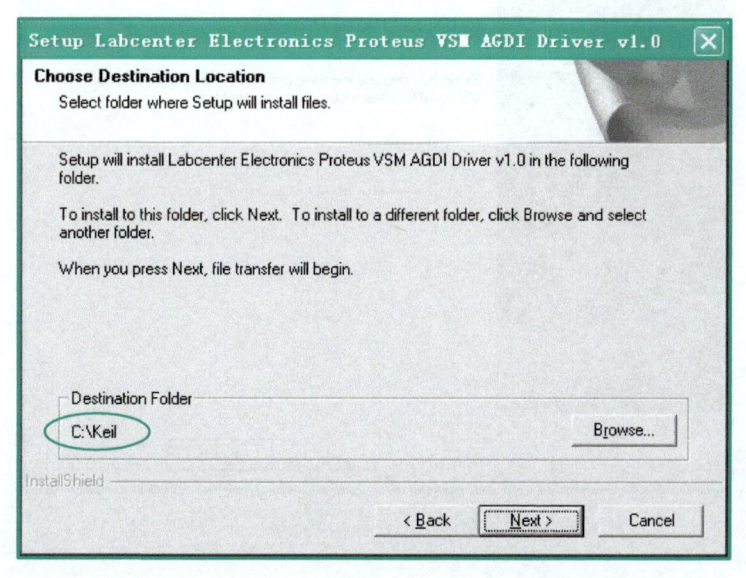

图 3-37 VSM AGDI 安装向导——安装路径选择

选择需要安装的器件,选中"8051 AGDI Driver(VDM51.DLL)",如图 3-38 所示,然后单击"Next"按钮继续。

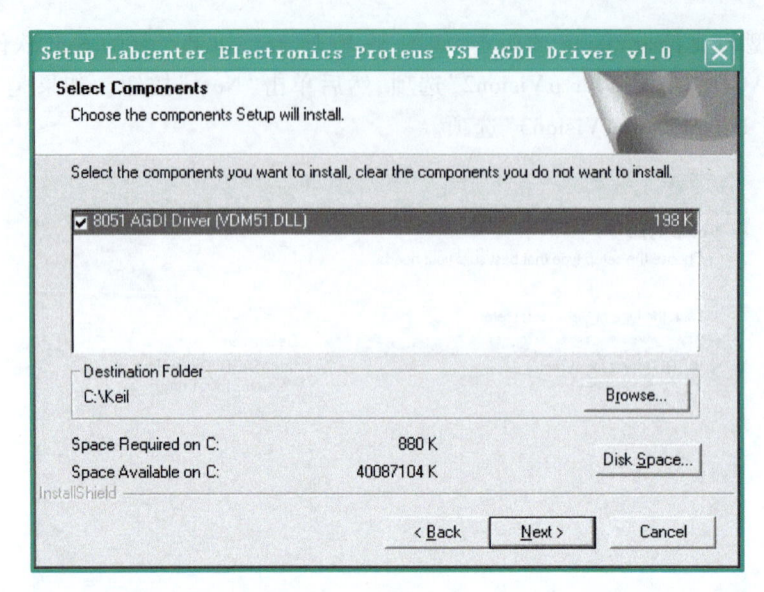

图 3-38 VSM AGDI 安装向导——安装 VDM.DLL

单击图 3-39 中的"Finish"按钮完成安装。这时支持 Proteus 硬件电路仿真的"Proteus VSM Simulator"就在 Keil 软件中的 Debug 菜单下的"使用仿真器"下拉菜单中出现了。打开在任务 3 中建立的 exam 工程文件,再打开"Options for Target 'Target 1'"对话框,在"Debug"选项卡下就会出现图 3-40 所示的"Proteus VSM Simulator"选项,选择后单击"OK"按钮。这时 Keil 的设置就完全准备好了,只要再完成任务 3 中的 exam 硬件电路的绘制,就可以和 Proteus 进行联机调试。

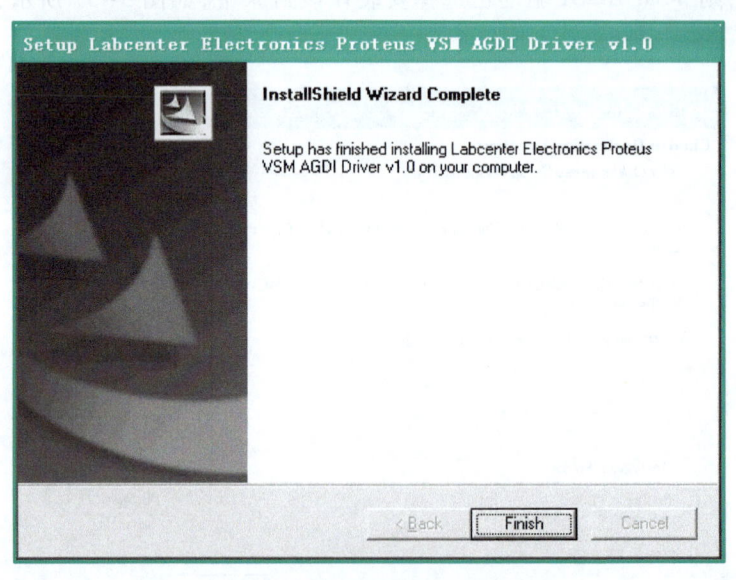

图 3-39 VSM AGDI 安装向导——完成

三、Proteus 软件 ISIS 7 Professional 的使用

双击 ISIS 7 Professional 快捷方式,或选择"开始"→"所有程序""Proteus 7 Professional"→"ISIS 7 Professional"菜单命令,即可打开智能原理图输入系统,出现图 3-41 所示的智能原理图输入

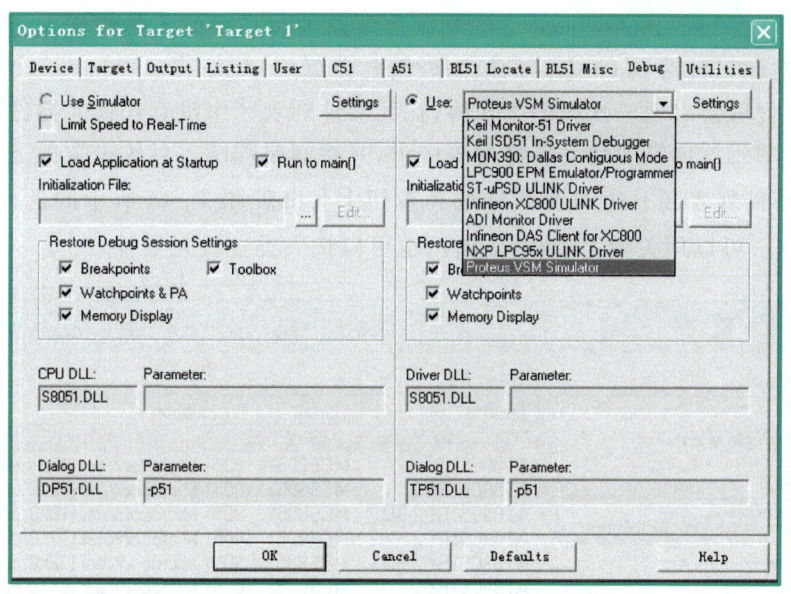

图 3-40 安装 VSM AGDI 驱动后的"Debug"选项卡

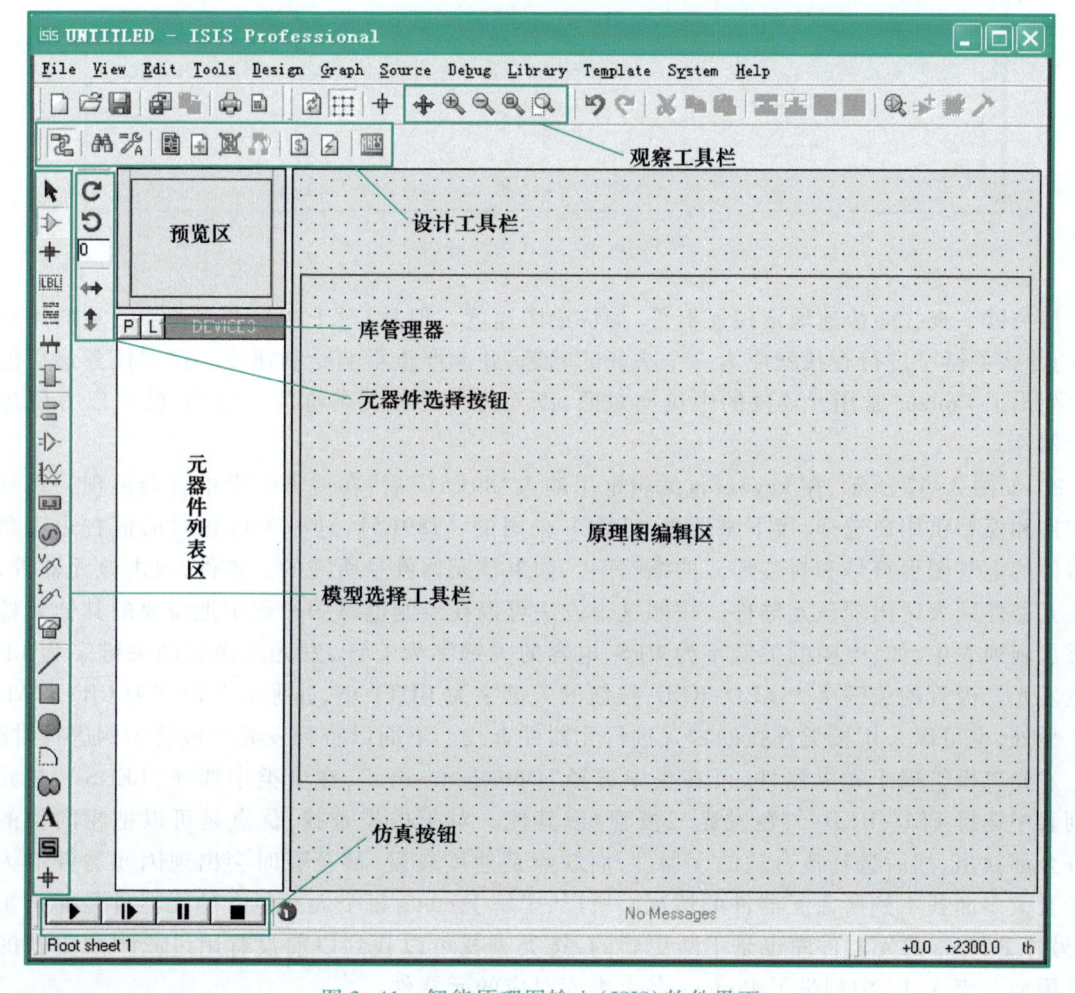

图 3-41 智能原理图输入(ISIS)软件界面

（ISIS）软件界面。在 ISIS Professional 中绘制硬件电路的技巧在此不做详细介绍，大家可以参考其他相关资料，在此只针对 exam 电路的绘制做简要介绍。

新建一个工程后会出现一张新的工作簿，在元器件列表区中没有任何元器件，这时应该在元器件库里把需要的元器件添加到元器件列表区中，并绘制原理图。具体过程如下：

1）单击元器件列表区上边的元器件选择按钮 P ，出现图 3-42 所示的选择元器件（"Pick Devices"）对话框。可以用关键字查找元器件，也可以按大类查找元器件。

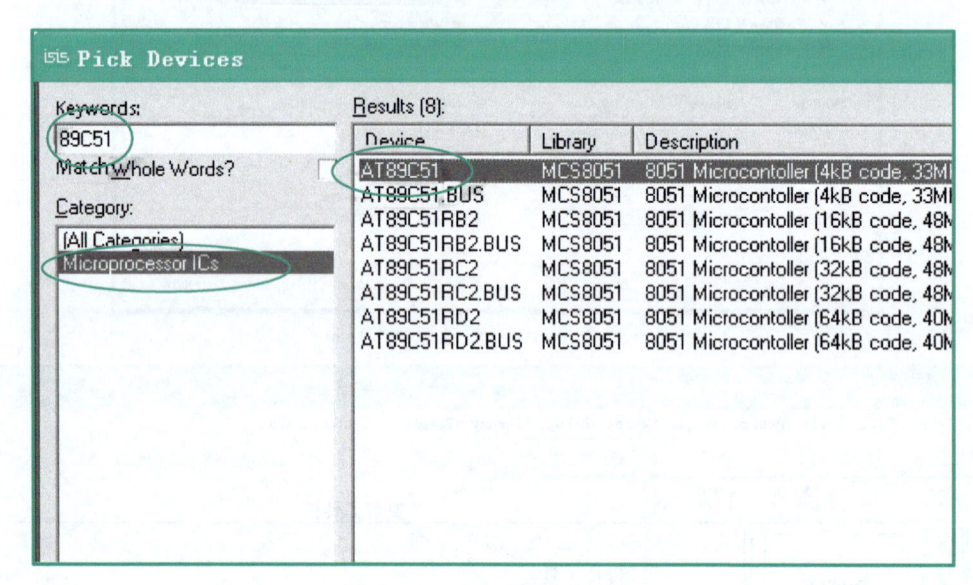

图 3-42 选择元器件对话框

按关键字查找能快速地定位元器件，加快绘图速度。但是，对于初学者或者不熟悉的用户而言，用什么关键字进行查找就成为一个头痛的问题，并会严重影响绘制速度。在本任务最后的附表中列出了 Proteus 常用元器件的中英文对照，以元器件的英文名称为关键字，就可以方便地查找元器件。

2）如图 3-42 所示，在 keywords 编辑框里输入"89C51"后，在搜索结果中就会出现一系列的元器件和模型供用户选择，接下来选择 ATMEL 公司的 AT89C51，这时可以在对话框右边观察该元器件的电气图形符号和封装形式的缩略图。如果该元器件是所需的元器件，双击该元器件，则会在元器件列表区出现该元器件。按照这个方法可以在绘制电路图过程中把需要的其他元器件都添加到列表中，如：电阻的关键字为 RES，电容的关键字为 CAP，发光二极管的关键字为 LED，红色发光二极管的关键字为 LED-RED，按钮的关键字为 BUTTON，晶振的关键字为 CRYSTAL。

另外，也可以采用按类查找的方式进行元器件查找。下面以查找发光二极管为例进行讲解。

发光二极管属于光电器件，可在类中选择"Optoelectronics"，在子类中选择"LEDS"，在元器件列表中选择 LED-RED（红色发光二极管）或其他。对于按类查找，优点是可以把相同类的元器件全部找出，然后选择最合适的元器件；而缺点是速度较慢，甚至有时会出现因元器件的大类和子类太多而找不到所需元器件的情况。所以，了解 Proteus 每个大类包含的元器件是非常重要的，另外 Proteus 的元器件库也是不断更新的，按类查找可以找到以前没有用过或刚刚更新的元器件模型。表 3-16 中列举了 Proteus 各个类库对应的元器件。

表 3-16 Proteus 各个类库对应的元器件

库名称	对应的元器件	库名称	对应的元器件
Analog ICs	模拟集成电路	Miscellaneous	杂类
Capacitors	电容	Modeling Primitives	建模原型
CMOS 4000 series	CMOS 4000 系列	Operational Amplifiers	运算放大器
Connectors	接插件	Optoelectronics	光电器件
Data Converters	数据转换器	PLDs & FPGAs	PLD 和 FPGA
Debugging Tools	调试工具	Resistors	电阻
Diodes	二极管	Simulator Primitives	仿真原型
ECL 10000 series	ECL 10000 系列	Speakers & Sounders	喇叭、音响
Electromechanical	电动机系列	Switches & Relays	开关继电器
Inductors	电感	Switching Devices	开关
Laplace primitives	Laplace 原型	Thermionic Valves	热离子真空管
Memory ICs	存储器集成电路	Transducers	传感器
Microprocessor ICs	微处理器	Transistors	晶体管

3）选择完元器件后，所选元器件就会出现在元器件列表区，选中需要在原理图绘制区放置的元器件，如 AT89C51，把鼠标光标移动到绘图区，光标变成 ✏️，单击则会出现该元器件的符号，选择合适的位置放置即可，如图 3-43 所示。

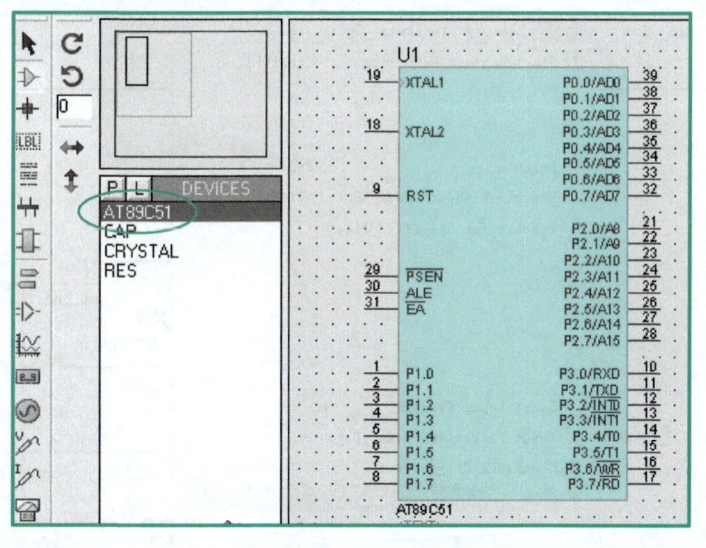

图 3-43 放置元件

4）把需要的元器件放置好后，还要进行连线。连线方法：当光标靠近引脚末端或线时，光标会自动锁定引脚或线，单击鼠标左键后再移动鼠标光标就会看到有一条线跟着光标移动，再单击其他引脚末端或线就可以自动实现连线，拖动线可以改变线的路径。依次按照图 3-44 连接好各个元器件。保存好后，选择"Debug→Use Remote Debug Monitor"菜单命令（如图 3-45 所示），选择外部仿真器后就可以和 Keil 进行联调。

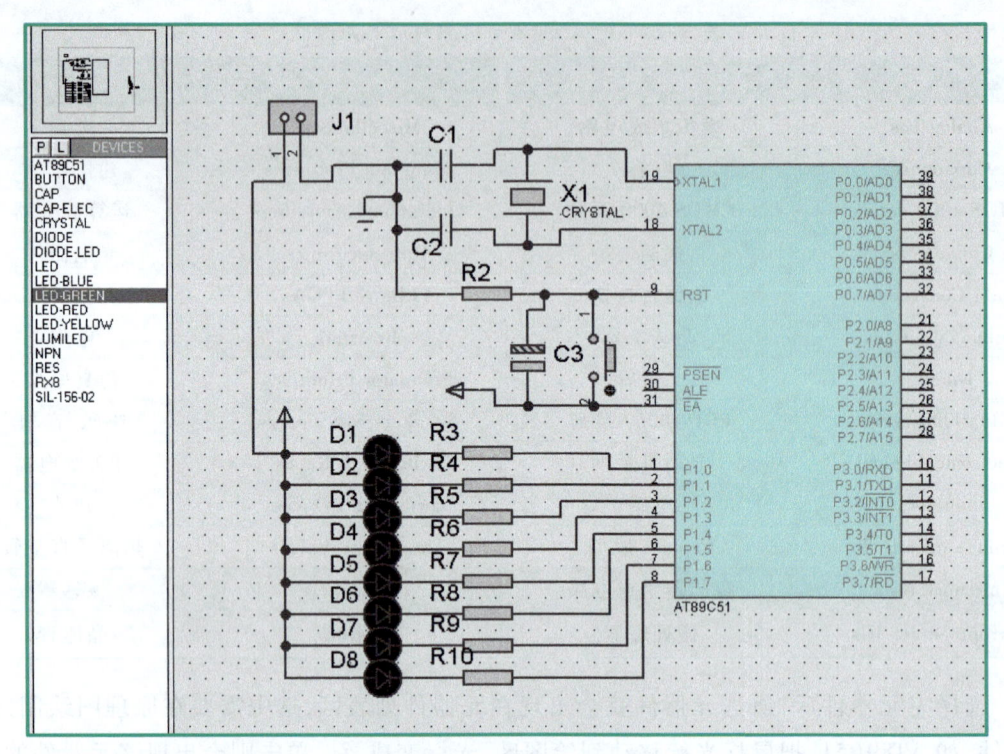

图 3-44 绘制好的电路图

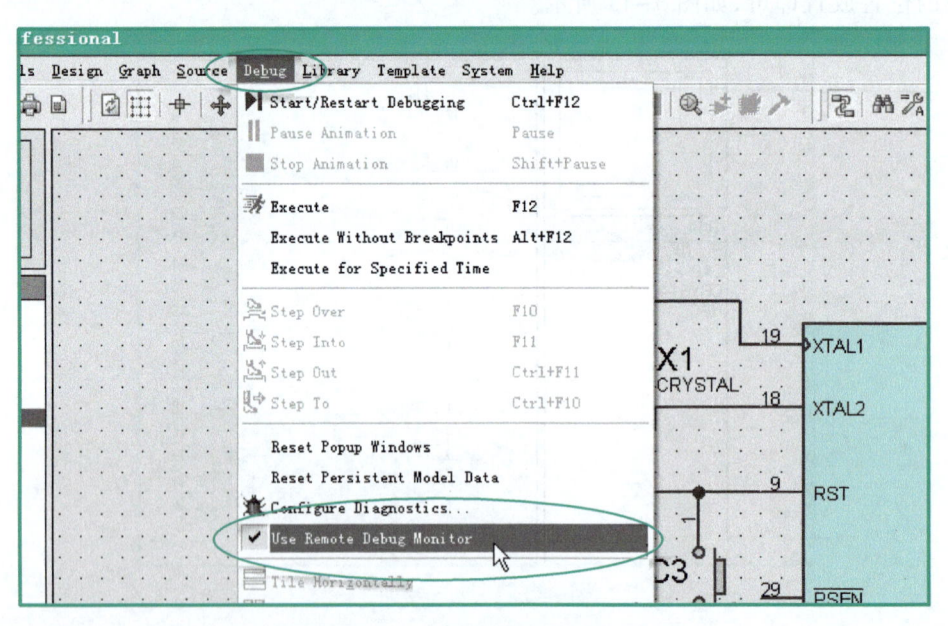

图 3-45 选择外部仿真器

另外,Proteus 本身带有编译器,只支持汇编程序的编译和仿真;Proteus 不支持 C 语言的直接编译和仿真,如果使用 C 语言编程,则需使用 Keil C 软件协同仿真和调试。

其实也可以这样理解,Keil 软件是软件调试工具,而 Proteus ISIS 原理图就相当于硬件电路板,在 Proteus 里可以直观地观察单片机程序运行的结果,如图 3-46 所示。

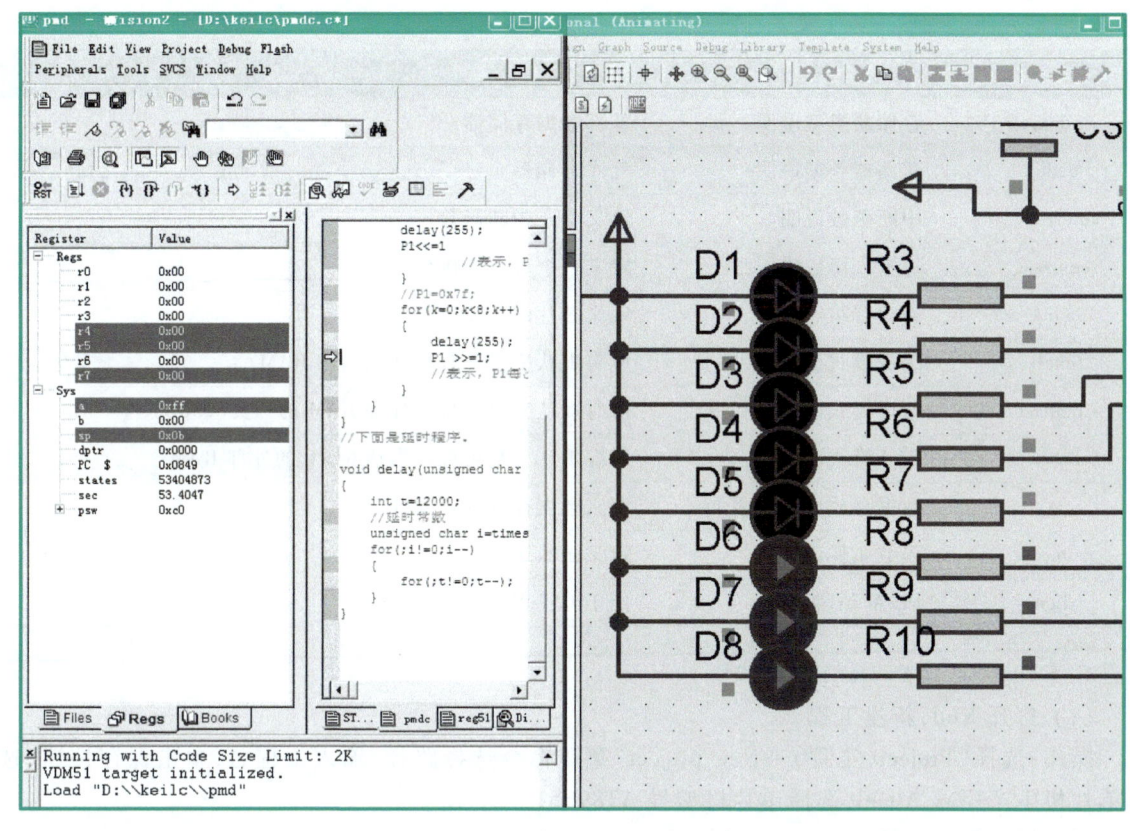

图 3-46　Keil 与 Proteus 联调示意图

小贴士

1. C51 与标准 C 的差异

1）C51 增加了一些关键字，如表 3-17 所示。

2）C51 与标准 C 的差异主要源于它们工作的机器环境（硬件环境）和它们所拥有的硬件资源的差异。

表 3-17　C51 增加的关键字

关键字	用途	说明
bit	位标量声明	声明一个位类型的变量
sbit	位标量声明	声明一个可位寻址变量
Sfr	特殊功能寄存器声明	声明一个特殊功能寄存器
Sfr16	特殊功能寄存器声明	声明一个 16 位特殊功能寄存器
data	存储器类型说明	直接寻址的内部数据存储器
bdata	存储器类型说明	可位寻址的内部数据存储器
idata	存储器类型说明	间接寻址的内部数据存储器
pdata	存储器类型说明	分页寻址的外部数据存储器

续表

关键字	用途	说明
xdata	存储器类型说明	外部数据存储器
code	存储器类型说明	程序存储器
interrupt	中断函数说明	定义一个中断函数
reentrant	可重入函数说明	定义一个可重入函数
using	寄存器组定义	定义芯片的工作寄存器
Small	编译模式说明	所有默认变量参数均装入内部 RAM
Compact	编译模式说明	所有默认变量均位于外部 RAM 的一页(256B)
Large	编译模式说明	所有默认变量可放在多达 64KB 的外部 RAM
_at_	数据存放地址说明	定义数据存放的首地址
pritority	函数属性说明	定义函数属性
alien	PL/M 语言说明	便于 C51 混合编程

2. Keil C51 与 Proteus 联调步骤

(1) 打开 Keil,新建工程

操作:选择"Project(工程)→New project"菜单命令选择路径,输入工程名,单击保存按钮,选择单片机生产厂家 Atmel,选择单片机型号 AT89S51。

(2) 设置目标属性

操作:右击"Target",在弹出的菜单中选择第一项"Options…",打开 Output 选项卡,选中"Creat Hex…"选项,打开 Debug 选项卡,选中右侧的 Use 选项,再单击"OK"按钮。

(3) 新建文件

操作:选择"File(文件)→New"菜单命令在选定的路径下输入"文件名.C",单击保存按钮。

(4) 添加文件到源代码组

操作:右击"Sourse group",在弹出的菜单中选择 Add(添加)…",找到 C 文件,单击"Add"按钮,再单击"Close(关闭)"按钮。

(5) 编译程序

操作:打开程序文件,编写程序。输入完成后,单击编译图标(或选择"Project→Build All Target"菜单命令),观察下方的编译信息,若无错误提示表示程序无语法错误。

(6) 调试

操作:在电路图中的单片机芯片上右击,在弹出的菜单中选择"Edit Properties",加载生成的 hex 文件,仿真运行,观察结果。

动手与动脑

1. 试比较 C51 与标准 C 的差异。
2. 试在计算机上打开 Keil C 软件,熟悉该软件界面和工具的使用。
3. 试在计算机上打开 Proteus 软件,熟悉其使用,在图板上画一个电子电路图。

思考与练习

1. C51 语言有哪几种数据类型？它们的值域范围是多少？
2. C51 中 reg51.h 代表什么？
3. while、for 语句的作用是什么？
4. unsigned int 和 unsigned char 代表的数值范围是多少？
5. 仿真软件 Proteus 是哪个公司的产品？它的主要功能是什么？
6. 写出使用 Keil C 进行单片机程序调试的操作步骤。
7. 写出仿真调试软件 Proteus 和 Keil C 的联调步骤。

附表　Proteus 常用元器件中英文对照

中文	英文	中文	英文
3 段 LED	DPY_3-SEG	电感	INDUCTOR
7 段 LED	DPY_7-SEG	电机	MOTOR
7 段 LED（小数点）	DPY_7-SEG_DP	电解电容	ELECTRO
D 触发器	D-FLIPFLOP	电流源	SOURCE CURRENT
MOS 管	MOSFET	电热调节器	THERMISTOR
电压表	VOLTMETER-MILLI	电容	CAP
P 沟道场效应管	JFET P	电压源	SOURCE VOLTAGE
电流表	AMMETER-MILLI	电源	POWER
按钮、开关	SW-PB	电阻	RES
按钮、开关	SWITCH、SW	电阻排	RESPACK
按钮（手动闭合）	MASTERSWITCH	电阻器	RESISTOR
保险丝	FUSE	调试工具	Debugging Tools
变容二极管	DIODE VARACTOR	二极管	1N914
变压器	TRANS1	二极管	DIODE
变阻器	VARISTOR	发光二极管	LED-
并行插口	DB	非门	74LS04
插口	CON	非门	NOT
插头/座	PLUG、SOCKET	蜂鸣器	BUZZER
仿真源	Simulator Primitives	电压表	VOLTMETER
串行口终端	VTERM	感光二极管	PHOTO
存储器	Memory Ics	感光三极管	NPN-PHOTO
带铁芯电感	INDUCTOR IRON	各种电阻	Resistors
单刀单掷开关	SW-SPST	各种发光器件	Optoelectronics
灯	LAMP	各种器件	Miscellaneous
地	GROUND	沟道场效应管	JFET
电池/电池组	BATTERY	交流电动机	MOTOR AC

续表

中文	英文	中文	英文
交流发电机	ALTERNATOR	时钟信号源	CLOCK
晶体管	Transistors	双刀双掷继电器	PELAY-DPDT
晶体振荡器	CRYSTAL	双刀双掷开关	SW-DPDY
晶闸管	SCR	双十进制计数器	74LS390
红色发光二极管	LED-RED	双向晶闸管	TRIAC
可调变压器	TRANS2	伺服电动机	MOTOR SERVO
可调电感	INDUCTOR3	天线	ANTENNA
可调电容	CAPVAR	同轴电缆	COAX
同轴电缆接插件	BVC	稳压二极管	DIODE SCHOTTKY
铃,钟	BELL	稳压二极管	ZENER
逻辑开关	LOGIC TOGGLE	扬声器	SPEAKER
逻辑分析器	LOGIC ANALYSER	仪表	METER
逻辑探针	LOGIC PROBE	有极性电容	CAPACITOR POL
逻辑探针(大)	LOGIC PROBE[BIG]	与非门	74LS00
逻辑状态	LOGIC STATE	与非门	NAND
麦克风	MICROPHONE	与门	74LS08
模拟集成芯片	Analog Ics	与门	AND
排座,排插	Connectors	运算放大器	OPAMP
起辉器	LAMP NEDN	整流桥	BRIDGE
桥式电阻	RESISTOR BRIDGE	直流电源	BATTERY
驱动门	7407	总线	BUS
三极管	PNP、NPN	缓冲器	BUFFER
三极真空管	TRIODE	或非门	NOR
三相交流插头	PLUG AC FEMALE	或门	OR
可变电阻器	POT-LIN		

项目四　通用I/O口应用

项目背景

I/O 口是单片机与外界联系的通道与桥梁，单片机之所以能够完成各种测量与控制功能，主要是由于 I/O 口能按照要求完成输入和输出。通过对单片机 I/O 口的操作可以轻松实现单片机与外设的互通。对单片机的操作，实际就是对 I/O 口的控制，无论单片机是控制方还是受控方，都是通过 I/O 口进行的。单片机内部有 4 个并行 I/O 口，除了作为通用 I/O 口使用外，某些口还具备第二功能，操作灵活方便。当现有并行口不够用时，还可以进行并行 I/O 口的扩展。因此，有必要学习并掌握单片机并行 I/O 口的内部结构、特点、工作方式等内容。

项目目标

1. 掌握 51 单片机并行 I/O 口的结构和特点；
2. 掌握利用并行 I/O 口实现基本输入/输出控制的方法。

项目任务

1. 学习 51 单片机并行 I/O 口的结构、特点、负载能力；
2. 通过并行 I/O 口实现跑马灯的设计与调试；
3. 学习 LED 点阵显示器的结构、编程与调试方法；
4. 学习单片机键盘接口应用编程；
5. 学习 LED 数码管的结构、编程与调试方法。

任务一　通用 I/O 口基础知识

【能力目标】

掌握 51 单片机并行 I/O 口的结构、功能和特点。

【知识点】

1. 51 单片机并行 I/O 口的结构、特点和带载能力；
2. 51 单片机 P1 口和 P3 口的第二功能；
3. 51 单片机并行 I/O 口使用时的注意事项。

微课：通用I/O口基础知识

51 单片机的并行 I/O 口是单片机与外部设备进行信息交换的输入/输出通道，是单片机进行外部扩展、构成单片机应用系统的重要基础。

51 单片机有 4 个 8 位并行 I/O 口，即 P0 口、P1 口、P2 口和 P3 口，每个端口都包含一个锁存器、一个输出驱动器和输入缓冲器,除了可以用作字节输入/输出外,它们的每一位口也可以单独用作输入/输出口线。各端口的地址映像均在特殊功能寄存器中,既有字节地址,又有位地址。对端口锁存器进行读写,就可以实现端口的输入/输出操作。每一个 I/O 口的结构和使用方法均有所不同。

在无外部扩展存储器的系统中,这 4 个端口的每一位都可以作为准双向通用 I/O 口使用,在有外部扩展存储器的系统中,P2 口充当高 8 位地址线,P0 口分时充当低 8 位地址线和双向数据线。

一、端口结构与功能

1. P0 口

P0 口某位结构示意图如图 4-1 所示。

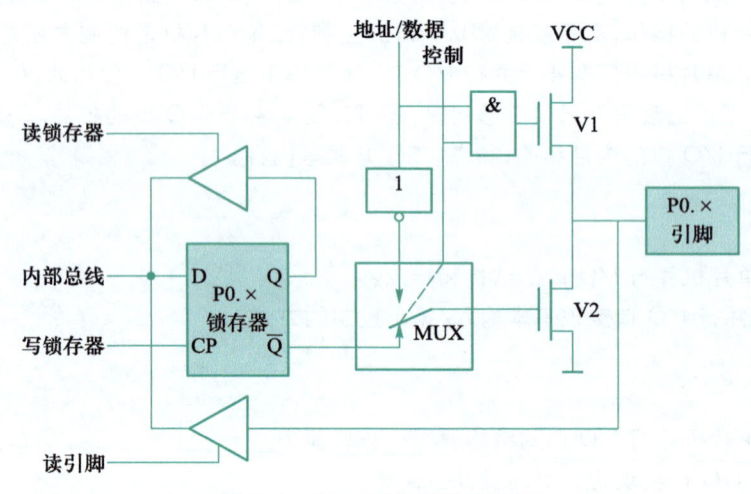

图 4-1 P0 口某位结构示意图

1）P0 口是一个 8 位漏极开路的双向 I/O 口,需外接上拉电阻,每根口线可以独立定义为输入或输出,输入时须先将该口置 1。

2）P0 口还有第二功能,即作为地址/数据复用总线。作为数据总线使用时,传输 8 位数据;作为地址总线使用时,传输低 8 位地址。低 8 位地址由 ALE 信号的负跳变使它锁存到外部地址锁存器中,而高 8 位地址由 P2 口提供。该功能下,地址信号是没有锁存的,需外加锁存器将地址加以锁存,常用芯片 74LS373 来完成这一功能。

3）当 P0 口分时复用时,控制端应接高电平,转换开关 MUX 将反相器输出端与输出级场效应管 V2 接通,同时与门开锁,内部总线上的地址或数据信号通过与门去驱动 V1,又通过反相器去驱动 V2,这时内部总线上的地址或数据信号就传送到 P0 口的引脚上。工作时低 8 位地址与数据线分时使用 P0 口。P0 口先传送地址,后传送数据。

2. P1 口

P1 口某位结构示意图如图 4-2 所示。

1）P1 口是一个带有内部上拉电阻的 8 位准双向 I/O 口,每根口线可以独立定义为输入或输出,输入时须先将该口置 1。外接负载时无须再接上拉电阻,这点与 P2 口和 P3 口是一样的。

2）对于 AT89S51/52 单片机,P1 口部分引脚还有第二功能,如表 4-1 所示。

3）作为输入口时,1 写入锁存器,$\overline{Q}=0$,V 截止,内部上拉电阻将电位拉至 1,此时该口输出为 1；0 写入锁存器，$\overline{Q}=1$，V 导通，输出为 0。作为输入口时，锁存器置 1，$\overline{Q}=0$，V 截止，此时该位既可以把外部电路拉成低电平，也可由内部上拉电阻拉成高电平，因此 P1 口常称为准双向口。在 AT89S51 的 4 个并行 8 位 I/O 口中，只有 P1 口是单一功能的准双向口。

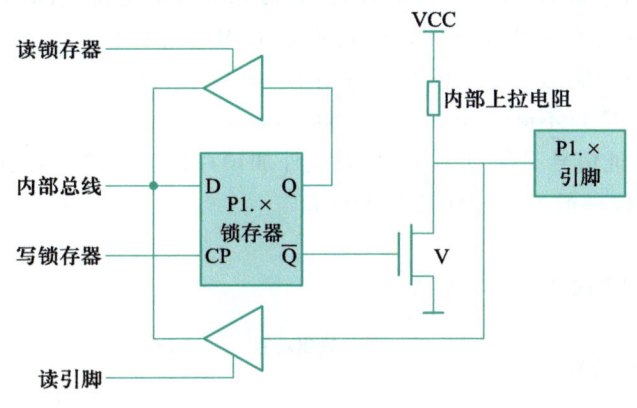

图 4-2　P1 口某位结构示意图

表 4-1　AT89S51/52 单片机 P1 口部分引脚第二功能

引脚	第二功能	适用单片机	说明
P1.0	定时/计数器 2 外部输入	AT89S52	AT89S51 只有 T0、T1 两个定时/计数器，AT89S52 有 T0、T1、T2 三个定时/计数器
P1.1	定时/计数器 2 捕获/重载触发信号和方向控制（T2EX）	AT89S52	
P1.5	主机输出/从机输入数据信号（MOSI）	AT89S51/52	是 SPI 串行总线接口的三个信号，用来对 AT89S51/52 单片机进行 ISP 下载编程
P1.6	主机输入/从机输出数据信号（MISO）	AT89S51/52	
P1.7	串行时钟信号（SCK）	AT89S51/52	

4）作为输出口时，如将 0 写入锁存器，场效应管导通，输出线为低电平，即输出为 0。因此在作为输入口时，必须先将 1 写入锁存器，使场效应管截止。该口线由内部上拉电阻拉成高电平，同时也能被外部输入源拉成低电平，即当外部输入 1 时，该口线为高电平，而输入 0 时，该口线为低电平。

3. P2 口

P2 口某位结构示意图如图 4-3 所示。

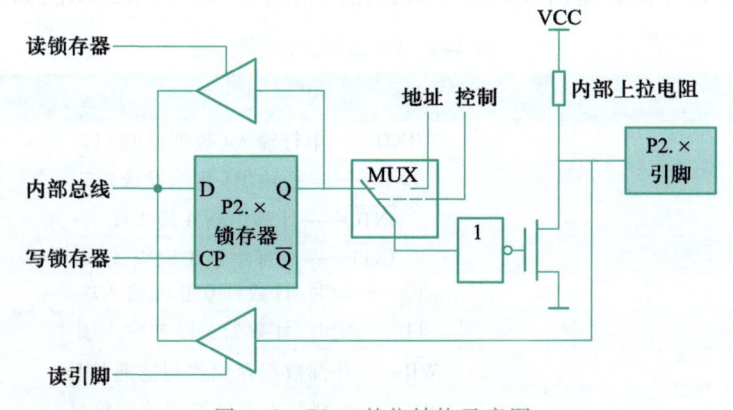

图 4-3　P2 口某位结构示意图

1）P2口是一个带有内部上拉电阻的8位准双向I/O口，每根口线可以独立定义为输入或输出，输入时须先将该口置1，外接负载时无须再接上拉电阻。

2）P2口的第二功能是在访问外部存储器时，送出存储单元地址的高8位，并与P0口上输出的低8位地址组成访问存储单元的16位地址，因此可以寻址的地址空间为 $2^{16}B=64\ KB$（程序存储器或数据存储器）；这时在CPU的控制下，转换开关MUX倒向右边，接通内部地址总线。P2口的口线状态取决于内部输出的地址信息。在外接程序存储器的系统中，由于访问外部存储器的操作连续不断，所以P2口不断送出高8位地址。

3）P2口提供的地址信号是经过锁存的，无须外加锁存器。但要注意，P2口的一位或几位被用于地址线时，其余的位一般不再用作通用I/O口。

4. P3口

P3口某位结构示意图如图4-4所示。

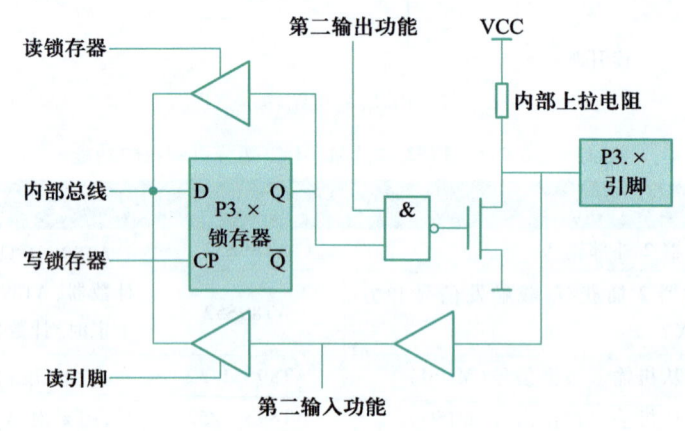

图4-4　P3口某位结构示意图

1）P3口是一个带有内部上拉电阻的8位准双向I/O口，每根口线可以独立定义为输入或输出，输入时须先将该口置1，外接负载时无须再接上拉电阻。

2）P3口具有第二功能，当P3口的某些口线作为第二功能使用时（该位的锁存器应置1，使与非门对第二功能信号的输出是畅通的，从而实现第二功能信号的输出），不能再把它当作通用I/O口使用，但是其余未使用的口线可作为通用I/O口线（第二功能信号引线应保持高电平，与非门导通，以维持从锁存器到输出端数据输出通路的畅通）。P3口第二功能如表4-2所示。

表4-2　P3口第二功能

引脚	第二功能
P3.0	RXD——串行输入（数据接收）口
P3.1	TXD——串行输出（数据发送）口
P3.2	$\overline{INT0}$——外部中断0输入线
P3.3	$\overline{INT1}$——外部中断1输入线
P3.4	T0——定时/计数器0脉冲输入端
P3.5	T1——定时/计数器1脉冲输入端
P3.6	$\overline{WR}$——外部数据存储器写选通信号
P3.7	$\overline{RD}$——外部数据存储器读选通信号

3) P3 口可由用户定义为准双向口或是第二功能口。在有扩展 I/O 口的系统中,P3.6、P3.7 只能是写、读功能。

二、各端口应用特点

1. 负载能力

P0 口输出级的每一位可驱动 8 个 LSTTL 门,P0 口作为通用 I/O 口时,由于输出级是漏极开路电路,所以驱动 NMOS 电路时需外接上拉电阻,而当用作地址/数据总线时,无须外接上拉电阻。

P1、P2、P3 口内部上拉电阻较大,为 20～40 kΩ,属于"弱上拉",因此输出高电平电流 I_{OH} 很小(为 30～60 μA),输出低电平时,下拉 MOS 管导通,可吸收 1.6～15 mA 的灌电流,负载能力较强,输出级的每一位可驱动 4 个 LSTTL 门。

因 P1～P3 口内部上拉电阻较大,而 P0 口为漏极开路,所以作为输出口使用时,P0 和 P1～P3 口引脚都具有"线与"功能。

2. 应用注意事项

(1) P0 口

1) 作为通用 I/O 口输出时,P0 口是漏极开路输出,需接上拉电阻;

2) 作为地址/数据总线时,P0 口是一个真正双向口,而作为通用 I/O 口时,只是一个准双向口。

(2) P1 口

P1 口是一个有内部上拉电阻的准双向口,P1 口的每一位口线能独立作为输入口或输出口。作为输出口时,如将 0 写入锁存器,场效应管导通,输出线为低电平,即输出为 0。因此在作为输入口时,必须先将 1 写入口锁存器,使场效应管截止。该口线由内部上拉电阻拉成高电平,同时也能被外部输入源拉成低电平,即当外部输入 1 时,该口线为高电平,而输入 0 时,该口线为低电平。P1 口作为输入口线时,可被任何 TTL 电路和 MOS 电路驱动,由于具有内部上拉电阻,也可以直接被集电极开路和漏极开路电路驱动,不必外加上拉电阻。

(3) P2 口

1) 当 P2 口作为通用 I/O 口时,是一个 8 位准双向口。

2) 当有程序寄存器、数据寄存器、I/O 口扩展时,P0 口作为地址/数据分时复用总线,P2 口作为高 8 位地址总线。

(4) P3 口

1) 作为第一功能使用时,其功能同 P1 口。

2) 作为第二功能使用时,每一位实际上就是具有控制功能的外部控制总线,P3.6、P3.7 只能是写、读功能。

> **思考与练习**
>
> 1. 简述 51 单片机 4 个并行口的结构与功能。
> 2. P0～P3 口作为输入口时有什么要求?
> 3. P0 口作为普通 I/O 口使用时应注意什么?

任务二 I/O 口驱动 LED 点亮

【能力目标】

掌握利用并行 I/O 口实现基本输入/输出控制的方法。

【知识点】

1. 51 单片机并行口使用编程方法；
2. 发光二极管的应用知识。

一、发光二极管简介

发光二极管简称为 LED(light emitting diode)，其特点是：工作电压很低，一般来说 LED 的工作电压是 2~3.6 V，有的 1 点几伏就可发光；工作电流很小，耗电相当低，只需要极微弱电流即可正常发光(有的仅零点几毫安即可发光)；抗冲击和抗振性能好，可靠性高，寿命长；通过调制电流强弱可以方便地调制发光的强弱。由于有这些特点，发光二极管在一些光电控制设备中用作光源，在许多电子设备中用作信号显示器。

二、应用举例

例 4-1　8 路跑马灯设计与调试

【实现功能】　P1 口连接的 LED 先从右至左依次点亮，再从左至右依次点亮，如此循环形成流水灯效果，编程完成灯光移位控制和调试。

【硬件连接】　应用 Proteus 软件设计在单片机最小系统的基础上用 P1 口作为输出口接 8 个 LED 的电路原理图，如图 4-5 所示。

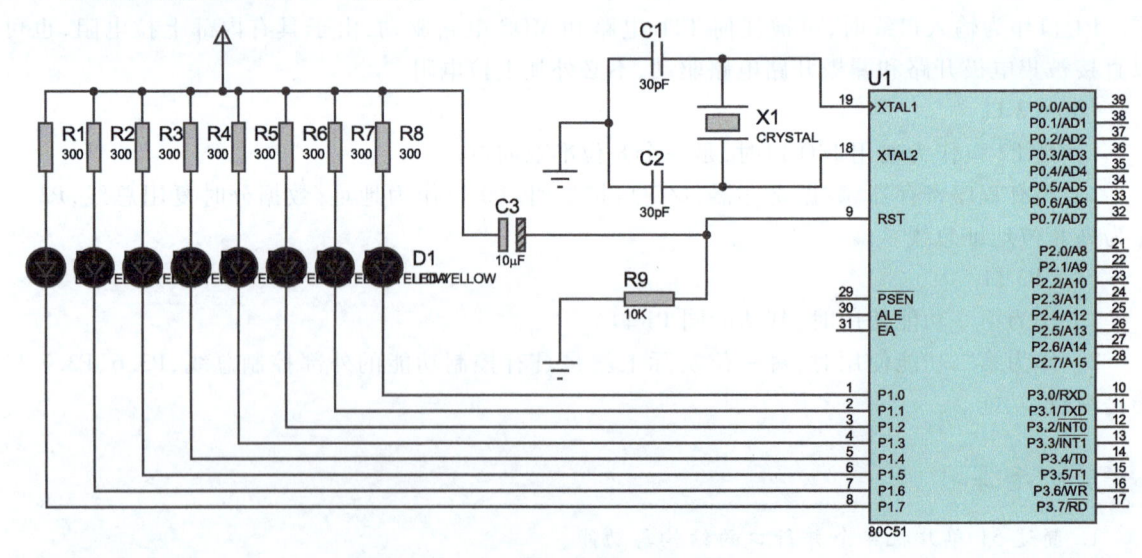

图 4-5　P1 口接 8 个 LED 的电路原理图

8 个 LED 左移循环点亮，程序由 P1 口的各位逐一输出低电平驱动 LED 点亮加延时子程序构成，具体程序如下。

【C51 程序】

```c
/********************** 声明区 ********************** /
#include    <reg51.h>              //声明包含51单片机寄存器的头文件
void delay(int x);                 //声明延时函数
/********************** 主函数 ********************** /
main()
{
    unsigned char i;               //声明无符号数字变量i
        while(1)                   //无限循环
    {
        P1=0xfe;                   //P1赋初值,0xfe代表二进制1111 1110,即最右边灯亮
        for(i=0;i<8;i++)           //for循环,左移7次,输出共8个状态
        {
            delay(100);            //延时100×5 ms=0.5 s
            P1=P1<<1;              //P1口状态左移一位,<<是左移符号
        }
    }
}
/********************** 延时函数 ********************** /
void delay(int x)                  //5 ms的延时函数
{
    int i,j;                       //定义变量i,j
    for(i=0;i<x;i++)               //for循环x次,延时为x×5 ms
        for(j=0;j<600;j++);        //循环600次,延时为5 ms
}
```

注:本例中"P1=P1≪1"语句的功能是P1口的状态左移1位点亮LED,直至LED全亮;如在"P1=P1≪1"后面加上"|0x01,P1=P1≪1|0x01",就变为逐个点亮LED,"|"是或运算符,建议读者动手仿真试一下。

使用数组的概念完成同样效果的程序如下。

【C51 程序】

```c
/********************** 声明区 ********************** /
#include    <reg51.h>              //声明包含51单片机寄存器的头文件
void delay(int x);                 //声明延时函数
/********************** 主函数 ********************** /
main()
{
    unsigned char i;               //声明无符号数字变量i
```

```
        unsigned char dis[ ]={0xfe,0xfd,0xfb,0xf7,0xef,0xdf,0xbf,0x7f};
        while(1)                        //控制无限循环
        {
            for(i=0;i<8;i++)            //for循环,共8个输出状态
            {
                P1=dis[i];              //P1口输出数组中对应于i的数据
                delay(100);             //延时100×5 ms=0.5 s
            }
        }
    }
    /*********************** 延时函数 ***********************/
    void delay(int x)
    {
        int i,j;
        for(i=0;i<x;i++)
            for(j=0;j<600;j++);
    }
```

上例是 8 个 LED 由右向左依次移位点亮的程序,仿照此例的编程方法可以写出由左向右依次点亮或逐个点亮的程序,"≫"是右移符号,初值用 0x7f(0111 1111),请读者改写程序并仿真调试。

再练习以下具有四种灯光变化方式的程序的编写及调试,请读者自行对程序语句加上解释标注。

【C51 程序】

```
    /*********************** 声明区 ***********************/
    #include<reg51.h>
    void delayms(int x);
    /*********************** 主函数 ***********************/
    main()
    {
        int i;
        while(1)
        {
            P1=0xfe;
            for(i=0;i<8;i++)
            {
                delayms(500);
                P1=(P1≪1)|0x01;
            }
```

```
            P1 = 0xfe;
            for(i=0;i<8;i++)
            {
                delayms(500);
                P1 = (P1<<1);
            }
            P1 = 0x7f;
            for(i=0;i<8;i++)
            {
                delayms(500);
                P1 = (P1>>1)|0x80;
            }
            P1 = 0x7f;
            for(i=0;i<8;i++)
            {
                delayms(500);
                P1 = (P1>>1);
            }
        }
}
/ ********************* 延时函数 ********************* /
void delayms(int x)
{
    int i,j;
    for(i=0;i<x;i++)
        for(j=1;j<=120;j++);
}
```

下面学习对于变化次数的控制。

例 4-2 按例 4-1 中的电路原理图,编程使 8 个 LED 完成灯光向左移位点亮 5 次后再向右移位点亮 5 次,两种点亮方式交替进行。

【C51 程序】

```
/ ********************* 声明区 ********************* /
#include<reg51.h>
void delayms(int x);
/ ********************* 主函数 ********************* /
main()
{
```

```c
        int i,j;
        while(1)
        {
            for(j=0;j<5;j++)            //使用 for 语句,控制循环次数
            {
                P1=0xfe;                //左移点亮初值
                for(i=0;i<8;i++)        //移位次数控制
                {
                    delayms(500);
                    P1=(P1<<1);         //左移点亮
                }
            }
            for(j=0;j<5;j++)            //5 次循环
            {
                P1=0x7f;                //右移点亮初值
                for(i=0;i<8;i++)
                {
                    delayms(500);
                    P1=(P1>>1);         //右移点亮
                }
            }
        }
}
/********************** 延时函数 **********************/
void delayms(int x)
{
    int i,j;
    for(i=0;i<x;i++)
        for(j=1;j<=120;j++);
}
```

三、实物制作

按照例 4-1 中的电路原理图进行硬件连接,完成实物制作,要求在单面万能板上连接单片机最小系统和使用 I/O 口驱动 8 个 LED 点亮电路,按照例 4-1 和例 4-2 的编程方法完成下列要求,使用 ISP 下载方法,在单片机中固化程序代码,点亮 LED。

编程调试单片机控制 8 个 LED 点亮,在一段程序中实现以下要求:
1) 由左向右逐个点亮直至全亮,再由右向左逐个熄灭。
2) 实现左右半边的交替点亮,5 次。

3）由右向左移位点亮，3次。

4）由两边向中间移位点亮，再由中间向两边扩展点亮，直至全亮；中间向两边逐个熄灭。

5）单双数灯交替点亮，10次。

6）1个或几个LED循环左移点亮，再循环右移点亮，并尝试改变延时时间，观察效果。

思考与练习

1. 51单片机有几个I/O口？其名称如何写？每个I/O口都是几位？如何表示每一位I/O口？用语言描述各I/O口的功能和应用特点。

2. 51单片机的4个I/O口在结构上有何区别？分别说明每个I/O口的功能。

3. 使用51单片机的一位I/O口驱动1个发光二极管点亮，画出电路原理图并编程调试。

4. 使用51单片机的一个I/O口驱动8个发光二极管以各种方式点亮，画出电路原理图并编程调试。

任务三　LED点阵显示器结构和工作原理

【能力目标】

掌握LED点阵显示器的显示原理和编程控制的方法。

【知识点】

1. LED点阵显示器的结构和应用特点；
2. 单片机与点阵显示器的连接与编程方法。

一、LED点阵显示器结构

LED点阵显示器是将多个发光二极管以矩阵的方式排列为一个功能器件，它是一种通过控制半导体发光二极管的显示方式，来显示文字、图形等各种信息的显示屏幕。其优点概括起来是：亮度高、工作电压低、功耗小、小型化、寿命长、耐冲击和性能稳定。LED点阵显示器广泛应用于车站、码头、机场、商场、医院、宾馆、银行和其他公共场所。

LED点阵显示器以发光二极管为图素，用高亮度LED晶粒进行阵列组合后，再透过环氧树脂和塑模封装而成。LED点阵显示器常用的规格有5×7、5×8、8×8等，其中又以8×8的LED点阵显示器使用最多。如图4-6所示，一个8×8的LED点阵显示器内部是由8行与8列共64个LED排列组合而成，其8条行线是由每一行LED的阳极连接在一起后引出的，列线是由每一列LED的阴极连接在一起后引出的。在拿到一个LED点阵显示器后要先判断一下它的引出线的功能，如引出线是行还是列，是阴极还是阳极等。

因为8×8 LED点阵显示器的64个点可以比较清楚地显示常用的阿拉伯数字和英文字母，也可以显示一些较为简单的中文汉字，因此在学习和使用LED点阵显示器的过程中一般都会以8×8为基础，8×8 LED点阵显示器的硬件电路结构简单，程序编写也比较容易。

二、LED点阵显示器原理

从图4-6中可以看出，8×8 LED点阵显示器共需要64个LED组成，且每个LED放置在行线和列线的交叉点上,行线连接阳极,列线连接阴极,当对应的某一列置 0 电平,某一行置 1 电平,则相应的 LED 就亮。

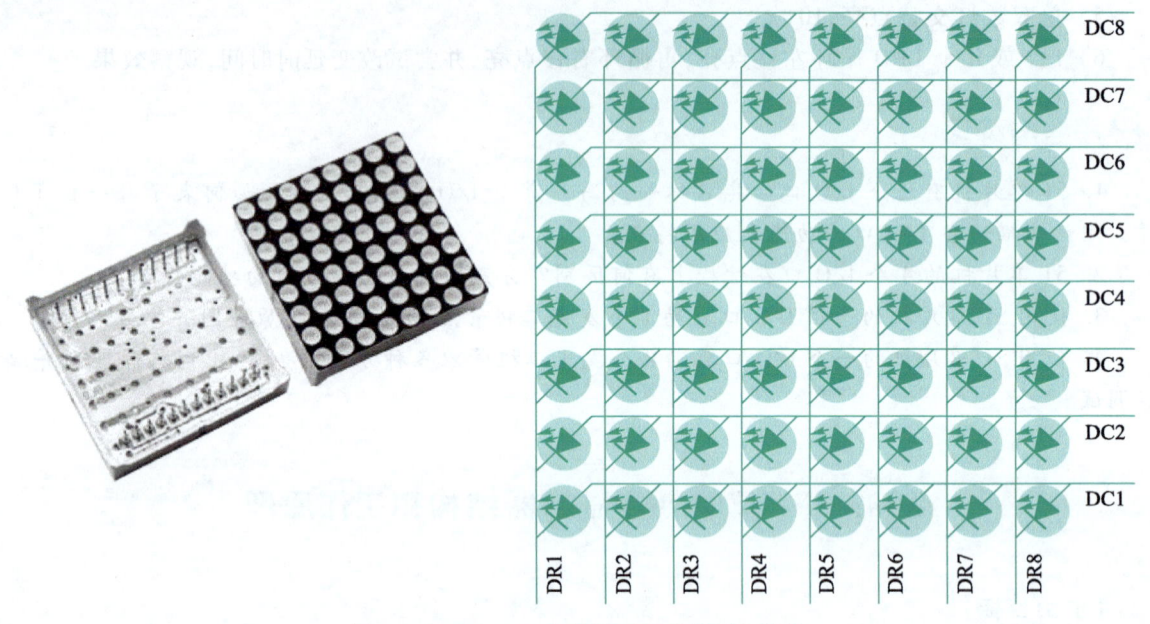

图 4-6　8×8 LED 点阵显示器的外形和结构

LED 点阵显示器的显示方式是按显示编码的顺序,一行一行(或一列一列)地显示。每一行(列)的显示时间大约为 4ms,由于人类的视觉暂留现象,将感觉到 8 行 LED 是在同时显示的。若显示的时间太短,则亮度不够,若显示的时间太长,将会感觉到闪烁。

按照图 4-7 所示电路连接,LED 点阵显示器使用 P2 口与 P1 口驱动,P2 口接器件的列,是 LED 的阳极;P1 口接器件的行,是 LED 的阴极。

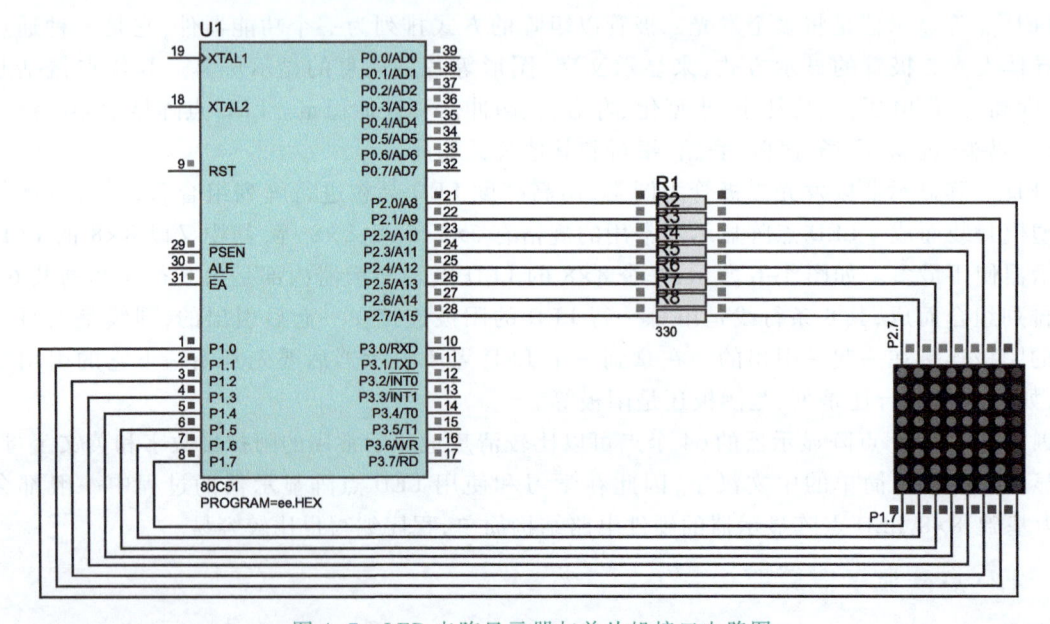

图 4-7　LED 点阵显示器与单片机接口电路图

当 P2 口和 P1 口为以下输出状态时,点亮情况如图 4-7 所示。

P2 = 0xFE

P1 = 0x00

又如:第一列接高电平,第一行接低电平,则第一行与第一列交叉点的二极管就点亮。

1. 固定图形显示

以上说明了 LED 点阵显示器显示原理,当显示一个较为复杂的图形时,就需要行与列配合,以扫描的方式(行扫描或列扫描)不断重复刷新,就可得到一幅稳定的图形。

例 4-3　在 8×8 LED 点阵显示器上显示十字形。

【硬件连接】　按照图 4-7 所示电路连接。

【实现功能】　要求在上述 8×8 LED 点阵显示器上显示十字形。

需要说明的是,在调试中,要注意在器件的亮和灭转换过程中,显示器应有短暂的关显示,也就是消隐问题,"P1 = 0xff;"语句就起这个作用。

【C51 程序】

```
/*********************** 声明区 *************************/
#include<reg51.h>
unsigned char dis1[] = {0x10,0x10,0x10,0xff,0x10,0x10,0x10,0x10};//列显示码
unsigned char dis2[] = {0xfe,0xfd,0xfb,0xf7,0xef,0xdf,0xbf,0x7f};//行扫描代码
/*********************** 主程序 *************************/
void main()
{
    unsigned char a;
    unsigned char i;
    while(1)
    {
        for(i=0;i<8;i++)
        {
            P1=0xff;              //阴极为1,短暂的关显示
            P2=dis1[i];           //取显示数据
            P1=dis2[i];           //取行扫描代码
            a=100;                //延时常数
            while(a--);           //a 自减1直到为0,短暂延时
        }
    }
}
```

例 4-3 中的程序采用逐行扫描的方法,只是为说明图形显示的原理,改变延时时间,可观察到逐行扫描的过程。

由于 LED 点阵显示器的内部结构不同,同样的连接电路其工作原理是不同的,下面的例 4-4 中 LED 点阵显示器与单片机的连接看起来与例 4-3 好像一样,但由于其内部结构(行列的位置和阴阳极)与例 4-3 不同,编程时要注意扫描时对电平的控制。

例 4-4　扫描完成心形图的显示。

【硬件连接】　如图 4-8 所示,P2 口接阴极,为行控制;P1 口接阳极,为列控制。

【实现功能】　按照查表的方法输出行或列的对应状态,扫描完成心形图的显示。

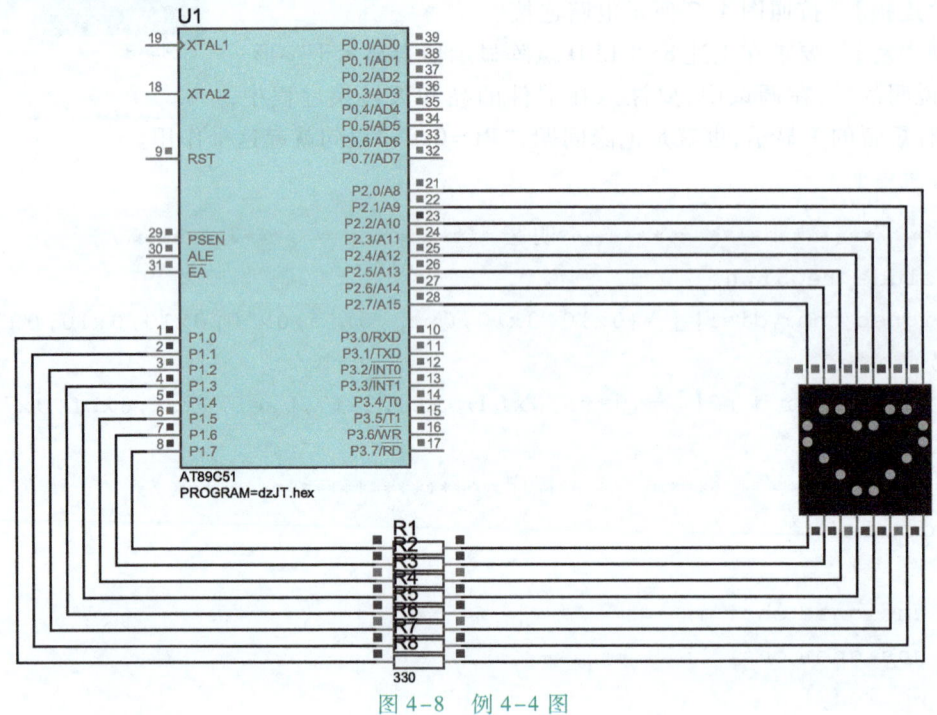

图 4-8　例 4-4 图

LED 点阵显示器由于其结构不同,接法也就不同,编程时要注意哪个口接的是阴极,是行还是列;哪个口接的是阳极,是列还是行。

【C51 程序】

```
/*********************** 声明区 *************************/
#include<reg51.h>
unsigned char const lie[ ] = {0x00,0x66,0x99,0x81,0x42,0x24,0x18,0x00};//列代码
unsigned char code hang[ ] = {0x7f,0xbf,0xdf,0xef,0xf7,0xfb,0xfd,0xfe};//行代码
/*********************** 延时函数 ***********************/
void delay(unsigned int x)
{
    while(--x);
}
```

```
/********************** 主程序 ************************/
main()
{
    unsigned char i;
    while(1)
    {
        for(i=0;i<8;i++)           //8 行扫描
        {
            P2=0xff;               //灭显示
            P1=lie[i];             //取列代码
            P2=hang[i];            //取行代码
            delay(100);            //行扫描间隙延时,时间太长会造成闪烁
        }
    }
}
```

这是行扫描显示的程序,在程序中修改延时函数中 x 的值可以观察到行扫描的显示过程。

只需将上面程序中的列代码数组改为{0x3C,0x18,0x7E,0x99,0x81,0x42,0x24,0x18}就可实现黑桃图形的显示。请读者自行改写相应的程序,并仿真调试。

2. 多幅图形显示

要实现多幅图形的变换显示,只要将每幅图形持续显示一段时间(扫描多次),再轮换显示即可。

例 4-5 图形交替显示。

【实现功能】 在一个 LED 点阵显示器中使心形与黑桃图形交替显示。

【硬件连接】 同例 4-4。

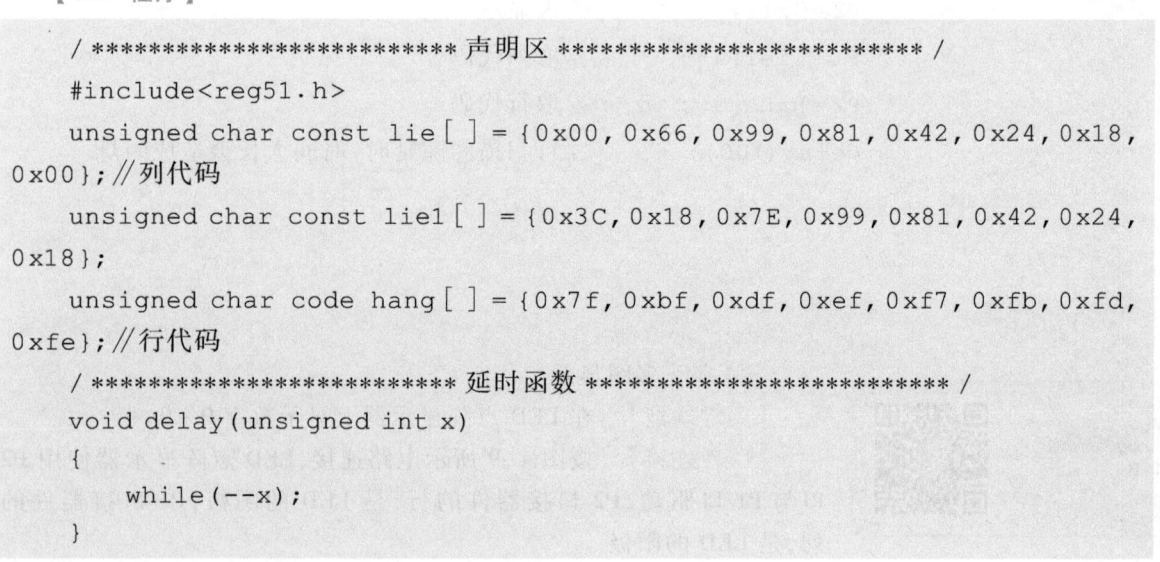

【C51 程序】

```
/********************** 声明区 ************************/
#include<reg51.h>
unsigned char const lie[ ]={0x00,0x66,0x99,0x81,0x42,0x24,0x18,0x00};//列代码
unsigned char const lie1[ ]={0x3C,0x18,0x7E,0x99,0x81,0x42,0x24,0x18};
unsigned char code hang[ ]={0x7f,0xbf,0xdf,0xef,0xf7,0xfb,0xfd,0xfe};//行代码
/********************** 延时函数 ************************/
void delay(unsigned int x)
{
    while(--x);
}
```

```
/*********************** 主函数 *********************** /
main()
{
    unsigned char i,j;
    while(1)
    {
        j=200;                          //每个图形扫描次数
        while(--j)
        {
            for(i=0;i<8;i++)
            {
                P2=0xff;                //灭显示
                P1=lie[i];              //取列代码
                P2=hang[i];             //取行代码
                delay(100);             //行扫描间隙延时,时间太长会造成闪烁
            }
        }
        j=200;
        while(--j)
        {
            for(i=0;i<8;i++)
            {
                P2=0xff;                //灭显示
                P1=lie1[i];             //取列代码
                P2=hang[i];             //取行代码
                delay(100);             //行扫描间隙延时,时间太长会造成闪烁
            }
        }
    }
}
```

例 4-6　多图显示。

【实现功能】　在 LED 点阵显示器上显示数字 0~9。

【硬件连接】　按图 4-9 所示电路连接,LED 点阵显示器使用 P2 口与 P1 口驱动,P2 口接器件的行,是 LED 的阴极;P1 口接器件的列,是 LED 的阳极。

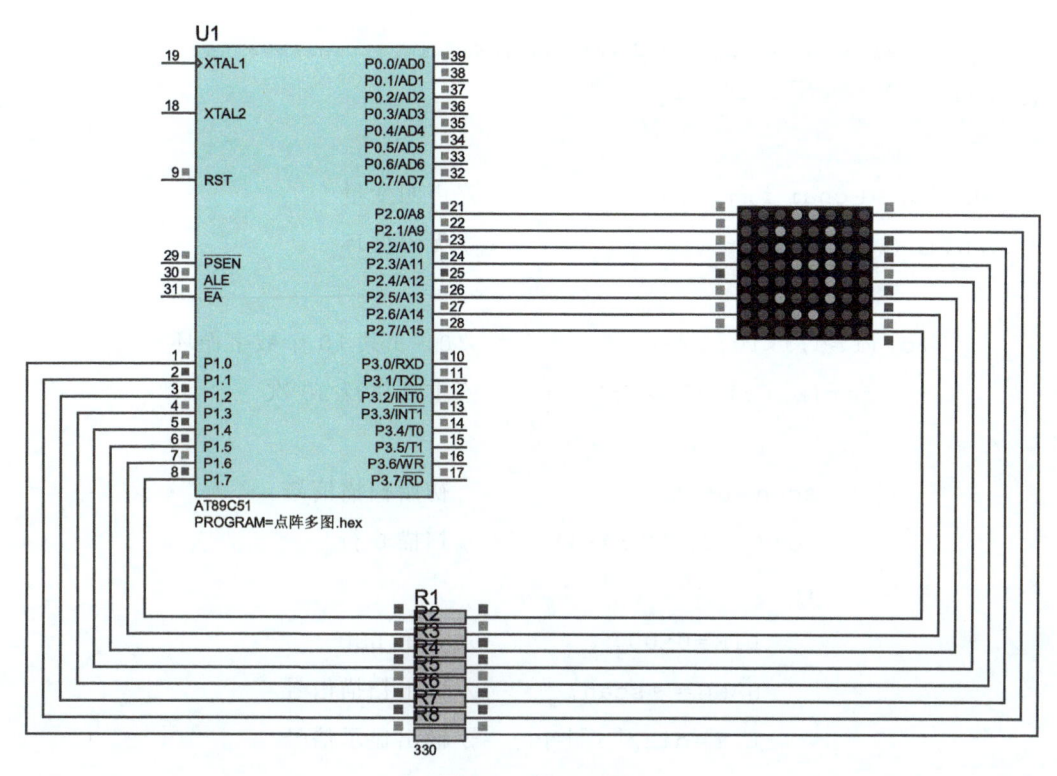

图 4-9　例 4-6 图

【C51 程序】

```
/********************** 声明区 ************************/
#include <reg51.h>            //包含 8051 寄存器的头文件
#define LIE P1                //定义 LIE 连接至 P1
#define HANG P2               //定义 HANG 连接至 P2
unsigned char disp[][8]=      //定义二维数组
{ {0x00,0x1c,0x22,0x41,0x41,0x22,0x1c,0x00},   //0
  {0x00,0x40,0x44,0x7e,0x7f,0x40,0x40,0x00},   //1
  {0x00,0x00,0x66,0x51,0x49,0x46,0x00,0x00},   //2
  {0x00,0x00,0x22,0x41,0x49,0x36,0x00,0x00},   //3
  {0x00,0x10,0x1c,0x13,0x7c,0x7c,0x10,0x00},   //4
  {0x00,0x00,0x27,0x45,0x45,0x45,0x39,0x00},   //5
  {0x00,0x00,0x3e,0x49,0x49,0x32,0x00,0x00},   //6
  {0x00,0x03,0x01,0x71,0x79,0x07,0x03,0x00},   //7
  {0x00,0x00,0x36,0x49,0x49,0x36,0x00,0x00},   //8
  {0x00,0x00,0x26,0x49,0x49,0x3e,0x00,0x00}  };  //9
unsigned char speed=30;       //声明速度变量
void delay1ms(unsigned char); //声明延时函数
```

```c
/************************** 主程序 **************************/
main()
{
    unsigned char i,j,k,scan;          //声明变量
    while(1)                            //无限循环
    {
        for(i=0;i<10;i++)              //0~9共10个数字循环
            for(k=0;k<speed;k++)       //重复执行30次
            {
                scan=0x80;              //初始扫描信号
                for(j=0;j<8;j++)       //扫描8行
                {
                    LIE=0x00;           //关闭LED
                    HANG=~scan;         //输出扫描信号
                    LIE=disp[i][j];    //输出显示信号
                    delay1ms(2);        //延时2 ms
                    scan>>=1;           //下一个扫描信号
                }
            }
    }
}
/************************** 延时函数 **************************/
void delay1ms(unsigned char x)
{
    int i,j;
    for(i=0;i<x;i++)
        for(j=0;j<120;j++);
}
```

例 4-7 多幅固定图形的显示,反显 0~9。

【实现功能】 在 LED 点阵显示器上反显 0~9。

【硬件连接】 按图 4-10 所示电路连接,P2 口接 LED 点阵显示器的列(对应字码),为阴极,P3 口接行,为阳极。

任务三 LED 点阵显示器结构和工作原理

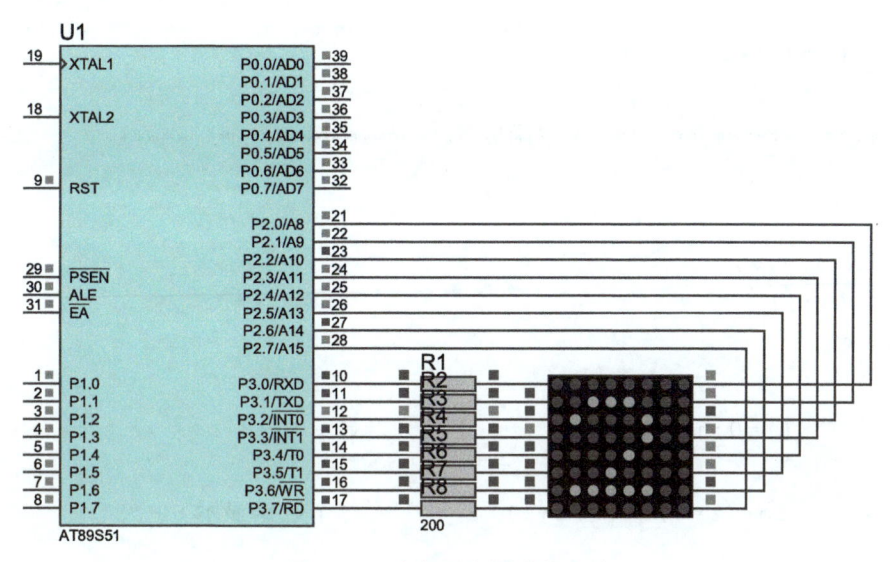

图 4-10 多幅固定图形的显示

【C51 程序】

```
/********************** 声明区 **************************/
#include <reg52.h>
#define int8 unsigned char
#define int16 unsigned int
#define int32 unsigned long
int8 wx[]={0x01,0x02,0x04,0x08,0x10,0x20,0x40,0x80};//位选
int8 sj[10][8]={                                     //字码数据
0xFF,0xC3,0xBD,0xBD,0xBD,0xC3,0xFF,0xFF,             /*"0"*/
0xFF,0xF7,0xC7,0xF7,0xF7,0xC1,0xFF,0xFF,             /*"1"*/
0xFF,0xC7,0xBB,0xFB,0xF7,0xEF,0x83,0xFF,             /*"2"*/
0xFF,0xC1,0x9C,0xF1,0x9C,0xC1,0xFF,0xFF,             /*"3"*/
0xFF,0xFB,0xE3,0xDB,0xBB,0xC3,0xF3,0xFF,             /*"4"*/
0xFF,0xFF,0x81,0xBF,0x83,0xBD,0xC3,0xFF,             /*"5"*/
0xFF,0xFF,0xC3,0xBF,0x83,0xBD,0xC3,0xFF,             /*"6"*/
0xFF,0xFF,0x81,0xBB,0xE7,0xEF,0xEF,0xFF,             /*"7"*/
0xFF,0xFF,0x81,0xBD,0xC3,0xBD,0xC3,0xFF,             /*"8"*/
0xFF,0xFF,0xC3,0xBD,0xC1,0xF9,0xC3,0xFF              /*"9"*/
};
/********************** 延时函数 **************************/
void delay(int x)            //延时
{
    int i,j;
    for(j=0;j<x;j++)
```

```
        for(i=0;i<110;i++);
}
/********************** 主函数 ************************/
void main(void)
{
    int8 i,j,z;
    P3=0xff;
    while(1)
    {
        for(j=0;j<10;j++)              //显示 0~9
        {
            for(z=0;z<80;z++)          //每个数据显示 80 次
            {
                for(i=0;i<8;i++)       //显示一个数字
                {
                    P3=wx[i];          //位选
                    P2=sj[j][i];       //字码
                    delay(1);          //延时控制扫描速度
                    P3=0;
                    P2=0xff;           //消隐
                }
            }
        }
    }
}
```

3. 移动图形显示

1) 方法 1:先规划一个图形的移动轨迹,再编程按照每个图形出现的位置顺序写出图形每个位置的代码,依次显示,就有了移动的感觉。

以上方法实现了一个图形(字符)的移动显示,同样的方法也可实现多个图形(字符)的移动显示,请读者自行编程调试。

2) 方法 2:逐个写出要显示的每个字符代码,改变每个代码的扫描出现的位置,也可实现图形的移动。

例 4-8 移动图形。

【实现功能】 显示一个上下移动的黑桃图形。

【硬件连接】 LED 点阵显示器使用 P2 口与 P1 口驱动,P2 口接器件的行,是 LED 的阴极;P1 口接器件的列,是 LED 的阳极。

【C51 程序】

请读者自行加上程序的注释。

```
/********************* 声明区 *********************/
#include<reg51.h>
unsigned char hang[]={0xfe,0xfd,0xfb,0xf7,0xef,0xdf,0xbf,0x7f};
//行代码
unsigned char lie[][8]={{0x38,0x10,0x7c,0x92,0x82,0x44,0x28,0x10},
                        {0x10,0x38,0x10,0x7c,0x92,0x82,0x44,0x28},
                        {0x28,0x10,0x38,0x10,0x7c,0x92,0x82,0x44},
                        {0x44,0x28,0x10,0x38,0x10,0x7c,0x92,0x82},
                        {0x82,0x44,0x28,0x10,0x38,0x10,0x7c,0x92},
                        {0x92,0x82,0x44 ,0x28,0x10,0x38,0x10,0x7c},
                        {0x7c,0x92,0x82,0x44 ,0x28,0x10,0x38,0x10},
                        {0x10,0x7c,0x92,0x82,0x44 ,0x28,0x10,0x38}};
/********************* 主函数 *********************/
void main()
{   unsigned int a,b;
    unsigned char i,j;
    while(1)
    {
        for(j=0;j<8;j++)
        {
            b=20;
            while(b--)
            {
                for(i=0;i<8;i++)
                {
                    P2=0xff;
                    P1=lie[j][i];
                    P2=hang[i];
                    a=100;
                    while(a--);
                }
            }
        }
    }
}
```

例 4-9 多图移动。

【实现功能】实现字母 ABCDEF 依次向上移动的显示。

【硬件连接】LED 点阵显示器使用 P2 口与 P1 口驱动,P2 口接器件的行,是 LED 的阴极;P1 口接器件的列,是 LED 的阳极。

【C51 程序】

```c
/*********************** 声明区 ************************/
#include<reg51.h>
unsigned char hang[]={0x7f,0xbf,0xdf,0xef,0xf7,0xfb,0xfd,0xfe};
unsigned char lie[]={ 0x00,0x00,0x00,0x00,0x00,0x00,0x00,0x00,
            0x10,0x28,0x44,0x82,0xf2,0x9e,0x82,0x82,   //A 的代码
            0x78,0x44,0x44,0x78,0x44,0x44,0x78,0x00,   //B 的代码
            0x1C,0x22,0x40,0x40,0x40,0x22,0x1C,0x00,   //C 的代码
            0x78,0x44,0x42,0x42,0x42,0x42,0x44,0x78,   //D 的代码
            0x78,0x40,0x40,0x78,0x40,0x40,0x78,0x00,   //E 的代码
            0x78,0x40,0x40,0x70,0x40,0x40,0x40,0x00};  //F 的代码
/*********************** 主函数 ************************/
void main()
{
    unsigned int i,j,k;
    unsigned char a;
    k=0;
    while(1)
    {
        for(j=0;j<30;j++)
        {
            for(i=0;i<8;i++)
            {
                P2=0xff;
                P1=lie[i+k];
                P2=hang[i];
                a=500;
                while(a--);
            }
        }
        k=k+1;
        if(k==56)k=0;
    }
}
```

例 4-10　显示图形的控制移动。

【实现功能】　由两个开关分别控制图形向上和向下移动。

【硬件连接】　按图 4-11 所示连接电路，P2 口接 LED 点阵显示器的行，为阴极，P1 口接 LED 点阵显示器的列，为阳极。

任务三 LED 点阵显示器结构和工作原理

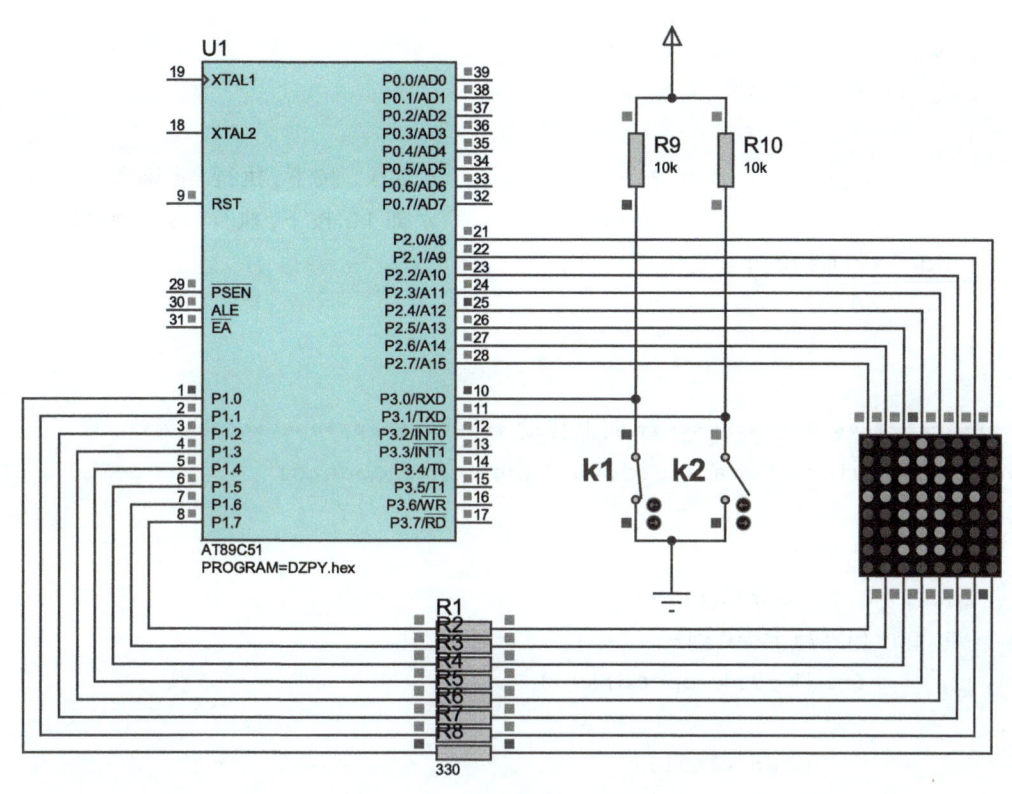

图 4-11 显示图形的控制移动

【C51 程序】

```
/********************** 声明区 ********************** /
#include   <reg51.h>
#define    LIE P1
#define    HANG P2
unsigned char d[][8]={
{0x38,0x38,0x38,0xfe,0x7c,0x38,0x10,0x00},    //向上图形的代码
{0x10,0x38,0x7c,0xfe,0x38,0x38,0x38,0x00}};   //向下图形的代码
unsigned char speed=30;                        //每幅图扫描的次数
unsigned char scan;
sbit key1=P3^0;                                //定义开关
sbit key2=P3^1;
void up(unsigned char,unsigned char);
void down(unsigned char,unsigned char);
void delay1ms(unsigned char);
/********************** 主函数 ********************** /
main()
```

```c
{   P3=0xff;
    while(1)
    {
        if(key1==0)up(0,3);              //如 k1 按下,执行 up 函数
        if(key2==0)down(1,3);            //如 k2 按下,执行 down 函数
        delay1ms(2);
        LIE=0x00;
    }
}
/*********************** 向上移动 *********************/
void up(unsigned char word,unsigned char counts)
{
    char i,j,k,l;
    for(l=0;l<counts;l++)
        for(j=7;j>=0;j--)
            for(k=0;k<speed;k++)
            {
                scan=0x01;
                for(i=7;i>=0;i--)
                {
                LIE=0x00;
                HANG=~scan;
                if(i>j) LIE=d[word][8+(j-i)];
                else LIE=d[word][j-i];
                delay1ms(2);
                scan<<=1;
                }
            }
}
/*********************** 向下移动 *********************/
void down(unsigned char word,unsigned char counts)
{
    char i,j,k,l;
    for(l=0;l<counts;l++)
        for(j=0;j<8;j++)
        for(k=0;k<speed;k++)
        {
            scan=0x80;
```

```
                for(i=0;i<8;i++)
                {
                    LIE=0x00;
                    HANG=~scan;
                    if(i>j) LIE=d[word][8+(j-i)];
                    else LIE=d[word][j-i];
                    delay1ms(2);
                    scan>>=1;
                }
            }
}
/********************** 延时函数 *********************/
void delay1ms(unsigned char x)
{
    int i,j;
    for(i=0;i<x;i++)
        for(j=1;j<=120;j++);
}
```

动手训练

按照例 4-3 中的硬件电路连接一个 LED 点阵显示器,依照下列要求进行仿真调试,并尝试改变下列要求中的参数、变化方式,再调试,学会 I/O 口扫描输出编程。

具体要求:

1)用 Proteus 软件找到 LED 点阵显示器,测试其引出线的极性和行列安排。

2)根据电路原理编写程序,使用 Keil C 调试软件生成 .hex 文件,并将程序代码固化到单片机,使之显示"I LOVE YOU"由一个方向向另一方向移动显示。

思考与练习

1. LED 点阵显示器内部是由什么构成的？画图说明其结构。
2. 说明 LED 点阵显示器显示字符、图形的原理。
3. 在 8×8 LED 点阵显示器上显示一个固定的字符或图形,如数字、字母或简单的图形等,画出电路图并编程,说明其扫描的方法。
4. 将上题中的显示内容用数组的方法编程,并逐句解释程序的作用。
5. 编程使显示的图形或字符交替变换。
6. 设计一个 8×8 的显示电路,编程使其由右向左移动显示字母 ABC。
7. 仔细观察并思考,显示过程中消隐的作用是什么？

任务四　I/O 口驱动数码管显示

【能力目标】
掌握利用并行口实现基本输入/输出控制的方法。

【知识点】
1. 数码管结构和应用特点；
2. 51 单片机并行口应用的编程方法。

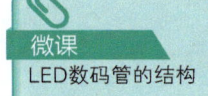

一、LED 数码管的结构

LED 数码管是由多个发光二极管封装在一起组成"8"字形的器件，引线已在内部连接完成，只需引出它们的各个笔画及公共电极。LED 数码管常用段数一般为 7 段，有的另加一个小数点，这些段分别由字母 a、b、c、d、e、f、g、dp 来表示，如图 4-12 所示。当 LED 数码管特定的段加上电压后，这些特定的段就会发亮。LED 数码管根据 LED 的接法不同分为共阴和共阳两类，发光二极管的阳极连接到一起再连接到电源正极的称为共阳数码管，发光二极管的阴极连接到一起再连接到电源负极的称为共阴数码管。了解 LED 数码管的这些特性，对编程是很重要的，因为不同类型的 LED 数码管，除了它们的硬件电路有差异外，编程方法也是不同的。图 4-12 展示了共阴和共阳数码管的内部电路，它们的发光原理是一样的，只是电源极性不同。LED 数码管的颜色有红、绿、蓝、黄等几种。LED 数码管广泛用于仪表、时钟、车站和家电等场合。选用时要注意产品尺寸、颜色、功耗、亮度和波长等。

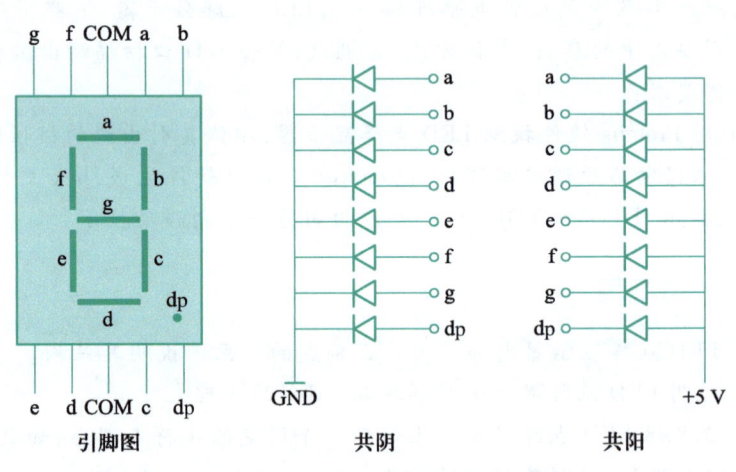

图 4-12　LED 数码管的外形、引脚及内部结构

LED 数码管有普亮和高亮之分，尺寸也有多种规格。小尺寸数码管的显示笔画常用一个发光二极管组成，而大尺寸的数码管由两个或多个发光二极管组成。一般情况下，单个发光二极管的管压降为 1.8V 左右，电流不超过 30 mA。常用 LED 数码管显示的数字和字符是 0、1、2、3、4、5、6、7、8、9、A、B、C、D、E、F。

为了显示字符，要为 LED 数码管提供显示段码（或称字形代码），组成一个"8"字形字符的 7

段，再加上 1 个小数点位，共计 8 段，因此提供给 LED 数码管的显示段码为 1 个字节。各段码位的对应关系如表 4-3 所示。

表 4-3 段码位的对应关系

段码位	D7	D6	D5	D4	D3	D2	D1	D0
显示段	dp	g	f	e	d	c	b	a

十六进制数的显示段码如表 4-4 所示。

表 4-4 十六进制数的显示段码

字形	共阳段码	共阴段码	字形	共阳段码	共阴段码
0	C0H	3FH	9	90H	6FH
1	F9H	06H	A	88H	77H
2	A4H	5BH	B	83H	7CH
3	B0H	4FH	C	C6H	39H
4	99H	66H	D	A1H	5EH
5	92H	6DH	E	86H	79H
6	82H	7DH	F	8EH	71H
7	F8H	07H	空白	FFH	00H
8	80H	7FH	P	8CH	73H

二、LED 数码管的显示方式

LED 数码管要正常显示，就要用驱动电路来驱动数码管的各个段码，从而显示出需要的数码，因此根据 LED 数码管驱动方式的不同，可以分为静态显示和动态显示两类。

1. 静态显示

静态显示是指每个数码管的每一个段码都由一个单片机的 I/O 口进行驱动。静态显示的优点是编程简单，显示亮度高，缺点是占用 I/O 口多，如驱动 6 个 LED 数码管静态显示需要 6×8＝48 根 I/O 口线，增加了硬件电路的复杂性。

例 4-11 静态显示，一位 LED 数码管与单片机连接，进行数字显示。

【实现功能】 在 LED 数码管上轮流显示 0～F。

【硬件连接】 P2 口与共阴数码管连接，如图 4-13 所示。

【C51 程序】

```
/********************** 声明区 **********************/
#include <reg51.h>
    void delay(unsigned int i);           //延时函数声明
    unsigned char code LEDCode[]
={0x3F,0x06,0x5B,0x4F,0x66,0x6D,0x7D,0x07,0x7F,0x6F,0x77,0x7C,0x39,
0x5E,0x79,0x71};                          //共阴数码管显示器的字形代码
```

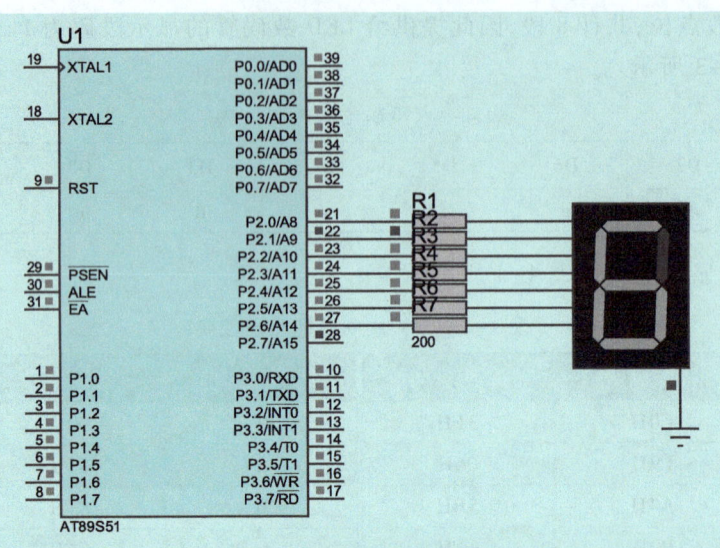

图 4-13 P2 口与共阴数码管连接

```
/************************ 主函数 ************************/
main()
{
    unsigned int k ;   //定义变量
    while(1)
    {
        for(k=0; k<16; k++)
        {
            P2 = LEDCode[k]; // 将字形代码送到 P2 口显示
            delay(6000);      //调用延时函数
        }
    }
}
/************************ 延时函数 ************************/
void delay(unsigned int i)
{
    char j;
    for(i;i>0;i--)     //循环 6000×200 次
        for(j=200;j>0;j--);
}
```

两位数码管静态显示,只需将两个 8 位 I/O 口与数码管连接,分别驱动十位与个位。

例 4-12 两位静态显示。

【实现功能】 在两位共阴数码管上显示 100 以内的计数值。

【硬件连接】 P2 口显示个位,P3 口显示十位,如图 4-14 所示。

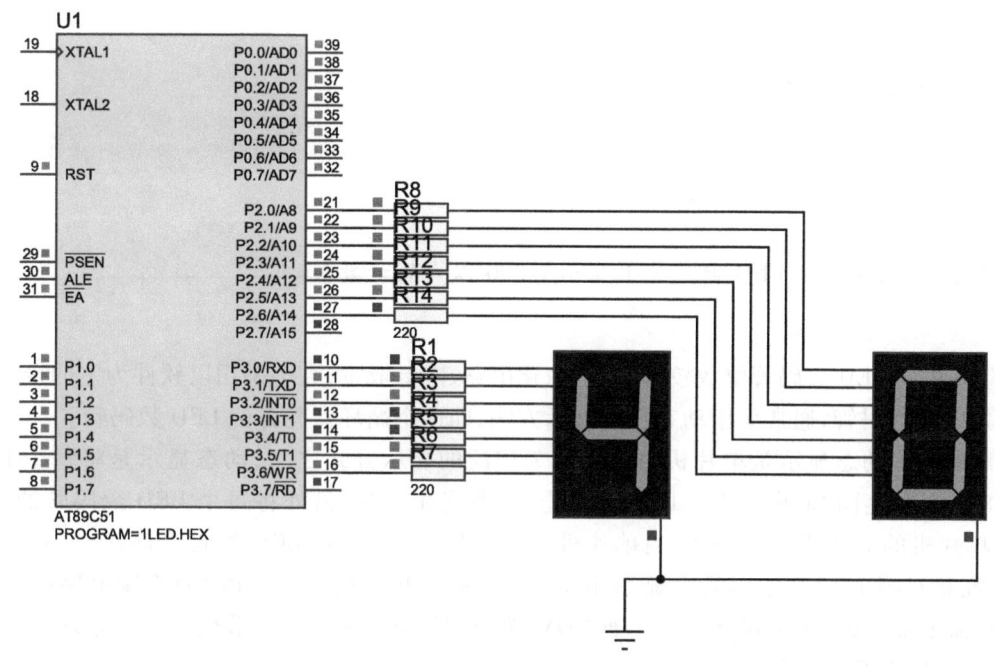

图 4-14 两位静态显示接口电路

【C51 程序】

```
/*************************** 声明区 *************************/
#include<reg51.h>
void delayms(int x);
char TAB[10]={0x3f,0x06,0x5b,0x4f,0x66,0x6d,0x7d,0x07,0x7f,0x6f};
/*************************** 主函数 *************************/
main()
{   int  k;
    k=0;
    while(1)
    {
        P3=TAB[k/10];          //十位显示
        P2=TAB[k%10];          //个位显示
        delayms(100);          //延时
        k=k+1;                 //数值加 1
        if(k==100)k=0;         //到 100 时重回 0
    }
}
/*************************** 延时函数 *************************/
void delayms(int x)
{ int i,j;
```

```
    for(i=0;i<x;i++)
       for(j=1;j<=600;j++);
}
```

动手与动脑

画图并编程,在三位 LED 数码管上显示 1 000 以内的计数值。

2. 动态显示

实际使用的 LED 数码管位数较多,为了简化电路、降低成本,大多采用以软件为主的接口方法。对于多位 LED 数码管,通常采用动态扫描显示方法,即逐个循环点亮各位 LED 数码管。

LED 数码管动态显示是单片机中应用最为广泛的显示方式之一,动态显示是将每个 LED 数码管的 8 个显示笔画"a、b、c、d、e、f、g、dp"的同名端连在一起,另外将每个 LED 数码管的公共极 COM 由单片机的 I/O 线单独控制,当单片机输出字形码时,所有 LED 数码管都接收到相同的字形码,但究竟是哪个 LED 数码管会显示出字形,取决于单片机对位选通 COM 端电路的控制,所以只要将需要显示的 LED 数码管的选通 COM 端控制打开,该位 LED 数码管就显示出字形,没有选通的 LED 数码管就不会亮。

在轮流显示过程中,每位 LED 数码管的点亮时间为 1~2 ms,由于人的视觉暂留现象及发光体的余晖效应,尽管实际上各位 LED 数码管并非同时点亮,但只要扫描的速度足够快,给人的印象就是一组稳定的显示,不会有闪烁感,动态显示的效果和静态显示是一样的,能够节省大量的 I/O 口,而且功耗更低。

下面介绍动态显示程序的编程方法。

例 4-13 动态显示

【实现功能】 使用动态显示,在六位数码管上从左向右依次显示数字 1~6。

【硬件连接】 按图 4-15 所示电路连接,P2 口连接字形端,P3 口与 LED 数码管的位控制端连接,使用共阴数码管。

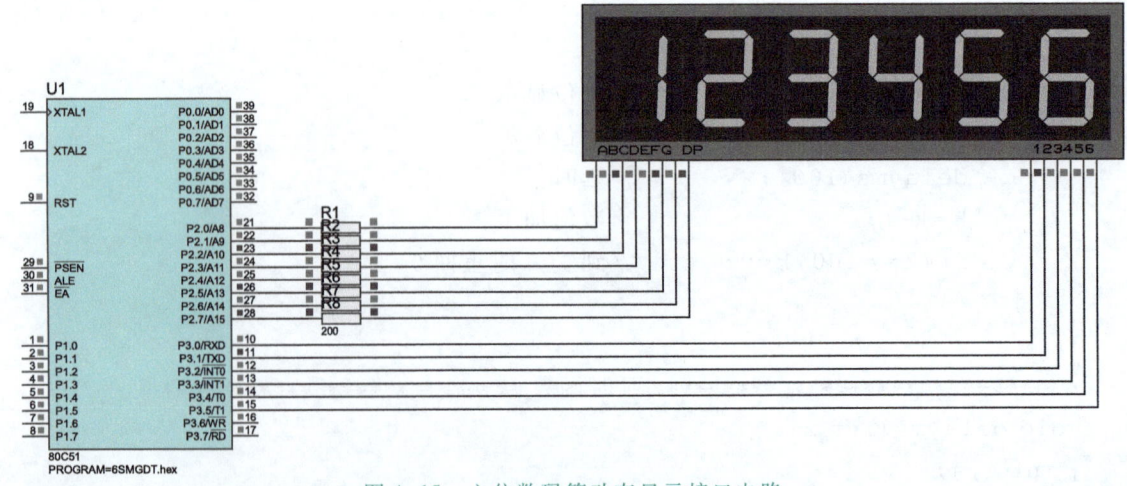

图 4-15 六位数码管动态显示接口电路

【C51 程序】

```c
/*********************** 声明区 *************************/
#include<reg51.h>                    //51单片机头文件
#define uint unsigned int            //宏定义
#define uchar unsigned char          //宏定义
uchar code table[]={0x3f,0x06,0x5b,0x4f,0x66,0x6d,0x7d,0x07,0x7f,0x6f,0x77};                           //数码管显示编码
void delay(uint);                    //声明延时函数
/*********************** 主程序 *************************/
void main()
{
    while(1)
    {
        P3=0xff;                     //送位数据前关闭所有显示
        P2=table[1];                 //送段数据
        P3=0xfe;                     //位控制
        delay(10);                   //每位显示停留一段小延时,以下同
        P3=0xff;
        P2=table[2];
        P3=0xfd;
        delay(10);
        P3=0xff;
        P2=table[3];
        P3=0xfb;
        delay(10);
        P3=0xff;
        P2=table[4];
        P3=0xf7;
        delay(10);
        P3=0xff;
        P2=table[5];
        P3=0xef;
        delay(10);
        P3=0xff;
        P2=table[6];
        P3=0xdf;
        delay(10);
    }
}
```

```c
/*************************** 延时函数 *************************/
void delay(uint z)              //延时函数
{
uint x,y;
for(x=z;x>0;x--)
for(y=110;y>0;y--);
}
```

本例显示数据有 6 位,每位数码管对应 1 位有效显示数据。在动态扫描显示过程中,每位数码管有一个短暂的显示时间,这由调用延时函数来实现。

扫描中的位控制输出可由移位方法解决,使程序更为简化。例 4-13 的简化程序如下。

```c
/*************************** 声明区 *************************/
#include<reg51.h>                    //51 单片机头文件
#define uint unsigned int            //宏定义
#define uchar unsigned char          //宏定义
uchar code table[]={0x3f,0x06,0x5b,0x4f,0x66,0x6d,0x7d,0x07,0x7f,0x6f};
                                     //LED 数码管显示编码
void delay(uint);
/*************************** 主函数 *************************/
void main()
{
    uchar i,wei;
    while(1)
    {
        wei=0xfe;                    //位控初始值
        for(i=1;i<7;i++)             //共 6 位
        {
            P3=0xff;                 //送位数据前关闭所有显示
            P2=table[i];             //送字形代码
            P3=wei;                  //送段数据
            wei=(wei<<1)|0X01;       //位控制
            delay(10);
        }
    }
}
/*************************** 延时函数 *************************/
void delay(uint z)
```

```
{
    uint x,y;
    for(x=z;x>0;x--)
        for(y=110;y>0;y--);
}
```

例 4-14 六位数码管动态显示,指定显示内容,如图 4-15 所示。

【实现功能】 将 a、b、c 分别代表的时间时、分、秒显示在六位数码管上。设时间为 15:30:25。

【硬件连接】 按图 4-15 所示电路连接,P2 口连接字形端,P3 口与数码管的位控制端连接,使用共阴数码管。

【C51 程序】

```
/*********************** 声明区 ************************/
#include<reg51.h>                    //51 单片机头文件
#define uint unsigned int            //宏定义
#define uchar unsigned char          //宏定义
uchar code table[] = {0x3f,0x06,0x5b,0x4f,0x66,0x6d,0x7d,0x07,0x7f,0x6f};
                                     //LED 数码管显示编码
void delay(uint);
/*********************** 主函数 ************************/
void main()
{
    uchar wei;
    uchar a,b,c;
    a=15;
    b=30;
    c=25;
    while(1)
    {
        wei=0xfe;
        {
            P3=0xff;
            P2=table[a/10];
            P3=wei;                  //送段数据
            wei=(wei<<1)|0X01;       //位控制
            delay(10);
            P3=0xff;                 //送位数据前关闭所有显示
            P2=table[a%10];
```

```c
            P3=wei;                          //送段数据
            wei=(wei<<1)|0X01;               //位控制
            delay(10);
            P3=0xff;                         //送位数据前关闭所有显示
            P2=table[b/10];
            P3=wei;                          //送段数据
            wei=(wei<<1)|0X01;               //位控制
            delay(10);
            P3=0xff;                         //送位数据前关闭所有显示
            P2=table[b%10];
            P3=wei;                          //送段数据
            wei=(wei<<1)|0X01;               //位控制
            delay(10);
            P3=0xff;                         //送位数据前关闭所有显示
            P2=table[c/10];
            P3=wei;                          //送段数据
            wei=(wei<<1)|0X01;               //位控制
            delay(10);
            P3=0xff;                         //送位数据前关闭所有显示
            P2=table[c%10];
            P3=wei;                          //送段数据
            wei=(wei<<1)|0X01;               //位控制
            delay(10);
        }
    }
}
/*************************** 延时函数 ***************************/
void delay(uint z)
{
    uint x,y;
    for(x=z;x>0;x--)
        for(y=110;y>0;y--);
}
```

动手训练

1. 用 Proteus 画图、编程并仿真,用一位 LED 数码管以静态方式显示 0~F。
2. 用 Proteus 画图、编程并仿真,用动态方式显示两位数 00~99。
3. 按照例 4-9~例 4-14 的要求、电路原理、程序,依照例子进行仿真调试,并尝试改变例子中的参数、变化方式，再调试，学会静态、动态显示原理、接口方法和编程。

4. 在万能板上连接单片机六位 LED 数码管的动态显示接口电路，使用编程、调试软件生成 .hex 文件，并将程序代码固化到单片机上，使其显示数字 123456。

> 思考与练习

1. 画图说明 LED 数码管的内部结构和显示原理。
2. 列出共阴和共阳数码管 0～F 的显示编码，说明段码位与显示段的对应关系。
3. 画出一位共阴或共阳数码管的显示接口电路图，编程使其显示 0～F。
4. 画出两位共阴或共阳数码管的静态显示接口电路图，编程使其显示 100 以内的数。
5. 画出三位共阴或共阳数码管的静态显示接口电路图，编程使其显示 1 000 以内的数。
6. 说明数码管静态显示的连接和特点（优缺点）。
7. 说明数码管动态显示的电路连接方法和显示原理。
8. 画出六位共阴或共阳数码管的动态显示接口电路图，编程使其显示字母 ABCDEF。
9. 设计一个电路并编程，将 a、b、c 分别代表的时间时、分、秒显示在六位数码管上。设时间为 12:34:56。

任务五　键盘接口应用编程

【能力目标】
掌握利用并行 I/O 口实现基本输入/输出控制的方法。
【知识点】
1. 矩阵键盘的结构和应用特点；
2. 51 单片机并行 I/O 口作为输入口使用的编程方法。

一、独立式键盘

独立式键盘就是各个按键相互独立，每个按键各接一个 I/O 口，通过检测 I/O 口的电平状态判断哪个按键被按下。在按键数量较多时，独立式键盘电路需要较多的 I/O 口线，且电路结构繁杂，故此种键盘适用于按键较少的场合。图 4-16 所示为独立式键盘接口的电路图。

独立式键盘的优点：电路简单；缺点：不适合按键数量较多的场合。

二、矩阵键盘

在键盘中按键数量较多时，为了减少 I/O 口的占用，通常将按键排列成矩阵形式。在矩阵键盘中，每条水平线和垂直线在交叉处不直接连通，而是通过一个按键加以连接。矩阵键盘电路原理图如图 4-17 所示。在矩阵键盘中，一个端口（如 P1 口）就可以构成 4×4＝16 个按键，比直接将端口线用于按键多出了一倍。由此可见，在需要的键数比较多时，采用矩阵法来做键盘是合理的。

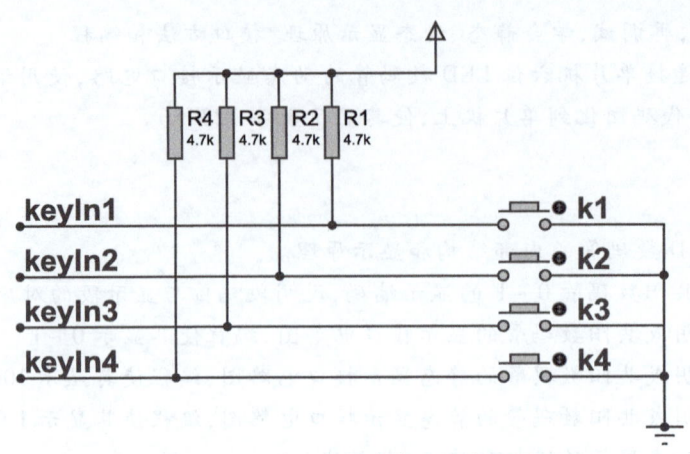

图 4-16 独立式键盘接口的电路图

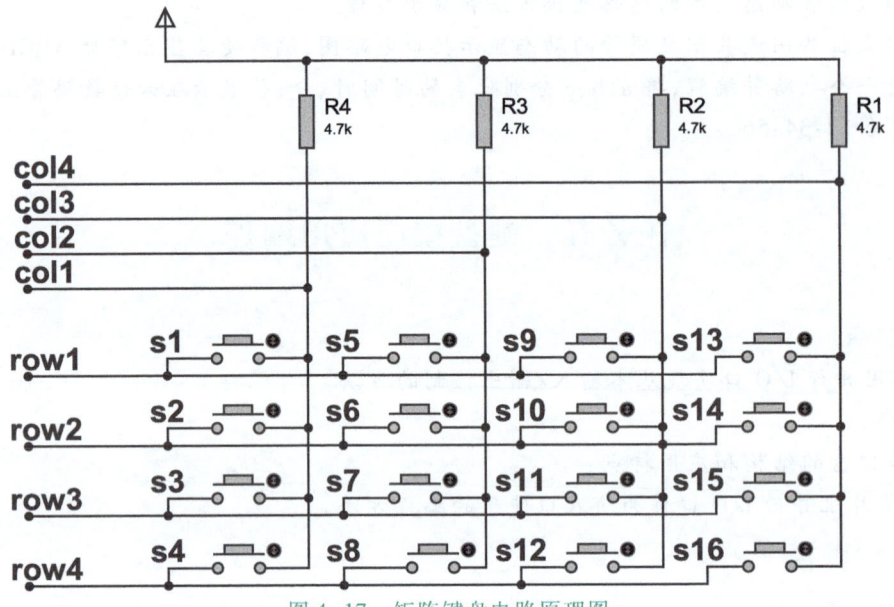

图 4-17 矩阵键盘电路原理图

矩阵键盘显然比独立式键盘要复杂一些,识别也要复杂一些,列线通过电阻接正电源,并将行线所接的单片机的 I/O 口作为输出端,而列线所接的 I/O 口则作为输入端。

这样,当按键没有按下时,所有的输入端都是高电平,代表无按键按下。行线输出是低电平,一旦有按键按下,则输入线(列线)就会被拉低,这样,通过读取输入线的状态就可得知是否有按键按下。

例 4-15 矩阵键盘键码的识别与显示。

【实现功能】 矩阵键盘键码的识别与显示,在显示器上显示出被按下的键码。

【硬件连接】 如图 4-18 所示,使用 P1.0~P1.3 作为行线,P1.4~P1.7 作为列线,其交叉处连接按钮作为按键形成键盘,编程识别键码,显示在 P2 口驱动的 LED 数码管上。

编程时,行线输出低电平,列线作为输入,无按键按下时为高电平,当有按键按下时对应列线被拉低为低电平。

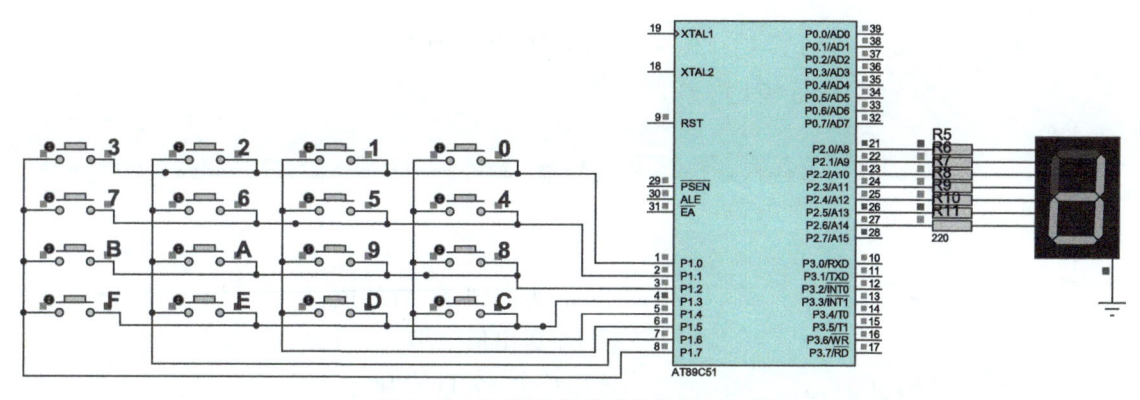

图 4-18 矩阵键盘键码的识别与显示

【C51 程序】

```
/*********************** 声明区 ***************************/
#include <reg51.h>          //51 单片机头文件
#define uchar unsigned char
#define uint unsigned int
#define key_port P1         //定义 4×4 键盘使用的单片机 I/O 口
uchar key;                  //键盘扫描所得的键码
void delayms(uint xms);     //声明延时函数
void key_scan();            //声明键盘扫描子函数
unsigned char code LED7Code[] =          //0~F 字模
{0x3F,0x06,0x5B,0x4F,0x66,0x6D,0x7D,0x07,0x7F,0x6F,0x77,0x7C,0x39,0x5E,0x79,0x71,0X00};
/*********************** 主函数 ***************************/
void main()
{
    P2=0x00;                //P2 口开机初始化

    while(1)
    {
        key_scan();         //不停调用键盘扫描程序
        P2=LED7Code[key];   //用 P2 口来显示键码
    }
}
/*********************** 延时子函数 ***************************/
void delayms(uint xms)
{
    uint i,j;
```

```c
    for(i=xms;i>0;i--)   //i=xms 即延时约 x 毫秒
        for(j=110;j>0;j--);
}
/*************************** 键盘扫描 *************************/
void key_scan()
{
    uchar temp ;                //temp 为读到 P1 口的值
    key_port=0xfe;              //P1.0 送出低电平
    temp=key_port;              //读出整个 P1 口的值
    temp=temp&0xf0;             //屏蔽低 4 位
    if(temp! =0xf0)             //如高 4 位不是全 1,说明有按键按下
    {
        delayms(10);            //延时消抖再读
        temp=key_port;          //重读 P1 口上的值
        temp=temp&0xf0;         //屏蔽低 4 位
        if(temp! =0xf0)         //消抖后如果再次确定高 4 位不是全 1
        {
            temp=key_port;      //读出此次按键的值
            switch(temp)        //分支控制
            {
                case 0xee:      //第一种情况,P1.0 与 P1.4 的交叉点有按键按下
                key=0;          //键码为 0
                break;          //跳过此种情况
                case 0xde:      //第二种情况,P1.0 与 P1.5 的交叉点有按键按下
                key=1;          //键码为 1
                break;          //跳过此种情况
                case 0xbe:      //第三种情况,P1.0 与 P1.6 的交叉点有按键按下
                key=2;          //键码为 2
                break;          //跳过此种情况
                case 0x7e:      //第四种情况,P1.0 与 P1.6 的交叉点有按键按下
                key=3;          //键码为 3
                break;          //跳过此种情况
            }
        }
    }
    key_port=0xfd;              //P1.1 送出低电平
    temp=key_port;
    temp=temp&0xf0;
```

```c
        if(temp!=0xf0)
        {
            delayms(10);
            temp=key_port;
            temp=temp&0xf0;
            if(temp!=0xf0)
            {
                temp=key_port;
                switch(temp)
                {
                    case 0xed:
                    key=4;
                    break;
                    case 0xdd:
                    key=5;
                    break;
                    case 0xbd:
                    key=6;
                    break;
                    case 0x7d:
                    key=7;
                    break;
                }
            }
        }
        key_port=0xfb;      //P1.2送出低电平
        temp=key_port;
        temp=temp&0xf0;
        if(temp!=0xf0)
        {
            delayms(10);
            temp=key_port;
            temp=temp&0xf0;
            if(temp!=0xf0)
            {
                temp=key_port;
                switch(temp)
                {
```

```c
                    case 0xeb:
                    key=8;
                    break;
                    case 0xdb:
                    key=9;
                    break;
                    case 0xbb:
                    key=10;
                    break;
                    case 0x7b:
                    key=11;
                    break;
                }
        }
}
key_port=0xf7;      //P1.3送出低电平
temp=key_port;
temp=temp&0xf0;
if(temp! =0xf0)
{
    delayms(10);
    temp=key_port;
    temp=temp&0xf0;
    if(temp! =0xf0)
    {
        temp=key_port;
        switch(temp)
        {
            case 0xe7:
            key=12;
            break;
            case 0xd7:
            key=13;
            break;
            case 0xb7:
            key=14;
            break;
            case 0x77:
```

```
                key=15;
                break;
            }
        }
    }
}
```

思考与练习

1. 画出由 4 个独立按键点亮 8 个 LED 的电路,编程使 4 个按键控制 LED 按不同顺序点亮。
2. 画出 4×4 矩阵键盘与单片机接口电路,编程对 16 个键编号,并用数码管显示键值。

项目五　中断系统应用

项目背景

中断系统是单片机中非常重要的组成部分,它是为了使单片机能够对外部或内部随机发生的事件实时处理而设置的。中断功能的存在,在很大程度上提高了单片机实时处理能力,它也是单片机最重要的功能之一。中断系统知识是学习单片机必须掌握的重要内容,不但要了解单片机中断系统的资源配置情况,还要掌握通过相关的特殊功能寄存器打开和关闭中断源、设定中断优先级的方法,掌握中断服务程序的编写方法。

项目目标

1. 掌握中断系统的基本知识,中断相关特殊功能寄存器的具体设置方法;
2. 掌握外部中断的具体应用编程方法;
3. 掌握51单片机定时/计数器的基本知识与使用;
4. 掌握串行口技术的应用。

项目任务

1. 学习中断的概念、分类;
2. 学习中断系统的构成、中断响应条件及响应过程;
3. 学习外部中断的典型应用与编程方法;
4. 学习单片机内部定时/计数器的结构、工作方式与具体应用;
5. 学习串行口的结构、控制寄存器的设置。

任务一　中断系统应用认知

【能力目标】

1. 理解中断含义、中断系统功能和中断响应过程;
2. 理解中断源、中断请求标志等概念;
3. 能根据任务要求准确设置相关寄存器。

【知识点】

1. 中断的概念、中断源及分类;
2. 中断系统的结构和中断响应的条件与过程;
3. 中断控制系统的管理。

微课
中断系统

一、中断概述

1. 中断定义与作用

中断系统又称为中断管理系统,其功能是使处理器对外界异步事件具有处理能力。

中断是一个过程,当中央处理器(CPU)在处理某件事情时,外部又发生了另一紧急事件,请求 CPU 暂停当前的工作而去迅速处理该紧急事件。处理结束后,再回到原来被中断的地方,继续原来的工作。

单片机一般允许有多个中断源,当几个中断源同时向 CPU 请求中断时,就存在 CPU 优先响应哪一个中断请求的问题(优先级问题)。一般根据中断源的轻重缓急排队,优先处理最紧急事件的中断请求,于是便规定每一个中断源都有一个中断优先级别,并且 CPU 总是响应级别最高的中断请求。

当 CPU 正在处理一个中断源请求的时候,又发生了另一个优先级比它高的中断源请求,如果 CPU 能够暂时中止对原来中断处理程序的执行,转而去处理优先级更高的中断源请求,待处理完以后,再继续执行原来的低级中断处理程序,这样的过程称为中断嵌套。具有这种功能的中断系统称为多级中断系统。

单片机利用中断功能,不但可提高 CPU 的效率,实现实时控制,还可以对一些难以预料的情况进行及时处理。

2. 中断源

中断源是指在单片机系统中向 CPU 发出中断请求的来源,中断可以人为设定,也可以是为响应突发性随机事件而设置。通常有 I/O 设备、实时控制系统中的随机参数和信息故障源等。

3. 中断系统的组成

为实现中断功能而设置的各种硬件和软件统称为中断系统。它应具备以下基本功能:
1) 识别中断源。
2) 实现中断响应及返回。
3) 实现中断优先级排队。
4) 实现中断嵌套。

二、中断系统结构

51 单片机中断系统的内部结构示意图如图 5-1 所示。

1. 5 个中断源

由图 5-1 可知,51 单片机的中断系统有 5 个中断源。

(1) 外部中断源(2 个)

外部中断源:即外部中断 0 和 1,经由外部引脚引入。在单片机上有两个引脚,名称为 INT0、INT1,也就是 P3.2、P3.3 这两个引脚。

在单片机内部定时器控制寄存器(TCON)中有四位是与外部中断有关的。IT0:INT0 触发方式控制位,可由软件进行置位和复位。IT0 = 0,INT0 为低电平触发方式;IT0 = 1,INT0 为下降沿触发方式。IE0:INT0 中断请求标志位。当有外部中断 0 请求时,IE0 就会置 1(这由硬件来完成),在 CPU 响应中断后,由硬件将 IE0 清 0。IT1、IE1 的用途和 IT0、IE0 相同。

（2）定时/计数器中断源（2个）

内部中断请求源 TF0：定时/计数器 0（T0）的溢出中断标记，当 T0 计数产生溢出时，由硬件置位 TF0。当 CPU 响应中断后，再由硬件将 TF0 清 0。TF1：与 TF0 类似。

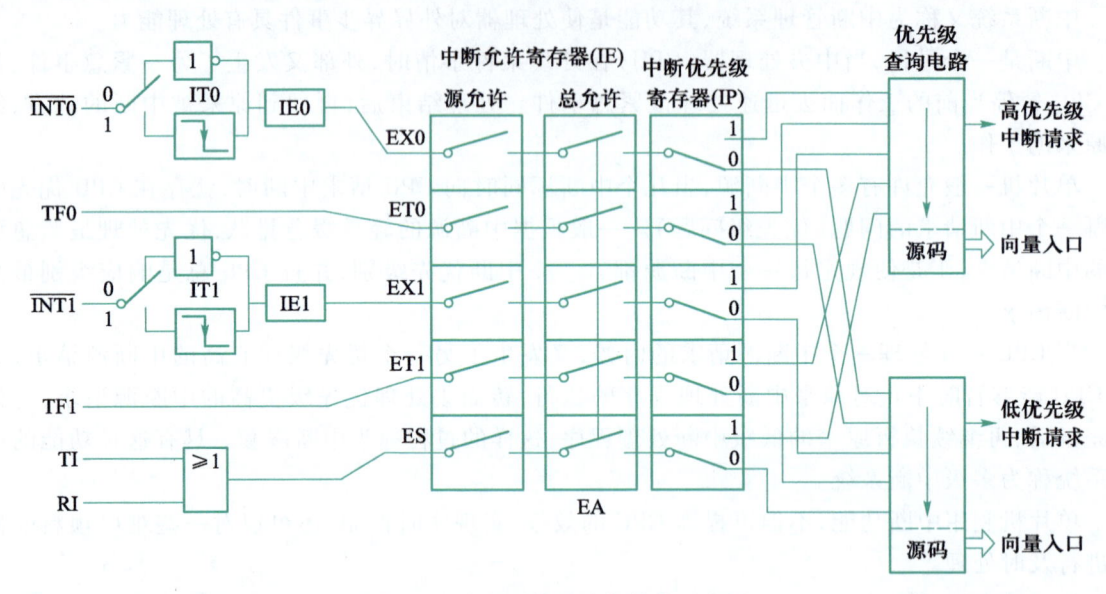

图 5-1 中断系统的内部结构示意图

（3）串行口中断源（1个）

TI、RI：串行口发送、接收中断。51 单片机内部有 1 个全双工的串行通信接口，可以和外部设备进行串行通信，当串行口接收或发送完一帧数据后会向 CPU 发出中断请求。

2. 相关寄存器

51 单片机中，有 4 个寄存器对中断进行控制，它们是定时/计数器控制寄存器（TCON）、串行口控制寄存器（SCON）、中断允许控制寄存器（IE）、中断优先级控制寄存器（IP），通过它们完成对中断类型、中断开/关、中断优先级判定。

（1）定时/计数器控制寄存器（TCON）

这是一个可位寻址的 8 位特殊功能寄存器，即可以对其每一位单独进行操作，其字节地址为 88H。它不仅与两个定时/计数器的中断有关，也与两个外部中断源有关。它可以用来控制定时/计数器的启动与停止，标志定时/计数器是否计满溢出和中断情况，还可以设定两个外部中断的触发方式，标志外部中断请求是否触发。因此，它又称为中断请求标志寄存器。单片机复位时，TCON 的全部位均被清 0。

TCON 的各位名称如表 5-1 所示。

表 5-1 TCON 的各位名称

位号	D7	D6	D5	D4	D3	D2	D1	D0
位名称	TF1	TR1	TF0	TR0	IE1	IT1	IE0	IT0

TCON 既有定时/计数器控制功能（高 4 位），又有外部中断控制功能（低 4 位），与中断有关的有 6 位。TCON 的各位功能如表 5-2 所示。

表 5-2 TCON 的各位功能

	引脚	功能		置位/复位方式
高 4 位	TF1	定时/计数器 1 溢出标志位	1:溢出中断请求	硬件置位
	TF0	定时/计数器 0 溢出标志位	0:无溢出中断请求	硬件自动复位
	TR1	定时/计数器 1 启动控制位	1:启动计数	软件置位
	TR0	定时/计数器 0 启动控制位	0:停止计数	软件复位
低 4 位	IE1	外部中断 1 请求标志位	1:有中断请求	硬件置位
	IE0	外部中断 0 请求标志位	0:无中断请求	硬件自动复位
	IT1	外部中断 1 触发方式控制位	1:下降沿有效	软件置位
	IT0	外部中断 0 触发方式控制位	0:低电平有效	软件复位

IT0:外部中断 0 的触发方式控制位。当 IT0 = 0 时,为电平触发方式,低电平触发有效;当 IT0 = 1 时,为边沿触发方式,下降沿触发有效。

IE0:外部中断 0 的中断请求标志位。当外部中断 0 的触发请求有效时,硬件电路自动将该位置 1,否则清 0。换句话说,当 IE0 = 1 时,表明外部中断 0 正在向 CPU 申请中断;当 IE0 = 0 时,则表明外部中断 0 没有向 CPU 申请中断。当 CPU 响应该中断后,由硬件自动将该位清 0,不需用专门的语句将该位清 0。

IT1:外部中断 1 的触发方式控制位。其功能及使用方法同 IT0。

IE1:外部中断 1 的中断请求标志位。其功能及使用方法同 IE0。

TR0:定时/计数器 0(T0)的启动控制位。当 TR0 = 1 时,T0 启动计数;当 TR0 = 0 时,T0 停止计数;

TF0:定时/计数器 0(T0)的溢出标志位。当定时/计数器 0 计满溢出时,由硬件自动将 TF0 置 1,并向 CPU 发出中断请求,当 CPU 响应该中断进入中断服务程序后,由硬件自动将该位清 0,不需用专门的语句将该位清 0。需要说明的是:如果使用定时/计数器的中断功能,则该位完全不用人为操作,硬件电路会自动将该位置 1、清 0,但是如果中断被屏蔽,使用软件查询方式去处理该位时,则需用专门语句将该位清 0。

TR1:定时/计数器 1(T1)的启动控制位。其功能及使用方法同 TR0。

TF1:定时/计数器 1(T1)的溢出标志位。其功能及使用方法同 TF0。

（2）串行口控制寄存器(SCON)

SCON 各位名称如表 5-3 所示,与中断有关的是 TI、RI,其余位用于串行口方式设定和发送/接收控制。

表 5-3 SCON 的各位名称

位地址	9FH	9EH	9DH	9CH	9BH	9AH	99H	98H
位名称	SM0	SM1	SM2	REN	TB8	RB8	TI	RI

TI:串行口发送中断请求标志位,每发送完一帧数据,由硬件置 1,表示串行口正在向 CPU 申请中断,若 CPU 响应请求,则转向执行对应中断服务程序,但不会自动将 TI 复位,须由用户在中断服务程序中用指令清 0。

RI:串行口接收中断请求标志位,当接收完一帧串行数据后,由硬件置 1,在转向中断服务程序后,由软件清 0。

TI 和 RI 由逻辑"或"得到，也就是说，无论是 TI 有效还是 RI 有效，都产生串行口中断请求。

（3）中断允计控制寄存器（IE）

在计算机中断系统中有两种类型的中断，即可屏蔽中断和不可屏蔽中断，前者用户可以用软件方法来控制是否允许该中断，后者用户不可以用软件方式加以禁止，一旦有中断申请，CPU 必须响应。从中断系统的内部结构示意图可以看出，51 单片机的 5 个中断源都是可屏蔽中断。

在 51 单片机的中断系统中，中断的允许或禁止是在中断允许控制寄存器（IE）中设置的。IE 也是一个可位寻址的 8 位特殊功能寄存器，即可以对 IE 的每一位单独进行操作，当然也可以进行整体字节操作，其字节地址为 A8H。单片机复位时，IE 全部被清 0。IE 的各位名称如表 5-4 所示。

表 5-4 IE 的各位名称

位 号	D7	D6	D5	D4	D3	D2	D1	D0
位名称	EA	—	—	ES	ET1	EX1	ET0	EX0

在中断源与 CPU 之间有两级控制，类似开关，其中第一级为一个总开关（EA），第二级为五个分开关。各位 1 为允许，0 为禁止。只有 EA 处于开放状态，才有可能响应 5 个中断。单片机复位后，（IE）=00H，整个系统处于禁止中断状态。单片机在响应中断后，不会自动关闭中断，因此，在转向中断服务程序后，应使用软件方式关闭中断。

中断允许寄存器（IE）的各位功能定义说明如下：

EA：中断总允许控制位。当 EA=0 时，则所有中断均被禁止；当 EA=1 时，所有中断允许打开，在此条件下，由各个中断源的中断控制位确定相应的中断允许或禁止。换言之，EA 就是各种中断源的总开关。

ES：串行口中断请求的中断允许控制位。ES 置 1。则允许串行中断，否则禁止串行中断。

EX0：外部中断 0 的中断允许位。如果 EX0 置 1，则允许外部中断 0 中断，否则禁止外部中断 0 中断。

ET0：定时/计数器 0 的中断允许位。如果 ET0 置 1，则允许定时/计数器 0 中断，否则禁止定时/计数器 0 中断。

EX1：外部中断 1 的中断允许位。如果 EX1 置 1，则允许外部中断 1 中断，否则禁止外部中断 1 中断。

ET1：定时/计数器 1 的中断允许位。如果 ET1 置 1，则允许定时/计数器 1 中断，否则禁止定时/计数器 1 中断。

IE 既可按字节寻址（0A8H），也可按位寻址（0AFH～0A8H）。

例如：如果要设置允许外部中断 0、定时/计数器 1 中断允许，其他中断不允许，即 IE=0x89。当然，也可以用位操作指令来实现：EA=1，EX0=1，ET1=1。本例中 IE 各位的取值如表 5-5 所示。

表 5-5 IE 各位的取值

位 号	D7	D6	D5	D4	D3	D2	D1	D0
位名称	EA	—	—	ES	ET1	EX1	ET0	EX0
取 值	1	0	0	0	1	0	0	1

(4) 中断优先级控制寄存器(IP)

前面已讲到中断优先级的概念。在51单片机的中断系统中,中断按优先级分为两级中断:1级中断即高级中断,0级中断即低级中断。中断优先级需在中断优先级寄存器(IP)中设置。IP也是一个可位寻址的8位特殊功能寄存器,即可以对其每一位单独进行操作,当然也可以进行整体字节操作,其字节地址为B8H。单片机复位时,IP全部被清0,即所有中断源为同级中断。如果在程序中不对中断优先级寄存器(IP)进行任何人为操作,则当多个中断源发出中断请求时,CPU会按照其默认的自然优先级顺序优先响应自然优先级较高的中断源。IP的各位名称如表5-6所示。

表 5-6 IP 的各位名称

位 号	D7	D6	D5	D4	D3	D2	D1	D0
位名称	—	—	—	PS	PT1	PX1	PT0	PX0

PS:串行口中断优先级控制位;
PT1:定时/计数器 1 中断优先级控制位;
PX1:外部中断 1 中断优先级控制位;
PT0:定时/计数器 0 中断优先级控制位;
PX0:外部中断 0 中断优先级控制位。
以上各位为"1"是高优先级,为"0"是低优先级。

当某位置 1 时,则相应的中断就是高级中断,否则就是低级中断。优先级相同的中断源同时提出中断请求时,CPU 优先响应自然优先级较高的中断。

51 单片机中断优先级的控制原则:
1) 高级可以打断低级,反之不可,以此来实现中断嵌套;
2) 若某中断请求已被响应,则屏蔽同级;
3) 如果多个同级的中断请求同时出现,则按 CPU 查询后的次序确定响应哪个,默认优先级由高到低依次是:外部中断 0→定时/计数器 0→外部中断 1→定时/计数器 1→串行口中断。

三、中断的响应与撤除

1. 中断的响应

中断响应就是对中断源提出的中断请求的接受,是在中断查询之后进行的,当查询到有效的中断请求时,立即进入中断响应。中断响应时,根据寄存器 TCON、SCON 的中断标志,转到程序存储器的中断入口地址。中断入口地址及中断编号如表 5-7 所示。

表 5-7 中断入口地址及中断编号

中断名称	中断请求标志	是否硬件自动清除	汇编语言 中断入口地址	C51 语言 中断编号
外部中断 0	IE0	是(边沿触发)	0003H	0
		否(电平触发)		

续表

中断名称	中断请求标志	是否硬件自动清除	汇编语言中断入口地址	C51 语言中断编号
定时/计数器 0	TF0	是(中断方式)	000BH	1
外部中断 1	IE1	是(边沿触发)	0013H	2
		否(电平触发)		
定时/计数器 1	TF1	是(中断方式)	001BH	3
串行口	RI、TI	否	0023H	4

从中断入口地址可以看出,每个中断入口地址之间相隔 8 个单元,如果直接将中断程序放在这里,一是空间不够,二是可能会占用下一个入口地址,导致出错,所以,在用汇编语言进行编程时,往往在中断入口地址处放入一条跳转指令,使 CPU 能转入空间充足的放置中断服务程序的程序存储器的任意位置上,但使用 C51 编程就无须考虑这个问题,C51 编译器会自行处理。

实现一次完整的中断一般经历 5 步:中断请求→中断判优→中断响应→中断处理→中断返回。

(1) 中断请求

当外设做好准备后,将中断请求触发器置 1,若该中断源的中断屏蔽寄存器 IMR 对应位是开放状态,则请求信号送入 CPU 的中断请求输入端,并一直保持到 CPU 响应中断为止。一般情况下,CPU 每执行完一条指令就会去查询各中断源的申请标志,一旦有满足条件的申请就立刻响应。

(2) 中断判优

某一时刻,CPU 可能会接收到多个中断源发出的中断请求信号,因此,要对这些请求按照中断优先级控制原则进行优先级排队,响应级别最高的那个中断请求。

(3) 中断响应

所谓中断响应,是指从 CPU 接到中断请求信号到进入相应中断服务程序去执行的整个过程。中断能否响应,要看是否满足以下条件。

1) 中断是开放的(即 IE 中的 EA=1)。

2) 申请中断的中断源的中断允许位是 1(即该中断未被屏蔽)。

3) 无同级或更高级中断正在被响应。

4) 当前的指令周期已结束。

5) 若现行指令是 RETI 或是访问 IE 或 IP 时,则不会立刻响应该中断,而是至少执行完该条指令及紧接着的下一条指令为止。

(4) 中断处理

即执行中断服务程序的过程,该过程分为以下几个步骤:

1) 保护断点。断点是 CPU 转去执行中断服务程序前正在执行的当前程序中下一条将要执行指令的地址,保护断点指的是将该地址压栈,当中断服务程序执行完毕后,将该地址重新装入程序计数器(PC),以便能回到被打断处继续向下执行。

2）获取中断入口地址。CPU 会根据中断源的类别自动将中断入口地址装入 PC，为执行中断服务程序做好准备。

3）保护现场。为避免中断服务程序执行后破坏主程序中曾用到的寄存器的值和程序状态字的标志位状态，通过压栈指令将其进行保存。

4）中断服务。执行中断服务程序的过程。

5）恢复现场。通过一系列出栈指令将保护现场时保存的信息还原。

（5）中断返回

执行中断返回指令 RETI。该指令执行后，相应的优先级状态寄存器会清零，会将在保护断点时保存在堆栈中的断点地址弹出到 PC，CPU 根据这个 PC 值找到响应中断以前被打断的原程序所在处，继续执行后面的程序。

2. 中断的撤除

中断响应后，TCON、SCON 中的中断请求标志位应及时清除，否则 CPU 会认为中断请求依然存在，还可能会重复查询和响应中断。

四、中断初始化及中断服务程序结构

1. 中断初始化

中断初始化实质上就是对 4 个与中断有关的特殊功能寄存器 TCON、SCON、IE 和 IP 进行管理和控制，具体实施如下：

1）中断的开、关（即全局中断允许控制位的打开与关闭，EA=1 或 EA=0）。

2）具体中断源中断请求的允许和禁止（屏蔽）。

3）各中断优先级别的控制。

4）外部中断请求触发方式的设定。

中断管理和控制（中断初始化）程序一般都包含在主函数中，也可单独写成一个初始化函数，根据需要通常只需几条赋值语句即可完成。

2. 中断服务程序

中断服务程序是一种具有特定功能的独立程序段，往往写成一个独立函数，函数内容可根据中断源的要求进行编写。

C51 的中断服务程序（函数）的格式如下：

```
void  中断服务程序函数名() interrupt  中断编号  using 工作寄存器组编号
{
     中断服务程序内容
}
```

中断服务程序（函数）不会返回任何值，故其函数类型为 void，void 后紧跟中断服务程序的函数名，函数名可以任意起，只要合乎 C51 中对标识符的规定即可；中断服务函数不带任何参数，所以中断服务函数名后面的括号内为空；interrupt 即"中断"的意思，是为区别于普通自定义函数而设，中断编号是编译器识别不同中断源的唯一符号，它对应着汇编语言程序中的中断服务程序入口地址，因此在写中断函数时一定要把中断编号写准确，否则中断程序将得不到运行。函数头最后的"using 工作寄存器组编号"是指这个中断服务函数使用单片机 RAM 中 4 组工作寄存器中的哪一组,如果不加设定,C51编译器在对程序编译时会自动分配工作寄存器组,因此"using 工作寄存器组编号"通常可以省略不写。

51单片机的5个中断源的中断编号、默认优先级别、对应的中断服务程序的入口地址如表5-7所示。

五、外部中断应用举例

外部中断有边沿触发和电平触发两种方式,在应用不同触发方式时应注意其触发条件的保持和撤除。

1)INT0、INT1信号在电平触发方式时,高低电平至少保持一个机器周期。

2)中断请求撤除:

① 边沿触发方式:响应中断后自动撤除。

② 电平触发方式:必须采取措施来撤除中断请求。

例5-1 外部中断控制程序运行。

【硬件连接】 图5-2所示为一位LED数码管与单片机的显示连接图,连接一个中断按钮,P3.3作为外部中断输入。

【实现功能】 正常情况下显示0~9,按下中断按钮后闪烁显示9~0,闪烁0后回到正常工作状态。

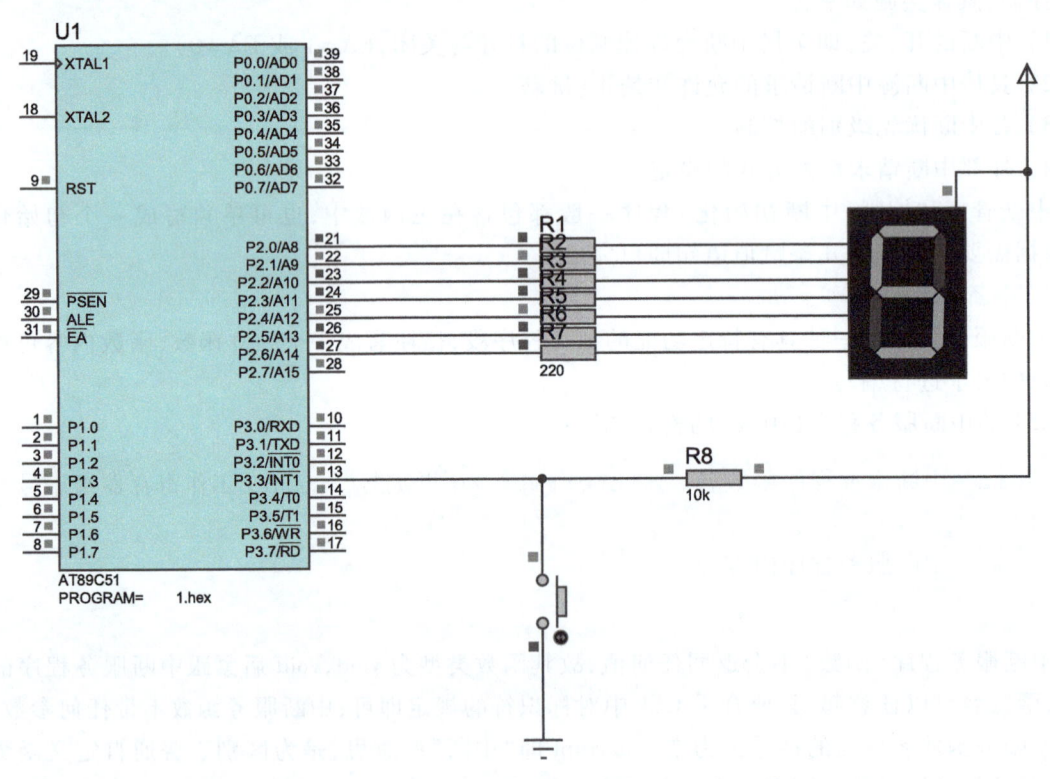

图5-2 例5-1图

【C51 程序】

```c
/*********************** 声明区 *********************/
#include<reg51.h>              //包含51的头文件
#define LED P2                 //定义LED连接到P2
void delay(int);               //声明延时函数
char TAB[11]={0xc0,0xf9,0xa4,0xb0,0x99,0x92,0x82,0xf8,0x80,0x90,0xff};
/*********************** 主程序 *********************/
main ()
{
    unsigned char i;           //声明无符号数字变量i
    IE=0x84;                   //允许外部中断1
    TCON=0x04;                 //INT1设定为下降沿触发
    while(1)                   //无限循环
    {   for (i=0;i<10;i++)     //for循环,显示0~9
        {   LED=TAB[i];        //显示数字
            delay(500);        //延时500ms
        }
    }
}
/*********************** 外部中断服务函数 *********************/
void int1(void) interrupt 2
{
    int i;                     //声明变量i
    for (i=9;i>=0;i--)         //for循环,9~0
    {   LED=TAB[i];            //显示数字
        delay(250);            //延时250ms
        LED=0xff;              //数码管关闭
        delay(250);            //延时250ms
    }
}
/*********************** 延时函数 *********************/
void delay(int x)              //1ms的延时函数
{
    int i,j;
    for (i=0;i<x;i++)
        for(j=0;j<120;j++);
}
```

例 5-2　外部中断控制程序运行。

【实现功能】　电路如图 5-3 所示，P3.2 作为外部中断输入。

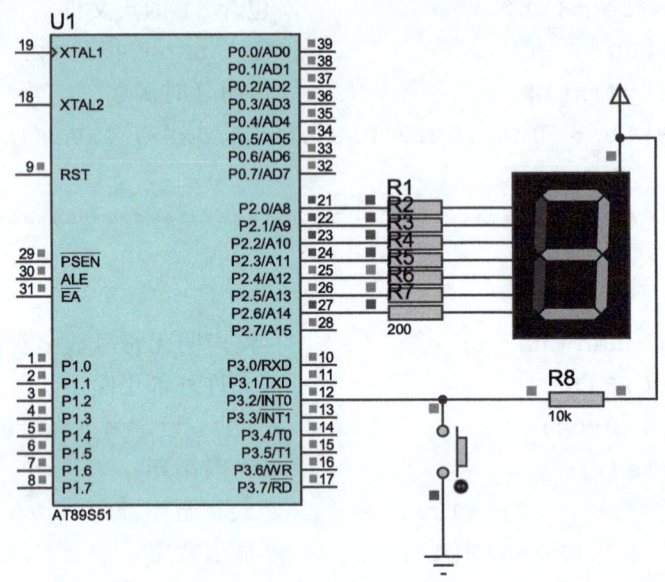

图 5-3　外部中断应用

【硬件连接】　控制 LED 数码管上显示外部中断次数的计数值。

【C51 程序】

```
/********************** 声明区 ************************/
#include <reg51.h>
#include <intrins.h>
unsigned int LedNumVal;
unsigned char code Disp_Tab[]={0xC0,0xF9,0xA4,0xB0,0x99,0x92,0x82,
0xF8,0x80,0x90};　//此表为 LED 的字符
/********************** 主程序 ************************/
void main(void)
{
    IT0=1;                        //下降沿触发
    EA=1;
    EX0=1;
    LedNumVal=0;
    while(1)
    {
        P2=Disp_Tab[LedNumVal];
    }
}
```

```
/********************** INT0 中断服务函数 **********************/
void counter(void) interrupt 0
{
    LedNumVal++;                           //中断计数
    if(LedNumVal==10)  LedNumVal=0;        //计数值在 10 以内
}
```

例 5-3　中断控制 LED 点亮。

【硬件连接】　图 5-4 所示为 8 位 LED 与单片机的连接图,有两个中断按钮。

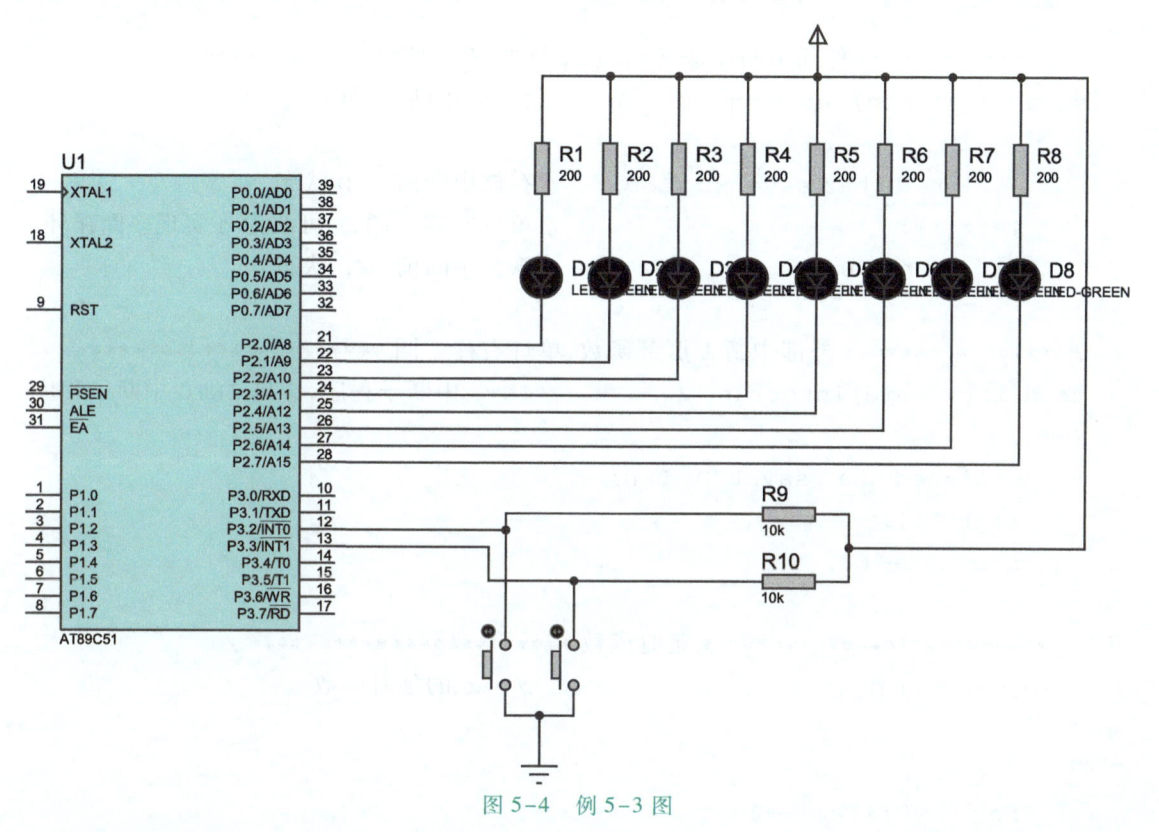

【实现功能】　正常情况下 8 位 LED 闪烁点亮,两个中断按钮分别控制灯的点亮顺序由左向右或右向左一轮后回到正常工作状态。

图 5-4　例 5-3 图

【C51 程序】

```
/********************** 声明区 **********************/
#include <reg51.h>              //包含 8051 寄存器的头文件
#define LED P2                  //定义 LED 连接到 P2
void delay(int);                //声明延时函数
void left(int);                 //声明单灯左移函数
void right(int);                //声明单灯右移函数
```

```c
/*********************** 主程序 *********************/
main ()
{
    IE=0x85;              //允许外部中断0、外部中断1
    TCON=0x05;            //INT0、INT1 设定为下降沿触发
    LED=0x00;             //LED 赋初值,8 个 LED 全亮
    while (1)             //无限循环
    {
        delay(250);       //延时 2500ms
        LED = ~ LED;      //LED 状态取反
    }
}
/*************** 外部中断 0 服务函数,单灯左移 1 圈 *********************/
void int0(void)interrupt 0         //INT0 中断子程序
{
    unsigned char saveLED=LED;     //存储中断前 LED 状态
    left(1);                       //单灯左移 1 圈,1 可改为 n 实现多圈循环
    LED=saveLED;                   //恢复中断前 LED 状态
}
/*************** 外部中断 1 服务函数,单灯右移 1 圈 *********************/
void int1(void)interrupt 2         //INT1 中断子程序,详见 INT0 中断子程序
{
    unsigned char saveLED=LED;
    right(1);
    LED=saveLED;
}
/*********************** 延时函数 *********************/
void delay(int x)                  //1ms 的延时函数
{
    int i,j;
    for (i=0;i<x;i++)
        for(j=0;j<120;j++);
}
/***************** 单灯左移函数,左移 x 圈 *********************/
void left(int x)
{
    int i,j;                       //声明变量 i,j
    for (j=0;j<x;j++)              //for 循环,循环 x 次
```

```
    {
        LED=0xfe;                        //LED 初始状态最右灯亮
            for(i=0;i<8;i++)             //for 循环,左移 7 次
            {
                delay(250);              //延时 250ms
                LED=(LED<<1)|0x01;       //左移一位,并在最低位补 1
            }
            delay(250);                  //延时 250ms
    }
}
/********** 单灯右移函数,右移 x 圈,注释参考单灯左移函数 **************/
void right(int x)
{
    int i,j;
    for (j=0;j<x;j++)
    {
        LED=0x7f;
        for (i=0;i<8;i++)
            {
                delay(250);
                LED=(LED>>1)|0x80;
            }
    }
}
```

动手训练

看懂例 5-1~例 5-3 的要求、电路原理、程序,依照例子进行仿真调试,并尝试改变例子中的参数、变化方式,再调试,学会中断控制工作原理、接口方法和编程。

思考与练习

1. 什么是中断?说明中断系统的结构。
2. MCS-51 单片机内有几个中断源?说出其名称。
3. 51 单片机的中断系统与哪几个寄存器有关?分别说明它们的名称及各控制位的功能。
4. TCON 是什么寄存器?其各控制位的含义是什么?外部中断的请求标志是哪位?
5. 设置 TCON 的控制字,要求 INT0 的触发方式是低电平触发,INT1 为边沿触发。
6. IE 的名称是什么?其各控制位如何工作?如何允许禁止中断?
7. 设置 IE 的控制字,要求开放 INT0 中断,禁止其他中断。
8. 中断优先级是什么?为什么要设置中断优先级?使用哪个寄存器设置中断优先级?

9. 中断优先级如何设置？设置 IP 的控制字，要求 T0、INT0 为高级中断，其他为低级中断。

10. 写出有关中断响应优先级的原则。

11. 设计单片机和 1 位 LED 数码管显示、8 个 LED 及两个外部中断按钮的控制电路，正常情况数码显示 0～9、8 个 LED 亮灭闪烁，外部中断 0 按钮控制 LED 的左移和右移点亮一个过程，外部中断 1 按钮控制数码显示当前值亮灭 3 次，中断结束返回正常工作状态，外部中断 1 为高级中断。请画出电路原理图并编程仿真调试。

任务二　定时/计数器应用

【能力目标】

1. 理解定时器与计数器的工作原理；
2. 理解并灵活应用定时/计数器的 4 种工作方式；
3. 准确设置相关控制寄存器，实现定时/计数器的编程应用。

【知识点】

1. 51 单片机定时/计数器的结构和工作原理；
2. 51 单片机定时/计数器初始值的计算和写入方式；
3. 51 单片机定时/计数器 4 种工作方式各自的特点及应用。

一、定时/计数器的结构和工作原理

1. 定时/计数器的结构

51 单片机内部设计有两个 16 位的定时/计数器，其内部结构如图 5-5 所示。

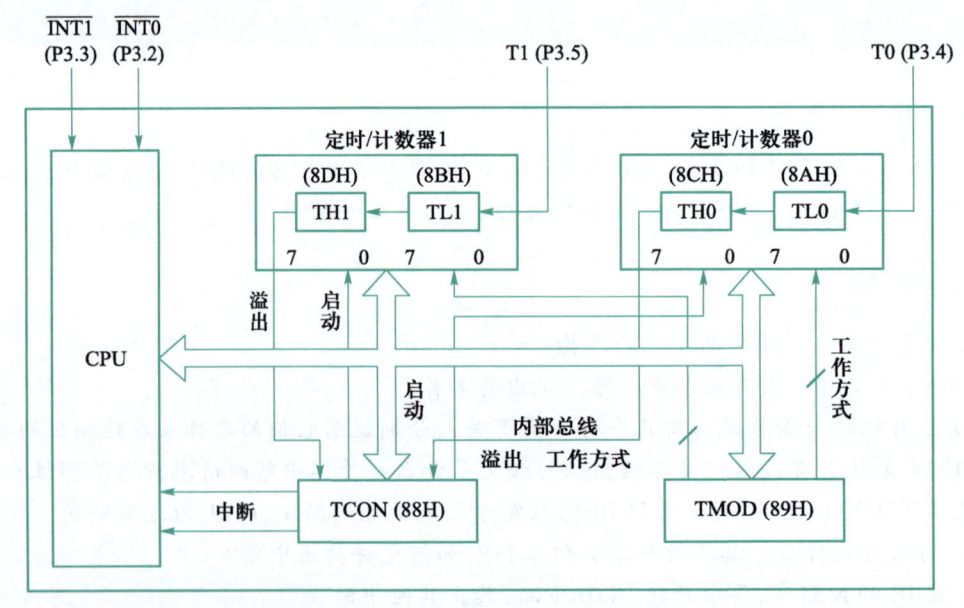

图 5-5　定时/计数器的内部结构

由定时/计数器的内部结构图可以看出,16 位的定时/计数器分别由两个 8 位专用寄存器组成,即:T0 由 TH0 和 TL0 构成;T1 由 TH1 和 TL1 构成,其访问地址依次为 8AH~8DH,每个寄存器均可单独访问。TH、TL 实质上为加 1 计数器,用于存放定时或计数初值。此外,其内部还有一个 8 位的工作方式控制寄存器(TMOD)和一个 8 位的定时器控制寄存器(TCON)。这些寄存器之间是通过内部总线和控制逻辑电路连接起来的。TMOD 是工作方式控制寄存器,主要是用于选定定时器的工作方式;TCON 是定时器控制寄存器,主要是用于控制定时器的启动停止,此外 TCON 还可以保存 T0 和 T1 的溢出和中断标志。当定时器工作在计数方式时,外部事件通过引脚 T0(P3.4)和 T1(P3.5)输入。

2. 定时/计数器的工作原理

图 5-6 为定时/计数器 0 的工作原理,下面分别说明定时与计数的工作原理。

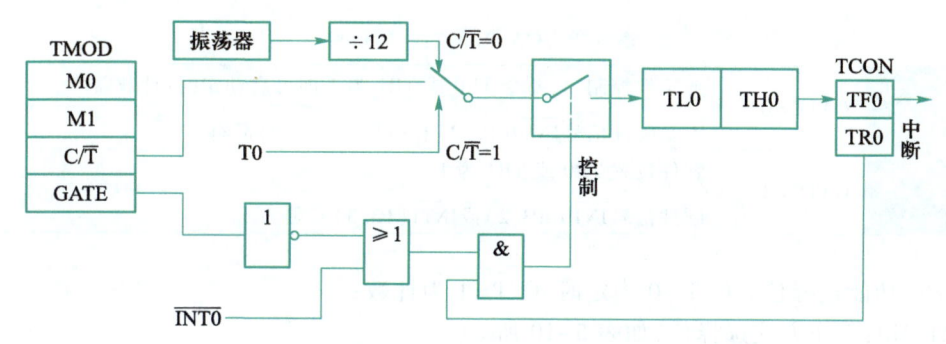

图 5-6　定时/计数器 0 的工作原理

(1) 定时

定时/计数器工作于定时模式时,定时是通过计数器的计数来实现的,此时的计数脉冲取自单片机内部,每个机器周期产生一个计数脉冲,即每个机器周期计数值加 1,也就是说,计数器输入的计数脉冲源由系统的时钟振荡器输出脉冲经 12 分频后产生;因为 1 个机器周期等于 12 个振荡脉冲周期,所以计数频率是振荡频率的 1/12。计数值乘以机器周期就是定时时间,即

$$定时时间 = 计数值 \times 机器周期$$

计数器的溢出使 TCON 中 TF0 或 TF1 置 1,向 CPU 发出中断请求(定时/计数器中断允许时),表示定时时间已到。

(2) 计数

定时/计数器设置为计数模式时,计数是针对外部事件进行计数,外部事件的发生用输入脉冲表示,所以计数的本质就是对外部输入脉冲的计数。51 单片机的 T0(P3.4)和 T1(P3.5)两个引脚就是计数输入端,当外部输入脉冲出现负跳变时计数器加 1,T0 或 T1 引脚就是外部脉冲输入源。单片机对外部脉冲的基本要求:脉冲的高低电平持续时间都必须大于 1 个机器周期,最高计数频率为振荡器频率的 1/24。

每来一个脉冲计数器加 1,当加到计数器为全 1(即 FFFFH)时,再输入一个脉冲就使计数器回零,表示计数值已满,且计数器的溢出使 TCON 中 TF0 或 TF1 置 1,向 CPU 发出中断请求(定时/计数器中断允许时)。

二、定时/计数器的控制

通过对工作方式控制寄存器(TMOD)和定时器控制寄存器

(TCON)的相关位进行设置,使定时/计数器按照用户需要工作在特定工作状态下。

1. 工作方式控制寄存器(TMOD)

TMOD 各位含义如表 5-8 所示。

表 5-8　TMOD 各位含义

位地址	设置 T1				设置 T0			
	D7H	D6H	D5H	D4H	D3H	D2H	D1H	D0H
符号	GATE	C/$\overline{\text{T}}$	M1	M0	GATE	C/$\overline{\text{T}}$	M1	M0

注:高、低 4 位分别控制 T1 和 T0 的工作方式,含义完全相同。故下面仅以高 4 位进行说明。

1) GATE:门控位,其功能和使用如表 5-9 所示。

表 5-9　GATE 的功能和使用

启动计数器	GATE = 0	纯软件控制,只要令 TR0 或 TR1 为 1 即可启动定时/计数器
		不受硬件信号$\overline{\text{INT0}}$(P3.2)和$\overline{\text{INT1}}$(P3.3)的影响
	GATE = 1	软件设置 TR0 或 TR1 为 1
		硬件信号$\overline{\text{INT0}}$(P3.2)或$\overline{\text{INT1}}$(P3.3)必须为 1

2) C/$\overline{\text{T}}$:功能选择位。C/$\overline{\text{T}}$=0 为定时,C/$\overline{\text{T}}$=1 为计数;

3) M1、M0:工作方式选择位,如表 5-10 所。

表 5-10　T0、T1 的工作方式

M1	M0	工作方式	功能说明
0	0	方式 0	TL 的低 5 位与 TH 的 8 位组成 13 位计数器
0	1	方式 1	TL 和 TH 组成 16 位计数器
1	0	方式 2	自动重装 8 位计数器,TL 计数,TH 内容重装入 TL
1	1	方式 3	T0 分成两个 8 位计数器,T1 无此工作方式

2. 定时器控制寄存器(TCON)

说见中断的相关介绍。

三、定时/计数器的工作方式

1. 方式 0

图 5-7 所示为定时/计数器方式 0 的逻辑电路结构图。

方式 0 是 13 位计数器,高 8 位由 TH 的 8 位提供,低 5 位由 TL 的低 5 位提供,TL 的高 3 位未使用。当 TL 的低 5 位溢出时自动向 TH 进位,TH 溢出时向中断标志位 TF 进位(硬件自动置位),在满足中断条件时,向 CPU 申请中断。如果需要继续定时或计数,应使用指令对 TL、TH 重新置数,否则下一次计数将会从 0 开始,造成计数或定时的不准确。

1) C/$\overline{\text{T}}$=0,定时方式,对机器周期进行计数。

$$定时时间 = (2^{13}-计数初值) \times 机器周期 = (8\,192-计数初值) \times \frac{12}{f_{osc}}$$

f_{osc}:晶振频率,若 f_{osc} = 12 MHz,则定时范围为 1 ~ 8 192 μs。

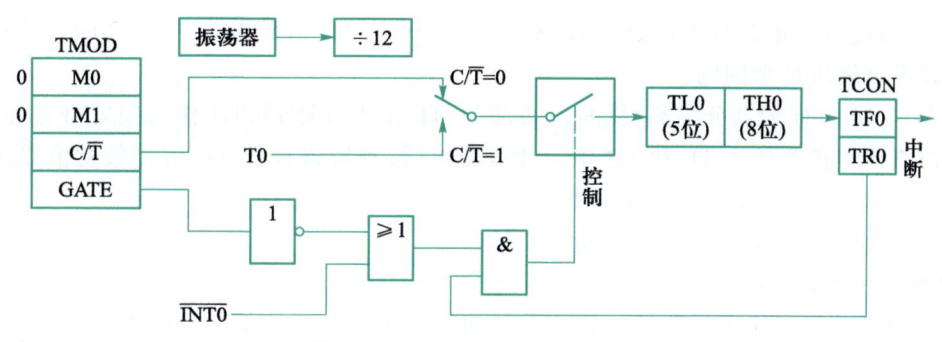

图 5-7 方式 0 逻辑电路结构图

2) $C/\overline{T}=1$，计数方式，外部计数脉冲由 T0（P3.4）或 T1（P3.5）引脚引入，外部信号出现负跳变时计数值加 1。

$$计数值 = 2^{13} - 计数初值 = 8\ 192 - 计数初值$$

2. 方式 1

图 5-8 所示为定时/计数器方式 1 的逻辑电路结构图。

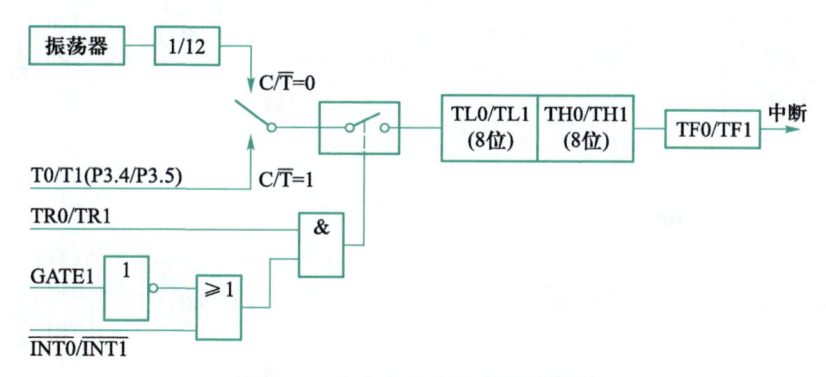

图 5-8 方式 1 的逻辑电路结构图

方式 1 的结构与操作除了计数位数是 16 位外，其余与方式 0 完全相同，与方式 0 相比，定时和计数方式下的对应公式只需将 2^{13} 改为 2^{16}（即 65 536）即可。

3. 方式 2

图 5-9 所示为定时/计数器方式 2 的逻辑电路结构图。

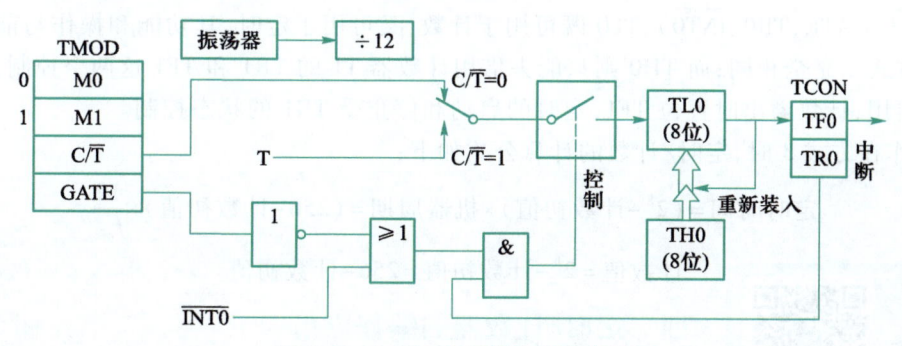

图 5-9 方式 2 的逻辑电路结构图

在方式 0 和方式 1 下，每次定时或计数，溢出后计数器会回 0，如果要进行下一次的定时或计数,每次都要通过指令重新写入计数初值,不但费时,还有可能造成误差,方式 2 的自动重装初值的功能恰好可以解决这个问题。

方式 2 下,16 位计数器分为高、低 8 位两部分,TL 作为计数器,TH 作为预置寄存器,初始化时将计数初值通过指令送入 TL 和 TH 中。计数溢出后,预置寄存器 TH 将计数初值以硬件方式自动为 TL 重新加载。具体工作过程如下:

1)启动定时器后,TL 从初始值开始加 1 计数。
2)计数溢出后,TF 置位,向 CPU 发中断请求。
3)单片机自动将 TH 中预置的初始值重新加载到 TL 中,开始新一轮计数。
4)重复上述过程直至关闭定时器。

与方式 0 相比,定时和计数方式下的对应公式只需将 2^{13} 均改为 2^8 即可。

4. 方式 3

图 5-10 所示为定时/计数器方式 3 的逻辑电路结构图。

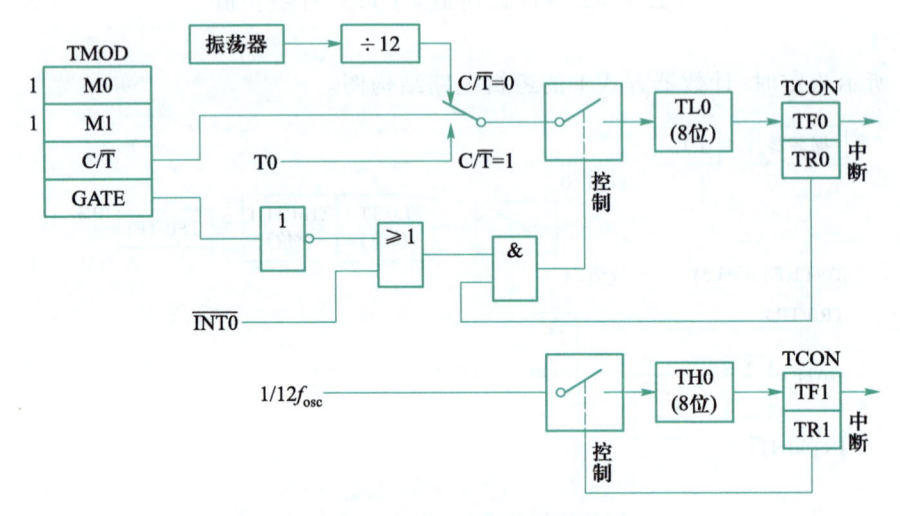

图 5-10 方式 3 逻辑电路结构图

方式 3 的作用比较特殊,只适用于定时/计数器 0,若将定时/计数器 1 设置为方式 3,它将停止计数,效果等同于将 TR1 清 0。

T0 工作在方式 3 时,拆分为两个独立的 8 位计数器 TL0 和 TH0 使用。TL0 占用 T0 的全部控制位($C/\overline{T}$、GATE、TR0、$\overline{INT0}$),TL0 既可用于计数,又可用于定时,其功能和操作与前面介绍的方式 0 或方式 1 完全相同;而 TH0 则只能去借用计数器 T1 的 TR1 和 TF1 这两个控制位,且只能作为定时器用,计数溢出时置位 TF1,定时的启动和停止受 TR1 的状态控制。

T0 工作在方式 3 时,定时/计数的计算公式如下:

$$定时时间 = (2^8 - 计数初值) \times 机器周期 = (256 - 计数初值) \times \frac{12}{f_{osc}}$$

$$计数值 = 2^8 - 计数初值 = 256 - 计数初值$$

四、定时/计数器的编程应用

定时/计数器的编程应用的实施步骤如下:

1）根据功能与确定工作方式,C/$\overline{\text{T}}$、GATA 及 M1、M0 对 TMOD 写控制字。
2）计算计数初值,分配 TH、TL 的值,写入 TH、TL。
3）根据是否需要使用中断确定 IE、IP；
4）启动定时/计数器。

例 5-4　有一个单片机系统,振荡频率为 12 MHz,设计一个能产生周期 T=1 ms 的方波信号发生器,并编程调试。

【硬件连接】　单片机最小系统。

【实现功能】　在 P1.0 产生周期 $T=1$ ms 的方波,用虚拟仪器观察信号波形。

分析与计算：选用 T0 定时器功能,C/$\overline{\text{T}}$=0,GATE=0,由振荡频率为 12 MHz,知机器周期为 1 μs,要得到 $T=1$ ms 的信号,需定时 500 μs,计数值=定时时间/机器周期=500,所以,计数初值 $X=2^n-500$,n 与工作方式有关。

选择工作方式,方式 0、方式 1 均可(要求 2^n 要大于计数值),取方式 0,$n=13$,$2^{13}=8\ 192$,$X=8\ 192-500=7\ 692$,7 692/32 商数装入 TH0,7 692%32 余数装入 TL0 中,即 TH0=240;TL0=12。

【C51 程序】

```
/********************** 声明区 ********************** /
#include <reg51.h>
sbit HH=P1^0;
/********************** 中断服务函数 ********************** /
void t0(void) interrupt 1
{
    TH0=7692/32;                //重新加载计数初值
    TL0=7692%32;
    HH=~HH;
}
/********************** 主程序 ********************** /
void main()
{
    TMOD=0x00;                  //设置定时/计数器工作方式
    EA=1;                       //开中断
    ET0=1;
    TH0=7692/32;                //加载计数初值
    TL0=7692%32;
    TR0=1;                      //启动定时/计数器工作
    while(1);                   //无限循环
}
```

例 5-4 的运行结果如图 5-11 所示。

例 5-5　定时器简单应用

【硬件连接】　连线方式见图 5-3(8 个 LED 点亮图)。

【实现功能】　使用定时器编程使 LED 每秒钟移位点亮。

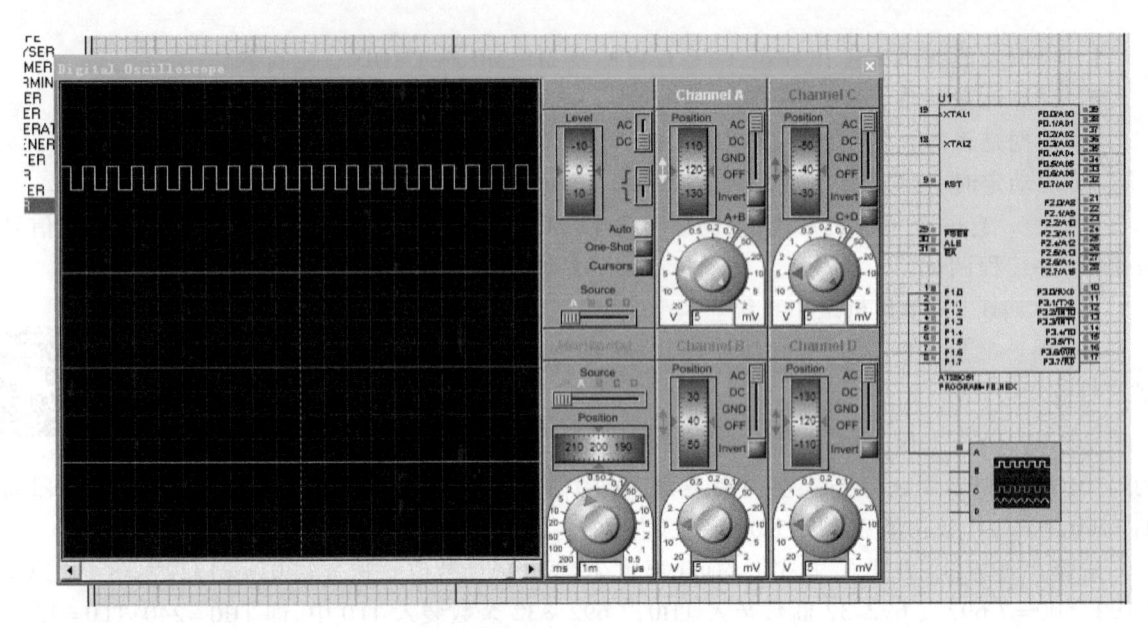

图 5-11 例 5-4 的运行结果

分析：$f_{osc}=12$ MHz，机器周期为 1 μs，理想定时时间为 1 s。用 T0 作为定时器，工作方式 1，最大计数值 65 536，最长定时时间为 65 536 μs=65.536 ms，不能达到秒定时要求，那么取定时时间为 50 ms，需计数 50 000，20 次定时中断就可达到 1 s 时间。计数初值 = 65 536 - 50 000 = 15 536，TH = 15 536/256 = 60，TL = 15 536%256 = 176。

【C51 程序】

```c
/********************** 声明区 ********************** /
#include<reg52.h>
#define uchar unsigned char
#define uint unsigned int
uint k,i;
uchar dat[]={0x01,0x02,0x04,0x08,0x10,0x20,0x40,0x80};
/********************** 主函数 ********************** /
main()
{
TMOD=0x01;              //T0 方式 1
TH0=0X3c;               //12 MHz 晶振，50 ms 定时，装载计数初值
TL0=0Xb0;
EA=1;                   //开总中断
ET0=1;                  //开 T0 中断
TR0=1;                  //启动 T0
    while(1)
        {;}
}
```

```
/********************** T0 中断服务函数 ********************** /
void time_1s() interrupt 1
{
    TH0=0x3c;              //重新装载计数初值
    TL0=0xb0;
    k++;                   //计数值加 1
    if (k>=20)    //1 s      //1 s 到否
      {
         k=0;              //1 s 到,计数值清 0
         P1= ~ dat[i++];   // P1 口输出控制代码,点亮 LED
         if(i>7)i=0;     }
}
```

例 5-6 设 f_{osc}=12 MHz ,在两位数码管上显示 60 s 以内的计时。

【硬件连接】 电路如图 5-12 所示。

【实现功能】 编程实现 60 s 倒计时功能,用两位 LED 数码管静态显示。

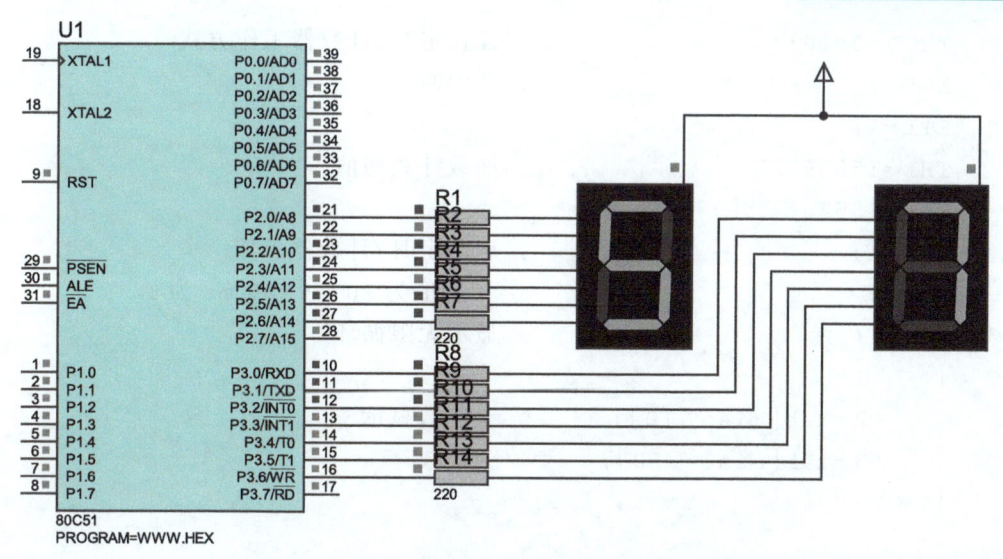

图 5-12 两位 LED 数码管静态显示 60 s 倒计时

【C51 程序】

```
/********************** 声明区 ********************** /
#include <reg51.h>
#define uchar unsigned char
uchar miao=60;                       //显示初值为 60
uchar a;
uchar code tab[]={0xC0,0xF9,0xA4,0xB0,
0x99,0x92,0x82,0xF8,0x80,0x90,0x88,0x83,0xC6,0xA1,0x86,0x8E};
```

```c
/********************** 中断函数 ********************** /
void t1(void) interrupt 3
{
    TH1=15536/256;                    //计数初值重装
    TL1=15536%256;
    a=a-1;                            //每次中断计数值减1
    if(a==0)                          //判断是否到1 s
    {   a=20;                         //到1 s恢复计数值
        miao=miao-1;                  //秒值减1
        if(miao==0)                   //秒值为0,重装为60
            miao=60;
    }
}
/********************** 主程序 ********************** /
void main()
{
    TMOD=0x10;                        //设置定时/计数器工作方式
    EA=1;                             //开中断
    ET1=1;
    TH1=15536/256;                    //加载计数初值
    TL1=15536%256;
    TR1=1;                            //启动定时/计数器工作
    a=20;                             // a初值为20,20×50 ms为1 s
    while(1)                          //显示无限循环
    {
        P2=tab[miao/10];              //十位数显示
        P3=tab[miao%10];              //个位数
    }
}
```

编程实现电子时钟功能是单片机学习过程中的一个典型应用。

例 5-7 在单片机最小系统的基础上接入 LED 数码管和驱动电路,设计出电子时钟的电路原理图;编写时钟程序,使用仿真调试软件调试,使 LED 数码管显示当前时间,并能调整。

【硬件连接】 连线方式如图 5-13 所示。

【实现功能】 编程实现电子时钟功能,并将时间显示出来。具体功能要求如下:

1) 能直接显示时、分、秒十进制数字。

2) LED 数码管时钟电路采用 24h 计时方式,时、分、秒分别用两位 LED 数码管显示,LED 数码管结构为共阴极,采用动态显示编程。

3）开机时，显示"12:00:00"，具备时间调整功能：
① P0.0 控制"时"的调整，每按一次小时加 1。
② P0.1 控制"分"的调整，每按一次分加 1。
③ P0.2 控制"秒"的调整，每按一次秒加 1。

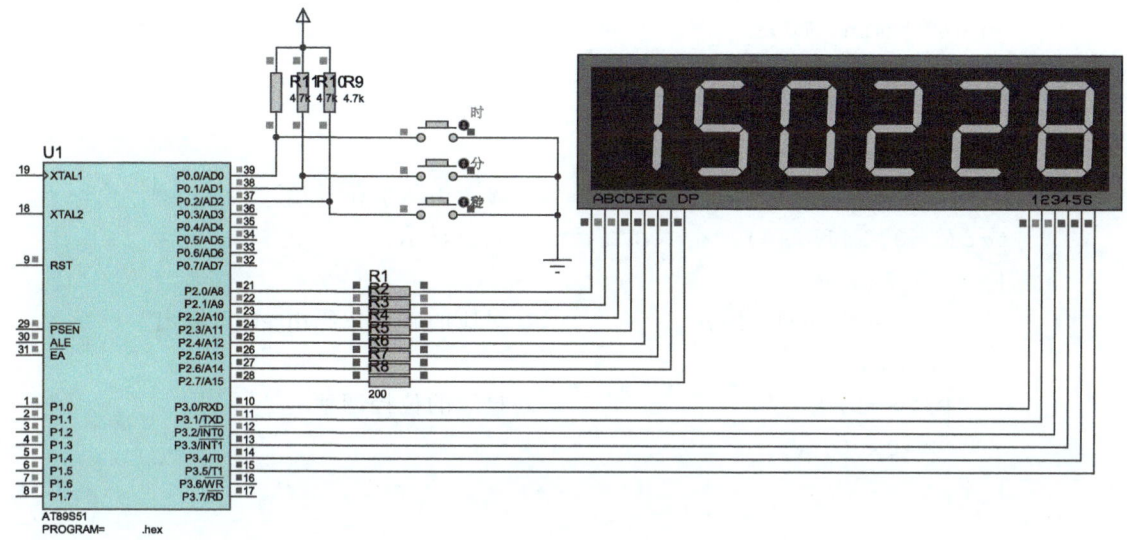

图 5-13　例 5-7 参考电路

【C51 程序】

```
/********************** 声明区 ********************** /
#include <reg51.h>
#define uint unsigned int
#define uchar unsigned char
unsigned char code led[]={0x3f,0x06,0x5b,0x4f,0x66,0x6d,0x7d,0x07,0x7f,0x6f};
uchar sec,min,hour;
sbit KEY0 = P0^0;              //定义开关名称
sbit KEY1 = P0^1;
sbit KEY2 = P0^2;
/********************** 延时函数 ********************** /
void delay(unsigned int ms)
{
    unsigned int i=ms*91;
    for(;i>0;i--);
}
/********************** 显示函数 ********************** /
void disp(unsigned char sec,min,hour)
{
```

```c
        uchar i;
        unsigned char num[6];
        num[0]=sec%10;                  //得到秒的个位数,以下分、小时同
        num[1]=sec/10;                  //得到秒的十位数,以下分、小时同
        num[2]=min%10;
        num[3]=min/10;
        num[4]=hour%10;
        num[5]=hour/10;
        P3=0xDF;                        //显示由最低位开始
        for(i=0;i<6;i++)                //六位显示
        {
            P2=led[num[i]];             //对应的字形代码由 P0 口输出
            delay(3);
            P3>>=1;                     //显示的位控调整
            P2=0x00;
        }
}
/************************ 主函数 *********************/
void main()
{
    sec=0;                              //设置时间初值
    min=0;
    hour=12;
    TMOD=0x01;                          //设置定时/计数器方式1
    TH0=15536/256;                      //装入计数初值
    TL0=15536%256;
    EA=1;                               //开中断
    ET0=1;
    TR0=1;                              //启动定时/计数器工作
    while(1)
    {
        if(KEY0==0)                     //测试有无开关闭合
        {
            delay(30);                  //若开关闭合,先延时
            if(KEY0==1)                 //待开关松开,保证开关闭合一次只加1
            {
                hour++;                 //小时调整
                if(hour>=24)
```

```c
                    hour=0;
                }
            }
            if(KEY1==0)
            {
                delay(30);
                if(KEY1==1)
                {
                    min++;                    //分调整
                    if(min>=60)
                    min=0;
                }
            }
            if(KEY2==0)
            {
                delay(30);
                if(KEY2==1)
                {
                    sec++;                    //秒调整
                    if(sec>=60)
                    sec=0;
                }
            }
            disp(sec,min,hour);
    }
}
/************************ 中断服务函数 ************************/
void t0_int() interrupt 1              //定时/计数器中断服务函数
{
    static unsigned char k;
    TH0=15536/256;                     //计数初值重装
    TL0=15536%256;
    k++;                               //中断次数加1
    if(k>=20)                          //计数到20为1 s
    {
        k=0;                           //中断次数计数值清0
        sec++;                         //秒计数加1
        if(sec>=60)                    //是否到60 s
```

```
            {
                sec=0;                        //60 s 时清 0
                min++;                        //分加 1
                if(min>=60)                   //过程同上
                {
                    min=0;
                    hour++;
                    if(hour>=24)
                    hour=0;
                }
            }
        }
    }
```

动手与训练

1. 设 51 单片机时钟频率为 12 MHz,编程实现利用 T1 每隔 500 ms 在 P1.2 输出一个宽度为 20 ms 的正脉冲。

2. 设 51 单片机时钟频率为 12 MHz,编程实现在 P1.0 和 P1.1 分别输出 1 kHz 和 10 kHz 的方波。

思考与练习

1. 用语言描述 51 单片机定时/计数器的结构。

2. 用语言描述 51 单片机的定时/计数器的工作原理。

3. 说明 TMOD 各位的名称,分析其各个控制位的功能。

4. T0、T1 各有几种工作方式？每种工作方式的计数位数是多少？最大的计数值是多少？列表说明其功能。

5. T0 和 T1 的方式 0、方式 1、方式 2 分别是多少位计数器？是如何组成的？各种工作方式下 TH 和 TL 的作用是什么？

6. 说明 TCON 各位的名称,分析其各个控制位的功能。

7. 51 单片机的计数功能是如何实现的？（假设使用单片机的 T0,使用其计数功能,工作在方式 1,设置 TMOD。）

8. 使用单片机的定时器如何实现定时功能？设有一个单片机的振荡频率是 12 MHz,其振荡周期是多少？如需定时 10 ms,使用哪种工作方式？计算其计数初值,TH 和 TL 分别是多少？

9. 什么是计数初值？怎样计算？写出计算公式。

10. 写出定时/计数器的编程步骤。

11. 如果单片机振荡频率是 12 MHz,编程使其在 P1.0 上输出周期为 1 ms 的方波信号。写出分析和计算过程。

12. 对定时/计数器编程应用前要事先确定的参数和要设置的寄存器都有哪些？
13. 51 单片机的定时/计数器有哪几种工作方式？各自特点是什么？
14. 设单片机的晶振 f_{osc} = 12 MHz，定时/计数器工作在不同方式时，最大定时时间分别是多少？

任务三　串行口应用

【能力目标】
1. 理解串行通信的基本概念；
2. 理解常用串行通信接口的组成和工作原理；
3. 准确进行串行口初始化编程和应用。

【知识点】
1. 串行口的结构和控制寄存器的设置；
2. 串行口的工作方式和各种方式下数据帧的构成；
3. 串行口波特率的计算与设置。

随着计算机网络化和分级分布式应用系统的发展，通信的功能越来越重要。计算机通信是一种以数据通信形式出现，在计算机与计算机之间或计算机与终端设备之间进行信息传递的方式，目的是实现信息交换与共享。

在通信领域内，按数据通信过程中每次传送的数据位数，通信方式可分为：并行通信和串行通信。

并行通信是将组成数据的多位同时传送，即 8 位数据同时通过并行线进行传送，这种方式的优点是传输速度快，但是使用的传输线多，所以适宜近距离通信。

串行通信不同于并行通信之处在于它的数据和控制信息是一位接一位串行地传送下去。这样，虽然速度会慢一些，但传送距离比并行通信更长，因此长距离的通信应使用串行口。本书重点介绍 51 单片机的串行口应用原理。

一、串行通信基本概念

1. 串行通信

串行通信：使用一条数据线，将数据一位一位地依次传输，每一位数据占据一个固定的时间长度。只需要少数几条线就可以在系统间交换信息，特别适用于计算机与计算机、计算机与外设之间的远距离通信。这种方式的优点是节省传输线，尤其是数据位数很多、远距离传送数据时更为突出，缺点是传输速度慢。

衡量串行通信的速率单位是波特率，它表示每秒钟传送二进制代码的位数，单位是 bit/s 或 bps。

2. 同步通信和异步通信

串行通信可以分为同步通信和异步通信两类。

1）同步通信：一种连续的串行传送数据的通信方式，一次通信只传送一帧信息。信息帧由同步字符、数据字符和校验字符 3 部分组成。同步通信通过软件识别同步字符来实现数据的发送和接收，要求发送时钟和接收时钟保持严格的同步。

2）异步通信：一帧数据均低位在前，高位在后。发送端和接收端由各自独立的时钟来控制数据的发送和接收，互不同步。其基本特征是每个字符必须用起始位和停止位作为字符开始和结束的标志，它是以字符或字节为单位一个个地发送和接收的。

接收端检测到传输线上发送过来的低电平逻辑"0"（即字符帧起始位）时，确定发送端已开始发送数据，每当接收端收到字符帧中的停止位时，表示一帧字符已经发送完毕。

在异步通信中有两个比较重要的指标：字符帧格式和波特率。

如：串行传输一帧信息，1 个起始位、8 个数据位、1 个停止位，每秒传输 240 个字符。其波特率为 (1+8+1)×240 = 2 400 bit/s = 2 400 bps。

串行异步通信数据格式如图 5-14 所示。

起始位	8个数据位							停止位
0	0/1	0/1	0/1	0/1	0/1	0/1	0/1	1

图 5-14　串行异步通信数据格式

3. 数据传输方式

通信线路上按数据传输方向不同可分为单工、半双工和全双工三种传输方式。

1）单工：数据信息只能单方向传送而不能反转。

2）半双工：数据信息可以在两个方向上传输，但某一时刻只能是一方发送，另一方接收，两个方向上的数据传输不能同时进行。

3）全双工：可进行双向通信，两方的发送和接收可以同时进行。

4. 串行通信的接口

根据串行通信格式及约定（如数据帧格式、同步方式）的不同，形成了很多串行通信接口标准，常见的有：UART（通用串行异步通信接口）、USB（通用串行总线接口）、I2C 总线、SPI 总线（同步通信）、RS232、RS485、CAN 总线接口等，其中 RS232 和 RS485 是串行异步通信中最常用的两种接口标准，采用标准接口后，能很方便地将各种计算机、外设、单片机等有机结合进行串行通信。

（1）RS232

RS232 是一种串行接口总线标准，232 是该标准的标识号，它规定了 21 个信号和 25 个引脚，包括一个主通道和一个辅助通道，在多数情况下主要使用主通道。对于一般双工通信，只需要 3 根信号线即可实现，即一根接收线、一根发送线、一根地线。RS232 属于单端信号传输，存在共地噪声和不能抑制共模干扰等问题，所以适用于通信距离不大于 15 m、传输速率最大为 20kbit/s 的场合。

RS232 是由美国电子工业协会（Electronic Industries Association，EIA）在 1962 年公布的一种异步串行通信总线标准，该标准规定，信息的开始为起始位，信息的结束为停止位，信息本身可以是 5、6、7、8 位再加一位奇偶校验位，若第 n 与第 $n+1$ 个信息之间处于持续的逻辑"1"状态，则表示当前线路上没有信息传输。

RS232 信息格式如图 5-15 所示。

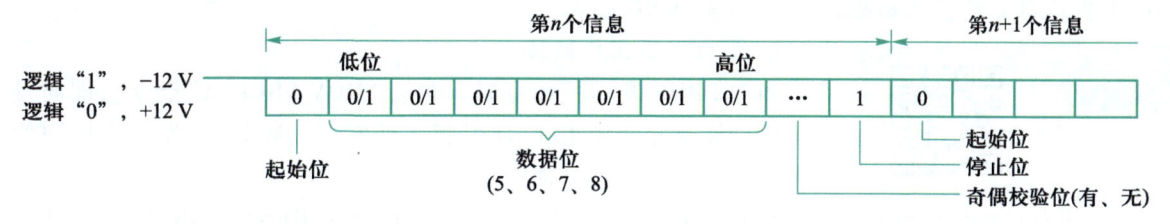

逻辑"1"，-12 V
逻辑"0"，+12 V

图 5-15 RS232 信息格式

RS232 的逻辑电平对地是对称的，逻辑"1"是-12V，逻辑"0"是+12V，而单片机遵循 TTL 标准，逻辑"1"是+5V，逻辑"0"是-5V，二者不兼容，必须进行电平转换，否则将烧坏 TTL 电路。MAX232 芯片可实现二者间的双向转换，MAX232 的供电电压为单独的+5V。

（2）RS485

RS232 虽然使用广泛，但是由于出现时间早，在现代网络通信中已暴露出明显不足，体现在：接口信号电平值较高，易损坏接口电路芯片；需要电平转换；传输效率低；抗干扰性差；传输距离有限等。因此，出现了改良产品，如 RS449、RS423、RS422、RS485 等，其中以 RS485 接口应用最为广泛。

一般情况下，PC 上大都没有 RS485 接口，但设有 RS232 接口，此时需要 RS232/RS485 转换接口。使用 RS485 接口进行串行通信时，一台 PC 可以接一台或多台单片机。

二、51 单片机串行口的结构

1. 51 单片机串行口的结构

51 单片机内部有一个可编程的双向全双工串行通信接口（简称串行口），其结构如图 5-16 所示。

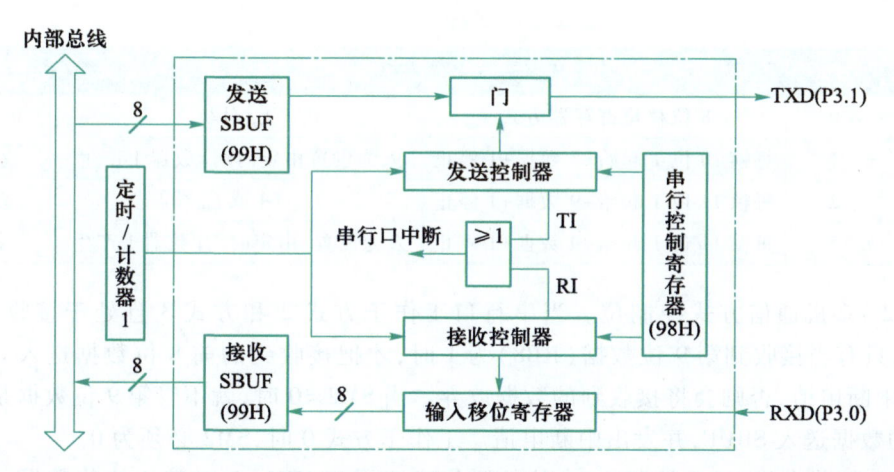

图 5-16 串行口的结构

51 单片机内部集成了一个全双工串行口（UART），不仅可以同时收发数据，还可用作同步移位寄存器，有四种工作方式，帧格式有 8 位、10 位和 11 位，并能设置波特率，串行口通过引脚 RXD（P3.0，串行口数据接收端）和 TXD（P3.1，串行口数据发送端）与外设进行串行通信。

串行口有两个缓冲器，分别是发送 SBUF 和接收 SBUF，以便单片机以全双工方式进行通信。

串行发送时,从内部总线向发送 SBUF 写入数据,数据由引脚 TXD 发出;串行接收时,通过接收 SBUF 向内部总线读入数据,数据由引脚 RXD 读入。

2. 串行口的工作原理

当向 SBUF 发"写"命令时,(执行"MOV SBUF,A"指令),即向发送 SBUF 装载并开始由 TXD 引脚向外发送一帧数据,发送完毕则使发送中断标志 TI=1,从而产生中断请求。

在串行口接收中断标志 RI(SCON.0)=0 的条件下,置允许接收位 REN(SCON.4)为 1 就会启动接收,一帧数据进入输入移位寄存器,并装载到接收 SBUF 中,同时使 RI=1,产生中断请求。当执行读 SBUF 的命令时(执行"MOV A,SBUF"指令),即是由接收 SBUF 取出信息通过内部总线送 A 寄存器。

三、串行口控制寄存器

串行通信由两个特殊功能寄存器控制数据的收发,它们是串行口控制寄存器(SCON)和电源控制寄存器(PCON)。

1. 串行口控制寄存器(SCON,地址为 98H,如表 5-11 所示)

表 5-11 SCON

位地址	9FH	9EH	9DH	9CH	9BH	9AH	99H	98H
位名称	SM0	SM1	SM2	REN	TB8	RB8	TI	RI

1)SM0、SM1:工作方式选择位。51 单片机串行口有 4 种工作方式,分别是方式 0、方式 1、方式 2 和方式 3,可通过设置 SCON 中的 SM0、SM1 进行选择,如表 5-12 所示。

表 5-12 串行口的工作方式

SM0	SM1	方式	功能说明	波特率	主要用途
0	0	0	8 位移位寄存器方式	$f_{osc}/12$	扩展 I/O 口
0	1	1	每帧 10 位 1 起始+8 数据+1 停止	人为设置由定时/计数器 1 产生	双机通信
1	0	2	每帧 11 位 1 起始+9 数据+1 停止	$f_{osc}/64$ 或 $f_{osc}/32$	多机通信
1	1	3	每帧 11 位 1 起始+9 数据+1 停止	人为设置,由定时/计数器 1 产生	多机通信

2)SM2:多机通信方式控制位。当串行口工作于方式 2 和方式 3 且处于接收状态,以及 SM2=1 时,只有当接收到第 9 位数据(RB8)为 1 时,才把接收到的前 8 位数据送入 SBUF,且置位 RI 发出中断申请,否则会将接收到的数据放弃。当 SM2=0 时,就不管第 9 位数据是 0 还是 1,都将收到的数据送入 SBUF,并发出中断申请。工作于方式 0 时,SM2 必须为 0。

3)REN:接收允许/禁止控制位,由软件置位或清零。REN=0 时禁止接收数据;REN=1 时允许接收数据。

4)TB8:在方式 2 和方式 3 中,TB8 的内容是要发送的第 9 位数据,其值由用户通过软件置位或复位。在双机通信时,TB8 一般作为奇偶校验位使用;在多机通信时,常以 TB8 的状态表示主机发送的是地址帧还是数据帧,一般约定发送地址帧时 TB8 为 1,数据帧时 TB8 为 0。在方式 0 和方式 1 中,该位不使用。

5) RB8：是方式 2 和方式 3 中接收到的第 9 位数据。在方式 1 中，若 SM2＝0，RB8 是接收到的停止位。在方式 0 中，不使用 RB8 位。

6) TI：发送中断标志位。在方式 0 中，发送完第 8 位数据后，该位由硬件置位；在其他方式中，在发送停止位之前由硬件置位。因此 TI＝1，表示帧发送结束，其状态可供软件查询使用，也可请求中断。TI 必须由软件清零。

7) RI：接收中断标志位。在方式 0 中，接收完第 8 位数据后，该位由硬件置位；在其他方式中，当接收到停止位时，该位由硬件置位。因此 RI＝1，表示帧接收结束，其状态可供软件查询使用，也可请求中断。RI 必须由软件清零。

2. 电源控制寄存器（PCON，地址为 87H，如表 5-13 所示）

表 5-13 PCON

位号	D7	D6	D5	D4	D3	D2	D1	D0
位名称	SMOD	—	—	—	GF1	GF0	PD	IDL

1) PCON 不可位寻址，与串行口工作有关的只有最高位 SMOD，SMOD 称为串行口的波特率倍增位。当 SMOD＝1 时，波特率倍增；当 SMOD＝0，波特率不变；系统复位时，SMOD＝0。

2) GF1、GF0：通用标志位，由软件置位或复位；

3) PD：掉电方式控制位，若 PD＝1，则进入掉电方式；

4) IDL：待机方式控制位，若 IDL＝1，则进入待机方式。

3. 波特率的计算

1) 方式 0：

$$波特率 = f_{osc}/12$$

2) 方式 2：

$$波特率 = (2^{SMOD}/64) \times f_{osc} = f_{osc}/32 \quad 或 \quad 波特率 = f_{osc}/64$$

式中，SMOD 是电源控制寄存器 PCON 中的第 7 位，上电为 0，可选为 1 或 0。

2) 方式 1 和方式 3 的波特率由人为设置。启动定时/计数器 1(T1)工作使其作为波特率发生器，需对其计数初值进行计算。通常设置使其工作在方式 2，最大计数值为 2^8。计算公式：

$$波特率 = (2^{SMOD}/32) \times T1 \text{ 溢出率}$$

式中，T1 溢出率是定时/计数器 1 每秒钟的溢出次数。

$$溢出率 = 1/(定时时间) = 1/t = f_{osc}/(12 \times (2^8 - X))$$

所以

$$波特率 = (2^{SMOD}/32) \times (1/t)$$

故

$$波特率 = (2^{SMOD}/32) \times f_{osc}/(12 \times (256 - X))$$

若已知波特率，则可求出 T1 的计数初值：

$$X = 256 - 2^{SMOD} \times f_{osc}/(波特率 \times 32 \times 12)$$

例 5-8 若 $f_{osc} = 6$ MHz，波特率为 2 400 bps，设 SMOD＝1，计算定时/计数器 1 的初值为多少？并进行初始化编程。

解：使用定时/计数器 1，工作于方式 2，由波特率计算公式，得

$$2\,400 = (2^1/32) \times f_{osc}/(12 \times (256 - X))$$

$$X = 256 - 2^1 \times f_{osc}/(2\,400 \times 32 \times 12) = 242.98 \approx 243$$

C 语言初始化编程：

```
TMOD=0x20;
PCON=0x80;      //SMOD 是电源控制寄存器的最高位
TH1=243;        //T1 工作于方式 2,初值同时赋给 TH 和 TL
TL1=243;
TR1=1;          //方式 2 不用开中断
```

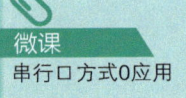

四、串行口各工作方式及应用

1. 方式 0

SM0=0、SM1=0，串行口工作于方式 0，即 8 位移位寄存器方式。以 8 位数据为一帧进行传输，不设置起始位和停止位，先发送或接收数据的最低位。波特率固定为 $f_{osc}/12$，串行数据从 RXD(P3.0)引脚输入或输出，同步移位脉冲由 TXD(P3.1)引脚送出。

（1）方式 0 的工作原理

1）发送：CPU 执行一条写 SBUF 的指令，就启动了发送过程。

指令执行期间将经内部总线送来的 8 位并行数据写入发送数据缓冲器（SBUF），同时启动发送控制器。在内部移位脉冲作用下，每个机器周期从 RXD 上发送一位数据，同时在 TXD 上输出一个同步移位脉冲。8 位数据（一帧）发送完毕后，停止发送数据，且发送控制器硬件置位发送中断标志位，即 TI=1，向 CPU 申请中断。

注：如要再次发送数据，必须用软件将 TI 清零，并再次执行写 SBUF 的指令。

2）接收：在 RI=0 的条件下，将 REN(SCON.4)置 1 就启动一次接收过程。

经过一个机器周期，TXD 端输出同步移位脉冲。该脉冲控制逐位输入数据，RXD 端上的串行输入数据逐位移入移位寄存器，波特率为 $f_{osc}/12$。

当 8 位数据（一帧）全部移入移位寄存器后，停止输出移位脉冲，将 8 位数据并行送入接收数据缓冲器（SBUF）保存。与此同时，接收控制器硬件置位接收中断标志，即 RI=1，向 CPU 申请中断。

CPU 响应中断后，用软件将 RI 清零，使移位寄存器接收下一帧信号，然后通过读接收缓冲器的指令，读取 SBUF 中数据。在执行这一指令时，数据经内部总线进入 CPU。

（2）方式 0 的应用

在方式 0 中，串行口作为同步移位寄存器使用，这时以 RXD(P3.0)端作为数据移位的入口和出口，而由 TXD(P3.1)端提供移位时钟脉冲。

移位数据的发送和接收以 8 位为一组，低位在前高位在后。这种方式主要用于扩展 I/O 接口。

1）数据发送与接收：使用方式 0 实现数据的移位输入/输出时，实际上是把串行口变成为并行口使用。串行口作为并行输出口使用时，要有"串入并出"的移位寄存器（例如 CD4094 或 74LS164 等）配合，其电路如图 5-17 所示。

数据预先写入串行口数据缓冲寄存器，然后在移位时钟脉冲（TXD）的控制下从 RXD 端逐位移入 CD4094。当 8 位数据全部移出后，SCON 的发送中断标志 TI 被自动置 1。其后程序可以采用中断或查询的方法，通过设置 STB 状态的控制，把 CD4094 的内容并行输出。当 STB=1 时，移位寄存器中的数据并行输出。

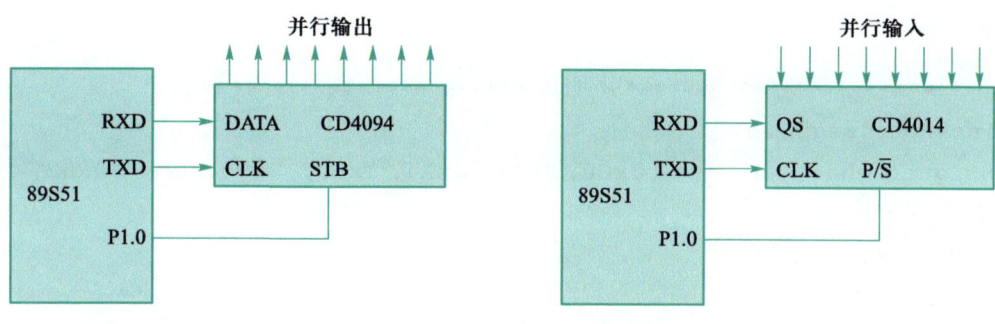

图 5-17　方式 0 并行输出口

图 5-18　方式 0 并行输入口

如果把能实现"并入串出"功能的移位寄存器（例如 CD4014 或 74LS165 等）与串行口配合使用，就可以把串行口变为并行输入口使用，如图 5-18 所示。此电路工作时，先由 89S51 的一根 I/O 线（P1.0）输出高电平，使 $P/\overline{S}=1$，这时 CD4014 的 8 位数据装入移位寄存器，然后使 $P/\overline{S}=0$，CD4014 处于移位状态，在 CLK 端移位脉冲作用下，移位寄存器的数据从 QS 输出，从 RXD 端串行输入单片机。

CD4014 移出的串行数据同样经 RXD 端串行输入，移位时钟脉冲由 TXD 端提供。8 位数据串行接收需要有允许接收的控制位，具体由 SCON 的 REN 位实现。REN = 0，禁止接收；REN = 1，允许接收。当软件置位 REN 时，即开始从 RXD 端输入数据（低位在前），当接收到 8 位数据时，置位接收中断标志 RI。

2）方式 0 应用举例。

例 5-9　使用串行口扩展并行口。

【**硬件连接**】　串行口 RXD 端连接 CD4094 的数据输入端，TXD 端连接时钟输入端，CD4094 驱动共阳数码管显示收到的字形代码，连线方式如图 5-19 所示。

【**实现功能**】　单片机将 0~9 的字形代码由串行口送出，经过串行到并行转换后在共阳数码管上得到显示。

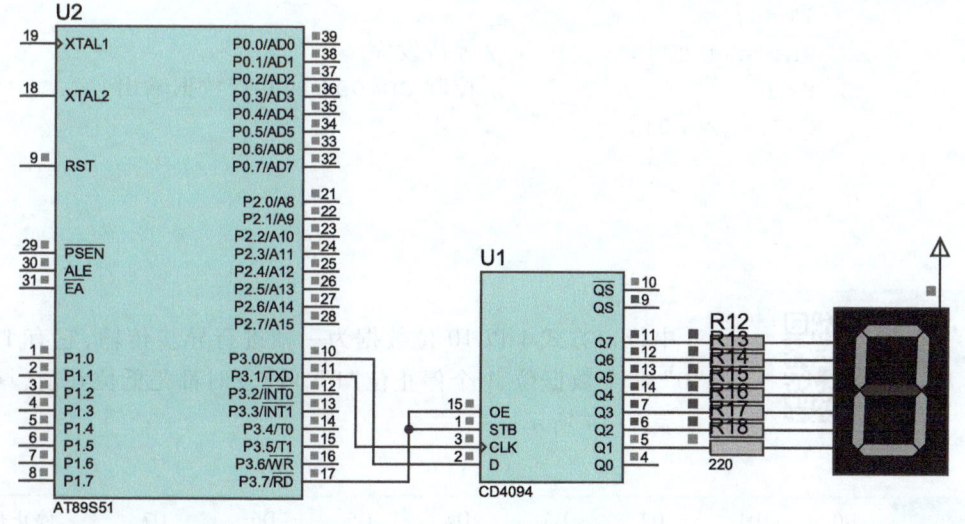

图 5-19　使用串行口扩展并行口

【C51 程序】

```c
/********************* 声明区 *********************/
#include <reg51.h>
unsigned char tab[] = {0xC0,0xF9,0xA4,0xB0, 0x99,0x92,0x82,0xF8, 0x80,0x90};
void delay(int i);
sbit K=P3^7;
/********************* 延时函数 *********************/
void delay(int i)
{
    unsigned char k;
    unsigned int j;
    for(j=0;j<i;j++)
        for(k=0;k<255;k++);
}
/********************* 主函数 *********************/
void main()
{
    unsigned char i;
    SCON=0x00;                    //串行口设置,方式 0
    while(1)
    {
    for(i=0;i<10;i++)
        {
            K=0;                  //控制 CD4094 的串行数据输入
            SBUF=tab[i];          //数据送入 SBUF,启动发送
            TI=0;
            while(!TI);           //等待发完
            K=1;                  //控制 CD4094 的并行数据输出
            delay(2000);
        }
    }
}
```

2. 方式 1

串行口方式 1 以 10 位数据为一帧进行异步传输,它有 1 个起始位"0"、8 个数据位、1 个停止位"1",收/发时都是低位在前,具体帧格式如表 5-14 所示。

表 5-14

起始位"0"	D0	D1	D2	D3	D4	D5	D6	D7	停止位"1"

(1) 发送

数据从 TXD 端输出,当 TI = 0,将数据写入发送 SBUF,启动发送;发送完一帧数据后,TXD 维持在"1"状态下(停止位),并自动将 TI 置 1,以备查询数据是否发送完毕或作为中断请求信号。

(2) 接收

数据从 RXD 端输入,若 REN = 1(允许接收),则串行口会采样 RXD 端状态,当发现出现从 1 到 0 的负跳变时,确认是起始位"0",就开始接收一帧数据,将接收到的数据送入接收 SBUF 中,直到停止位到来后把停止位送入 SCON 的 RB8 中,并置位 RI,通知 CPU 取走刚接收完的一个字符。送入停止位是有条件的,即 RI = 0 且停止位为 1 或 SM2 = 0,所以在方式 1 接收时,应先用软件清除 RI 或 SM2 标志。

(3) 波特率的设定

方式 1 的波特率可变,且以 T1 作为波特率发生器。一般令 T1 工作在方式 2,利用自动重装特性,避免通过程序反复加载计数初值引起的定时误差。波特率由 T1 的溢出率和 SMOD 共同决定,即

$$波特率 = \frac{2^{SMOD}}{32} \times T1 \text{ 溢出率}$$

$$溢出率 = \frac{1}{溢出周期} = \frac{1}{\frac{12}{f_{osc}} \times (256-X)}$$

综上

$$波特率 = \frac{2^{SMOD}}{32} \times \frac{f_{osc}}{12 \times (256-X)}$$

式中,X 为计数初值,f_{osc} 为晶振频率,T1 的溢出率取决于 T1 的计数速率和预置值,计数速率与 TMOD 中的 C/$\overline{T}$ 有关,C/$\overline{T}$ = 0,计数速率为 f_{osc}/12,C/$\overline{T}$ = 1,计数速率为外部输入时钟频率。

波特率计算实际是通过已知的波特率计算出 T1 的计数初值。

例 5-10 已知 f_{osc} = 6 MHz,SMOD = 0,设置波特率为 2 400 bps,求 T1 的计数初值 X。

由 $波特率 = \frac{2^{SMOD}}{32} \times \frac{f_{osc}}{12 \times (256-X)}$ 得到:

$$X \approx 250$$

若 f_{osc} = 11.059 2 MHz,则

$$X = 244$$

可精确算出,对其他常用的标准波特率也是能正确算出。

如果 SMOD = 1,则同样的 X 初值得出的波特率加倍。

(4) 方式 1 应用举例

双机通信时串行口应用设置步骤:

1) 确定 T1 的工作方式,写 TMOD。
2) 计算 T1 的初值,装载 TH1、TL1。
3) 启动 T1。
4) 确定串行口工作方式,根据接收或发送,设置 SCON。
5) 根据是否中断,确定开中断及优先级,设置 IE、IP。
6) 启动接收或发送。

例 5-11　两单片机进行通信。

【硬件连接】　连线方式如图 5-20 所示，一方作为发送方，另一方作为接收方，分别编程调试。

【实现功能】　A 单片机的 P1 口接有四个开关，其开合作为编码，决定了传送给 B 机的数字，A 机取其状态并在自己的数码管上显示，同时发送给 B 机，B 机接收到后也显示在其数码管上，若两机的数码管显示一致，说明数据传送正确。使发送机的 TXD 端连接收机的 RXD 端，并且连接两机的接地端，设置波特率为 2 400 bps。

分析：串行口应用时，首先计算波特率，完成波特率设置的初始化和串行口初始化，以及相关的寄存器设置。还需要正确设置串行口的工作方式（查询或中断），如串行口在中断方式工作时，要进行中断设置（编程设置 IE、IP），主要是设置 EA、ES。串行通信的编程步骤如下。

① 确定 T1 的工作方式（编程 TMOD 寄存器）。
② 计算 T1 的初值，装载 TH1、TL1，用来设置波特率相对应的溢出率。
③ 启动 T1（编程设置 TCON 中的 TR1 位）定时器。
④ 确定串行口控制（编程设置 SCON：主要是 SM0、SM1、REN 3 位）。

下面程序中对串行口工作的方式和各寄存器的具体设置进行介绍。

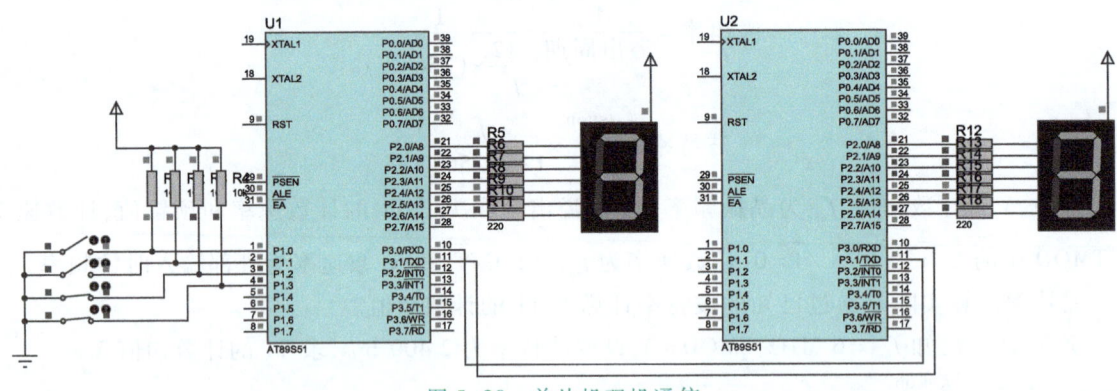

图 5-20　单片机双机通信

【A 机发送程序】

```
/********************* 声明区 ********************/
#include<reg51.h>
unsigned char a;
unsigned char b[16]={0xc0,0xf9,0xa4,0xb0,0x99,0x92,0x82,0xf8,0x80,0x90,0x88,0x83,0xc6,0xa1,0x86,0x8e};
/********************* 主函数 ********************/
void main(void)
{
    SCON=0x40;      //串行口工作方式1
    PCON=0x00;      //波特率不倍增
    TMOD=0x20;      //T1 工作于 8 位自动重载模式，用于产生波特率
```

```c
        TH1=244;
        TL1=244;                    // T1赋初值,11.0592 MHz晶振,波特率为2 400 bps
        TR1=1;                      // 启动T1
        EA=1;
        ES=1;                       // 开中断
        P1=0xff;
        a=P1&0x0f;                  // 屏蔽高4位,得到要发送的数值
        SBUF=a;                     // 启动发送
        P2=b[a];                    // 数据显示
    }
/ ************************ 中断处理 ************************ /
void zd() interrupt 4               // 当进入中断,RI=1,或TI=1
{
        TI=0;                       // TI软件清0
}
```

【B机接收程序】

```c
/ ************************ 声明区 ************************ /
#include <reg51.h>
unsigned char a;
    b[16]={0xc0,0xf9,0xa4,0xb0,0x99,0x92,0x82,0xf8,0x80,0x90,0x88,
0x83,0xc6,0xa1,0x86,0x8e};
/ ************************ 主函数 ************************ /
void main(void)
{
        SCON=0x50;                  // 串行口工作方式1,允许接收
        PCON=0x00;                  // 波特率不倍增
        TMOD=0x20;                  // T1工作于8位自动重载模式
        TH1=244;
        TL1=244;                    // T1赋初值,波特率为2400bps
        TR1=1;                      // 启动T1
        EA=1;
        ES=1;                       // 开中断
        while(1)
        {
            P2=b[a];                // 显示接收到的数
        }
}
```

```
/********************* 中断处理 *********************/
void zd() interrupt 4
{
    RI = 0;                    // RI 软件清 0
    a = SBUF;                  //取接收到的数据
}
```

微课 串行口方式2应用

3. 方式 2

方式 2 是 11 位为一帧的串行通信方式,即 1 个起始位、9 个数据位、1 个停止位。帧格式如表 5-15 所示。

表 5-15

起始位	D0	D1	D2	D3	D4	D5	D6	D7	D8	停止位

(1) 发送

发送前,先根据通信协议用软件设置好 TB8(一般规定 TB8 = 1 时发送的是地址,TB8 = 0 时发送的是数据),然后将要发送的数据(D0 ~ D7)送入 SBUF,D8 的内容由硬件电路从 TB8 中直接送到发送移位寄存器的第 9 位,并以此来启动一次串行发送。一次发送完毕,硬件将 TI 置 1,在发送下一帧数据之前,TI 必须由程序清 0。

(2) 接收

它的接收过程与方式 1 基本类似,不同的是第 9 位数据。当 REN = 1 时,允许串行口接收数据。数据由 RXD 端输入,接收 11 位的信息。当采样到 RXD 端上的负跳变,并判断起始位有效后,开始接收一帧信息。接收时,串行口把接收到的前 8 位数据送入 SBUF,第 9 位数据送入 RB8,然后根据 RB8 和 SM2 的状态决定串行口在数据到来后是否使 RI 置 1。

1) RI = 1,SM2 = 0 时,无论 RB8 = 0 或 1,都将接收到的数据送入 SBUF,接收完当前帧后,产生中断申请。

2) RI = 1,SM2 = 1 时,仅当 RB8 = 1 时,才将接收到的数据送入 SBUF,接收完当前帧后,产生中断申请;若 RB8 = 0,则将接收到的前 8 位数据丢弃,也不产生中断申请。

(3) 波特率

串行口工作于方式 2 时,波特率有两种选择:当 SMOD = 0 时,波特率 = $f_{osc}/64$;当 SMOD = 1 时,波特率 = $f_{osc}/32$。

(4) 串行口方式 2 的应用:方式 2 多用于多机通信

1) 什么是多机通信。单片机构成的多机通信系统中常采用总线型主从式结构。在多个单片机组成的系统中,只允许存在一个主机,其他的就是从机,从机要服从主机的控制,这就是总线型主从式结构。

当 51 单片机进行多机通信时,串行口要工作在方式 2 和方式 3。假设当前多机通信系统有 1 个主机和 3 个从机,如图 5-21 所示,从机地址分别是 00H、01H、02H。如果距离很近它们直接可以以 TTL 电平通信,一旦距离较远的时候,常采用 RS-485 串行标准总线进行数据传输。

2) 多机通信原理。为了区分是数据信息还是地址信息,主机用第 9 位数据 TB8 作为地址/数据的识别位,地址帧的 TB8 = 1,数据帧的 TB8 = 0。各从机的 SM2 必须置 1。

在主机与某一从机通信前,先将该从机的地址发送给各从机。由于各从机 SM2=1,接收到的地址帧 RB8=1,所以各从机的接收信息都有效,送入各自的接收缓冲器 SBUF,并置 RI=1。各从机 CPU 响应中断后,通过软件判断主机送来的是不是本从机地址,如是本从机地址,就使 SM2=0,否则保持 SM2=1。

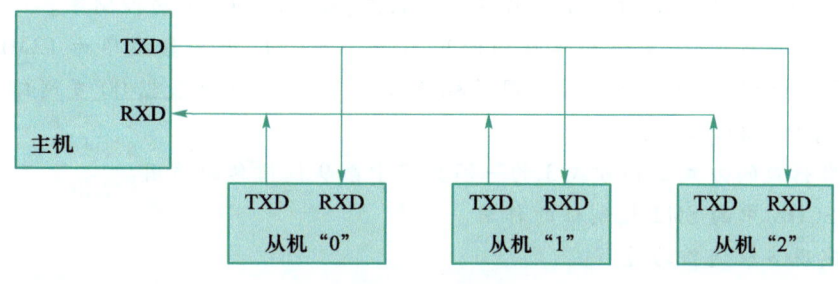

图 5-21 多机通信结构

接着主机发送数据帧,因数据帧的第 9 位数据 RB8=0,只有地址相符的从机的 SM2=0,才能将 8 位数据装入接收缓冲器 SBUF,其他从机因 SM2=1,数据将丢失,从而实现主机与从机的一对一通信。

由于多机通信的系统相对较为复杂,编程应用在此就不再介绍,可参见其他文献。

4. 方式 3

方式 3 是 11 位数据为一帧的串行通信方式,通信过程与方式 2 完全相同,不同的仅仅是波特率,方式 3 的波特率可根据用户需要编程设定,方法与方式 1 相同。

动手与动脑

1. 什么叫串行通信?什么是单工、半双工、全双工?
2. 串行口工作用到哪些寄存器?它们的具体作用是什么?
3. 串行口有几种工作方式?波特率如何设置?
4. 用串行口方式 0 连接 6 位数码管,编程显示电子钟时间。
5. 看懂例 5-1~5-3 的要求、电路原理、程序,依照例题进行仿真调试,并尝试改变例题中的参数,学会串行口的工作原理、寄存器设置和编程方法。
6. 理解多机通信原理。

思考与练习

1. 什么是串行通信?何为同步通信和异步通信?异步通信的基本特征是什么?
2. 什么是串行通信的波特率?
3. 写出几个串行通信的标准接口名称?各有何特点?
4. 举例说明串行通信的方向分类。
5. 看懂 51 单片机的结构图。说明串行口的通信工作中的数据接收和发送原理。
6. 说明与串行口工作相关的寄存器名称。写出 SCON 中各控制位的含义。
7. 说明 51 单片机的串行口的工作方式的设置、各工作方式的特点。
8. 说明串行口每种工作方式的波特率情况。写出方式 1 和 3 情况下波特率计算公式。

9. 单片机振荡频率为 12 MHz，串行口工作在方式 1 时，要求波特率为 1 200 bps，计算其 T1 的计数初值。说明分析过程。

10. 串行口工作在方式 0 时，其主要用途是什么？画图并编程说明。

11. 51 单片机串行口方式 1 的一帧数据格式是怎样的？画图说明。

12. 51 单片机使用串行口方式 1 工作在发送状态，确定其 SCON 的控制字。

13. 两单片机串行通信，发送和接收均使用工作在方式 1，振荡器频率为 12MHz，波特率为 1 200 bps，计算 T1 的计数初值并编程实现两机通信，使 A 机将一个数据 00 发送给 B 机，B 机完成接收。要求有分析和计算过程。

14. 说明串行口的方式 2 和方式 3 的一帧数据中第 9 位信息的作用。

15. 说明 SCON 中的 SM2 控制位的作用。

16. 写出实现多机通信的过程。

项目六　单片机应用课程设计1

项目目标

1. 学习单片机最小系统的应用；
2. 学习单片机接口电路设计方法；
3. 学习单片机应用系统的编程方法；
4. 练习单片机在线编程开发方法。

项目任务

1. 要求使用 Proteus 软件在计算机上按照单片机最小系统及简单应用电路原理图,编程实现如下功能：

1) 8 个 LED 灯以各种形式点亮。

2) 一个 8×8 点阵显示器与单片机连接,可静态和移动显示简单字符或图形。

3) 四个按键作为输入功能按钮,另加两个开关作为外部中断控制。

4) 编程实现电子时钟功能,在 6 个 LED 数码管上显示时、分、秒,可用按键调整时间,并用中断实现正计时和倒计时的秒表控制功能。

5) 一个串行通信口,可与另一台单片机通信。

2. 按给出的电路板和元器件焊接调试上述应用系统,将程序固化后插入电路板,使之能正常工作,显示时间,并可调整。

3. 进行市场调研,根据本设计的功能要求,与市场上同类产品比较。

【预备知识】

1. 单片机硬件结构组成知识；
2. 单片机指令和编程知识；
3. 单片机仿真和调试软件应用知识；
4. 下载编程软件应用知识。

【调试步骤】

首先保证单片机应用系统的硬件连接无误,电源正常供电并符合要求。

编程,在软件运行正常的情况下观察运行结果。如不能正常运行或未达到要求,分析原因并改进重新调试,直至正确。记录程序和结果。

【设计报告要求】

设计完成后,每小组提交电子稿设计报告,要求将设计的相关文档(能仿真的设计原理图、程序清单等)打包成文件夹,以本小组成员的学号和姓名命名。另外完成表 6-1 所示的表格。

表 6-1 任 务 表

简易单片机学习板设计					
小组成员						
硬件设计					
电路原理图						
元器件清单 (列表说明)						
重要元器件介绍						
软件设计					
程序功能	程序(要有必要的说明)				编程人
1.					
2.					
3.					
……					
设计说明 (过程、结果)						
市场调研					
调研方式	同类产品情况	产品功能情况	市场成品价格	元器件成本	本设计的制作成本
小组成员互评成绩					
姓名	优	良	中	及	不及格

【拓展学习部分】

使用相关软件将本项目电路转为电路板并焊接制作,用下载方式将程序固化到单片机上,加电调试。

第二部分
单片机接口技术与应用

项目七　单片机接口电路应用实例

项目背景

单片机最小系统包含了使其正常工作的基本组成,但是要进行高质量的显示、测温、扩展存储空间等还需要进行接口的扩展,常用的扩展芯片有以下几种:

1) 用于显示数字、图形、专用符号的高质量字符型液晶显示器1602。
2) 高精度、多功能、总线标准化、高可靠性与安全性的智能温度传感器DS18B20。
3) 能长期保存数据、单片机可直接读写、带I2C总线接口的存储器AT24C××系列。
4) 具有掉电不间断功能、接口简单、使用方便、可记录数据的时钟芯片DS1302。
5) 具有I^2C总线接口的8位A/D转换器PCF8591。

项目目标

1. 掌握1602字符型液晶显示器的原理和应用;
2. 掌握AT24C××系列存储器的原理和应用;
3. 掌握温度传感器DS18B20的原理和应用;
4. 掌握时钟芯片DS1302的原理和应用;
5. 掌握串行A/D转换器PCF8591的原理和应用及接口设计。

项目任务

1. 学习1602字符型液晶显示器的原理、接口与编程实例;
2. 学习AT24C××系列存储器的原理、接口与编程实例;
3. 学习温度传感器DS18B20的原理、接口与编程实例;
4. 学习时钟芯片DS1302的原理、接口与编程实例;
5. 学习A/D转换器PCF8591的原理和接口设计。

任务一　1602字符型液晶显示器的应用设计

【任务背景】

液晶显示器(LCD)显示的主要是数字、专用符号和图形。在单片机系统中应用液晶显示器作为输出器件有以下几个优点:

1) 显示质量高且不会闪烁。
2) 数字式接口和单片机系统的接口更加简单可靠,操作更加方便。
3) 体积小、重量轻,耗电量比其他显示器小。

本节重点介绍1602字符型液晶显示器的原理及应用。

【能力目标】

1. 掌握1602字符型液晶显示器的功能与引脚作用；
2. 掌握1602字符型液晶显示器的指令作用；
3. 看懂1602字符型液晶显示器的工作时序；
4. 理解1602字符型液晶显示器的操作过程。

【知识点】

1. 液晶显示器的功能与引脚介绍；
2. 1602字符型液晶显示器的指令作用介绍；
3. 1602字符型液晶显示器的工作时序；
4. 1602字符型液晶显示器的操作过程。

本节重点介绍1602字符型液晶显示器的原理及应用。

一、1602字符型液晶显示器

字符型液晶显示模块是一种专门用于显示字母、数字、符号等的点阵式LCD，目前常用16×1、16×2、20×2和40×2等模块。

一般1602字符型液晶显示器实物如图7-1所示。

图7-1　1602字符型液晶显示器实物图

1. 1602字符型液晶显示器的基本参数及引脚功能

1602字符型液晶显示器分为带背光和不带背光两种，其控制器大部分为HD44780，带背光的比不带背光的厚，是否带背光在应用中并无差别，两者尺寸差别如图7-2所示。

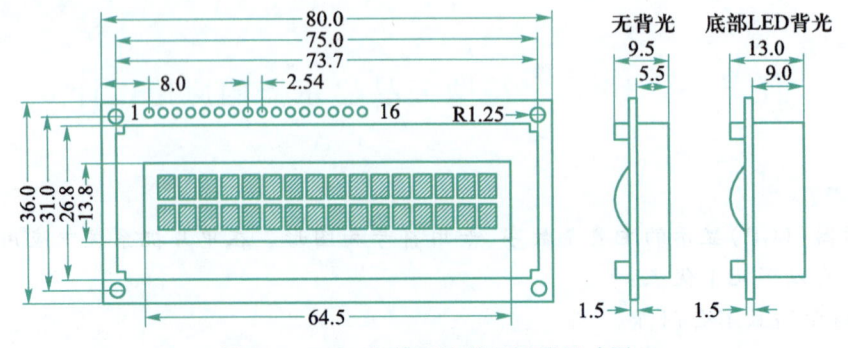

图7-2　1602字符型液晶显示器尺寸图

(1) 1602 LCD 主要技术参数

1) 显示容量:16×2 个字符。

2) 芯片工作电压:4.5~5.5V。

3) 工作电流:2.0mA(5.0V)。

4) 模块最佳工作电压:5.0V。

5) 字符尺寸:2.95×4.35($W \times H$)mm。

(2) 引脚功能

1602 液晶显示器采用标准的 14 脚(无背光)或 16 脚(带背光)接口,各引脚接口功能如表 7-1 所示。

表 7-1 1602 液晶显示器引脚接口说明表

编号	符号	引脚说明	编号	符号	引脚说明
1	VSS	电源地	9	D2	数据
2	VDD	电源正极	10	D3	数据
3	VL	液晶显示偏压	11	D4	数据
4	RS	数据/指令选择	12	D5	数据
5	R/W	读/写选择	13	D6	数据
6	E	使能信号	14	D7	数据
7	D0	数据	15	BLA	背光源正极
8	D1	数据	16	BLK	背光源负极

1 脚:VSS 为地电源。

2 脚:VDD 接 5V 正电源。

3 脚:VL 为液晶显示器对比度调整端,接正电源时对比度最弱,接地时对比度最高,对比度过高时会产生"鬼影",使用时可以通过一个 10 kΩ 的电位器调整对比度。

4 脚:RS 为寄存器选择位,高电平时选择数据寄存器,低电平时选择指令寄存器。

5 脚:R/W 为读/写信号线,高电平时进行读操作,低电平时进行写操作。当 RS 和 R/W 共同为低电平时可以写入指令或者显示地址,当 RS 为低电平、R/W 为高电平时可以读忙信号,当 RS 为高电平、R/W 为低电平时可以写入数据。

6 脚:E 端为使能端,当 E 端由高电平跳变成低电平时,液晶显示器执行命令。

7~14 脚:D0~D7 为 8 位双向数据线。

15 脚:背光源正极。

16 脚:背光源负极。

2. 1602 液晶显示器的指令说明及时序

1602 液晶显示器内部的控制器共有 11 条控制指令,其读写操作、屏幕和光标的操作都是通过指令编程来实现的。

1) 1602 液晶显示器的控制指令及其作用如表 7-2 所示。

表 7-2 1602 液晶显示器的控制指令及其作用

序号	指令	RS	R/W	D7	D6	D5	D4	D3	D2	D1	D0	功能
1	复位显示器	0	0	0	0	0	0	0	0	0	1	清屏,光标归位
2	光标返回	0	0	0	0	0	0	0	0	1	*	设置地址计数器清零,DDRAM 数据不变,光标移到左上角

续表

序号	指令	RS	R/W	D7	D6	D5	D4	D3	D2	D1	D0	功能
3	字符进入模式	0	0	0	0	0	0	0	1	I/D	S	设置字符进入时的屏幕移位方式
4	显示开/关控制	0	0	0	0	0	0	1	D	C	B	设置显示开关,光标开关,闪烁开关
5	光标或字符移位	0	0	0	0	0	1	S/C	R/L	*	*	设置字符与光标移动
6	功能设置	0	0	0	0	1	DL	N	F	*	*	设置DL,显示行数,字体
7	设置字符发生存储器地址	0	0	0	1	字符发生存储器地址					设置6位的CGRAM地址以读/写数据
8	设置数据存储器地址	0	0	1	显示数据存储器地址						设置7位的DDRAM地址以读/写数据
9	读忙标志或地址	0	1	BF	计数器地址							读忙标志及地址计数器
10	写数据到CGRAM或DDRAM)	1	0	写入一字节数据,需要先设置RAM地址								向CGRAM/DDRAM写入一字节的数据
11	从CGRAM或DDRAM读数据	1	1	读取入一字节数据,需要先设置RAM地址								从CGRAM/DDRAM读取一字节的数据

I/D=1 递增,I/D=0 递减。
S=0 时显示屏不移动,S=1 时,如果 I/D=1 且有字符写入时显示屏左移,否则右移。
D=1 显示屏开,D=0 显示屏关。
C=1 时光标出现在地址计数器所指的位置,C=0 时光标不出现。
B=1 时光标出现闪烁,B=0 时光标不闪烁。
S/C=0 时,RL=0 则光标左移,否则右移。
S/C=1 时,RL=0 则字符和光标左移,否则右移。
DL=1 时数据长度为 8 位,DL=0 时为使用 D7~D4 共 4 位,分两次送一字节。
N=0 为单行显示,N=1 时为双行显示。
F=1 时为 5×10 点阵字体,F=0 时为 5×7 点阵字体。
BF=1 时 LCD 忙,BF=0 时 LCD 就绪。

指令1:清显示,指令码01H,光标复位到地址00H位置。
指令2:光标复位,光标返回到地址00H。
指令3:光标和显示模式设置。
① I/D:光标移动方向,高电平右移,低电平左移
② S:屏幕上所有文字是否左移或者右移。高电平表示有效,低电平则无效。
指令4:显示开关控制。
① D:控制整体显示的开与关,高电平表示开显示,低电平表示关显示。
② C:控制光标的开与关,高电平表示有光标,低电平表示无光标。
③ B:控制光标是否闪烁,高电平闪烁,低电平不闪烁。
指令5:光标或显示移位

S/C：高电平时移动显示的文字，低电平时移动光标。
指令6：功能设置命令
① DL：高电平时为4位总线，低电平时为8位总线
② N：低电平时为单行显示，高电平时双行显示
③ F：低电平时显示5×7的点阵字符，高电平时显示5×10的点阵字符。
指令7：字符发生器RAM地址设置。
指令8：DDRAM地址设置。
指令9：读忙信号和光标地址。
BF：为忙标志位，高电平表示忙，此时模块不能接收命令或者数据，如果为低电平表示不忙。
指令10：写数据。
指令11：读数据。

2）与HD44780相兼容的芯片时序如表7-3所示。

表7-3 1602与HD44780相兼容的芯片时序表

读状态	输入	RS=L,R/W=H,E=H	输出	D0～D7=状态字
写指令	输入	RS=L,R/W=L,D0—D7=指令码,E=高脉冲	输出	无
读数据	输入	RS=H,R/W=H,E=H	输出	D0～D7=数据
写数据	输入	RS=H,R/W=L,D0—D7=数据,E=高脉冲	输出	无

1602 LCD读写操作时序如图7-3和图7-4所示。

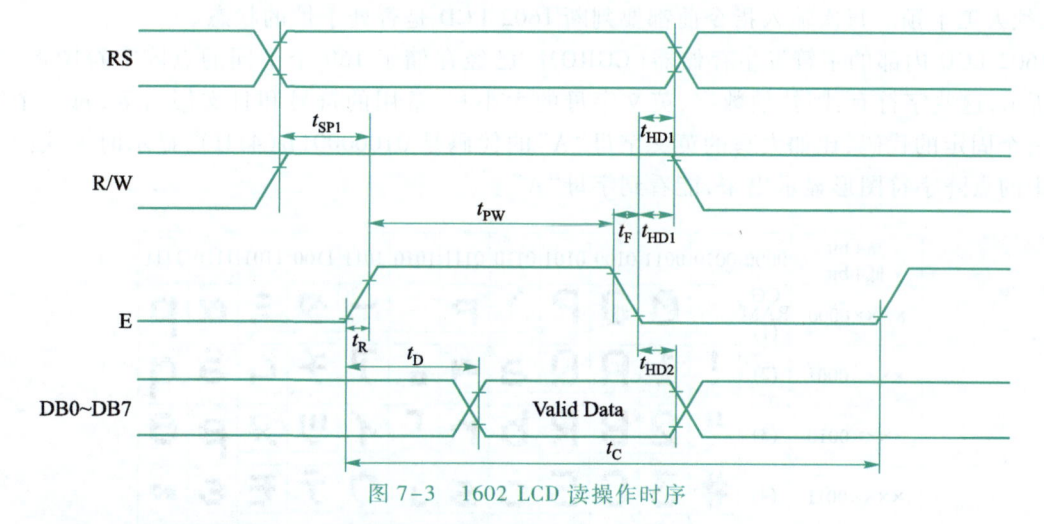

图7-3 1602 LCD读操作时序

3. 1602 LCD的RAM地址映射及标准字库表

1602 LCD是一个低速器件，所以在执行每条指令之前一定要确认1602 LCD的忙标志为低电平，表示不忙，否则此指令失效。要显示字符时要先输入显示字符地址，也就是告诉1602 LCD在哪里显示字符，图7-5是1602 LCD的显示地址。

例如第二行第一个字符的地址是40H，那么是否直接写入40H就可以将光标定位在第二行第一个字符的位置呢？这样不行，因为写入显示地址时要求最高位D7恒定为高电平1所以实际写入的数据应该是01000000B（40H）+10000000B（80H）=11000000B（C0H）。

图 7-4　1602 LCD 写操作时序

图 7-5　1602 LCD 内部显示地址

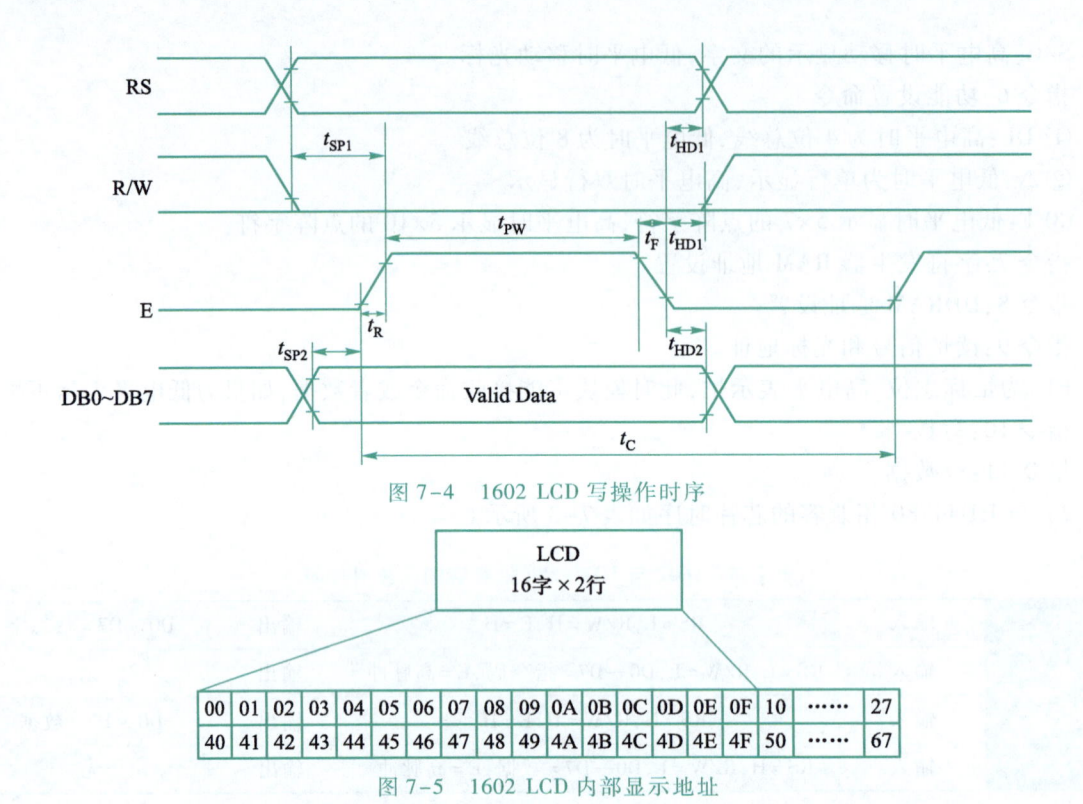

在对 1602 LCD 的初始化中要先设置其显示模式,在 1602 LCD 显示字符时光标是自动右移的,无须人工干预。每次输入指令前都要判断 1602 LCD 是否处于忙的状态。

1602 LCD 内部的字符发生存储器(CGROM)已经存储了 160 个不同的点阵字符图形,如图 7-6 所示,这些字符有:阿拉伯数字、英文字母的大小写、常用的符号和日文假名等,每一个字符都有一个固定的代码,比如大写的英文字母"A"的代码是 01000001B(41H),显示时模块把地址 41H 中的点阵字符图形显示出来,能看到字母"A"。

高4 bit / 低4 bit	0000	0010	0011	0100	0101	0110	0111	1010	1011	1100	1101	1110	1111
××××1000 (1)		(	8	H	X	h	x	イ	ク	ネ	リ	∫	又
××××1001 (2)		)	9	I	Y	i	y	ゥ	ケ	ノ	ル	⁻¹	y
××××1010 (3)		*	:	J	Z	j	z	エ	コ	ハ	レ	j	千
××××1011 (4)		+	;	K	[	k	{	ォ	サ	ヒ	ロ	×	万
××××1100 (5)		,	<	L	￥	l	|	ャ	シ	フ	ワ	¢	円
××××1101 (6)		-	=	M	]	m	}	ュ	ス	ヘ	ン	モ	÷
××××1110 (7)		.	>	N	^	n	→	ョ	セ	ホ	゛	ñ	
××××1111 (8)		/	?	O	_	o	←	ッ	ソ	マ	°	ö	■

图 7-6　字符代码与图形对应图

二、1602 字符型液晶显示器的应用设计实例

例 7-1　51 单片机与 1602 液晶显示器连接编程,其连接电路如图 7-7 所示。

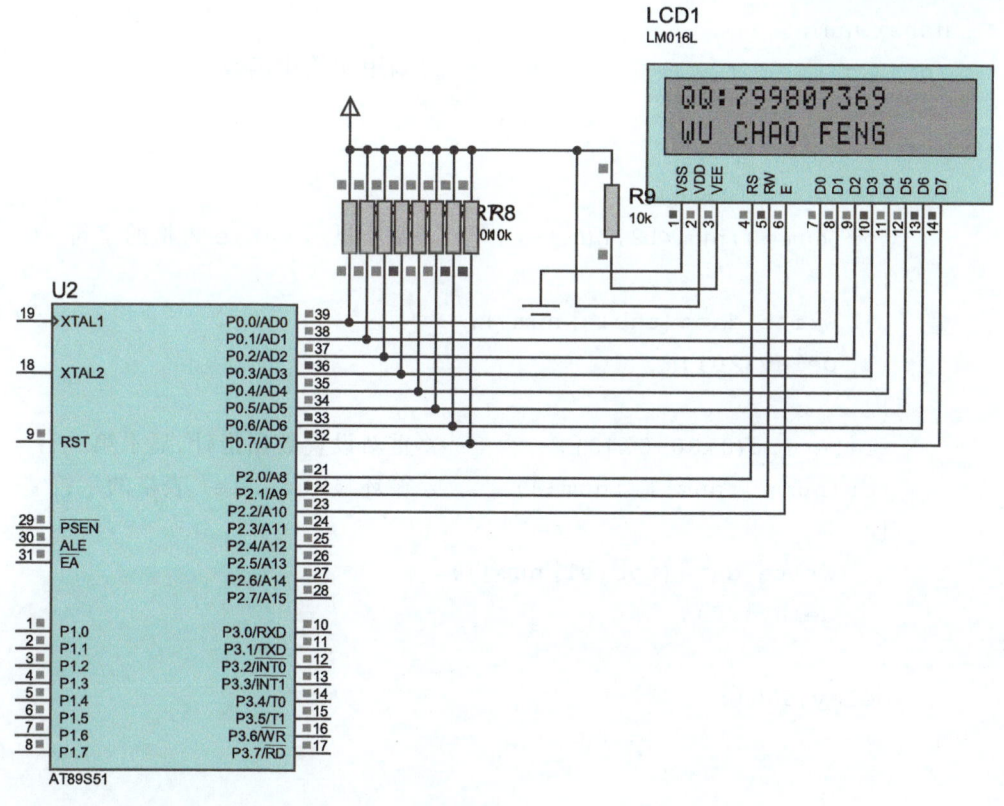

微课
例7-1

图 7-7　51 单片机与 1602 液晶显示器连接电路

【硬件连接】 P0 口与 1602 液晶显示器数据口连接，lcde = P2^2; rs = P2^0; rw = P2^1
【实现功能】 1602 液晶显示器显示。
【C51 程序】

```c
/*********************** 声明区 ***********************/
#include<reg52.h>                          //包含单片机寄存器的头文件
#define uchar unsigned char
#define uint unsigned int
void delay(uint z);                        //延时
void write_com(uchar com);                 //写命令
void write_data(uchar date);               //写数据
void init(void);                           //1602 初始化
sbit lcde=P2^2;                            //1602 控制引脚定义
sbit rs=P2^0;
sbit rw=P2^1;
uchar code table[]="QQ:799807369";         //第一行显示内容
uchar code table1[]="WU CHAO FENG";        //第二行显示内容
/*********************** 主函数 ***********************/
void main()
{
    uchar num;
    init();                                //调用初始化函数
    while(1)
    {
        write_com(0x80);
        for(num=0;num<12;num++)            //循环显示 table 表格的字符
        {
            write_data(table[num]);
            delay(20);
        }
        write_com(0x80+0x40);              //重新设置数据指针,显示第二行
        for(num=0;num<12;num++)            //循环显示 table1 表格的字符
        {
            write_data(table1[num]);
            delay(20);
        }
        delay(500);
    }
}
```

```c
/********************** 延时函数 ********************** /
void delay(uint z)              //延时函数
{
    uint a,b;
    for(a=z;a>0;a--)
    for(b=110;b>0;b--);
}
/********************** 写指令函数 ********************** /
void write_com(uchar com)       //写指令函数
{
    rs=0;
    P0=com;
    delay(5);
    lcde=1;
    delay(5);
    lcde=0;
}
/********************** 写数据函数 ********************** /
void write_data(uchar date)     //写数据函数
{
    rs=1;
    P0=date;
    delay(5);
    lcde=1;
    delay(5);
    lcde=0;
}
/********************** 初始化函数 ********************** /
void init(void)                 //初始化函数。向写指令、数据函数送初值
{
    rw=0;
    write_com(0x38);            //指令初始化 显示模式设置
    write_com(0x0c);            //显示开关设置
    write_com(0x06);            //光标设置
    write_com(0x80+0x10);       //数据指针位置设置(初始值为 0x80)
}
```

例 7-2 在 1602 LCD 第一行显示"HEBEI GONG YUAN",在第二行显示"HCSYYHC@163.COM"。

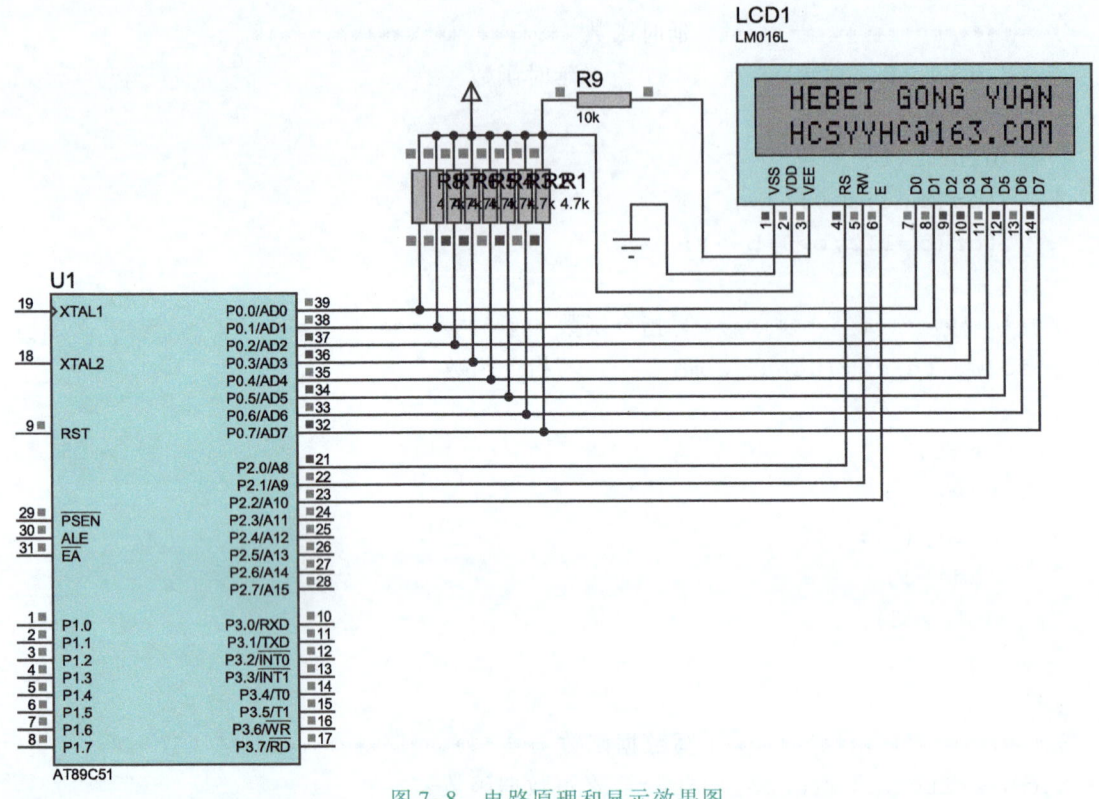

图 7-8　电路原理和显示效果图

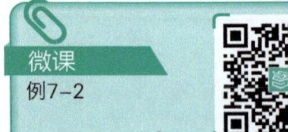

【硬件连接】　P0 口与液晶显示器数据口连接，lcde = P2^2；rs = P2^0；rw = P2^1。

【实现功能】　1602 液晶显示器显示。

【C51 程序】

```
/********************** 声明区 ***************************/
#include <reg51.h>
#include <intrins.h>              //C51 中的 intrins.h 库函数
sbit rs = P2^0;                   //RS 为寄存器选择
sbit rw = P2^1;                   //RW 为读写信号线
sbit ep = P2^2;                   //E 端为使能端
unsigned char code dis1[] = {"HEBEI GONG YUAN"};
unsigned char code dis2[] = {"HCSYYHC@ 163.COM"};
/********************** 延时函数 ***************************/
void delay(unsigned char ms)
{
    unsigned char i;
    while(ms--)
    {
```

```c
        for(i=0; i<250; i++)
        {
            _nop_();
            _nop_();
            _nop_();
            _nop_();
        }
    }
}
/********************* 测试忙状态 *************************/
bit lcd_bz()
{
    bit result;
    rs=0;
    rw=1;
    ep=1;
    _nop_();
    _nop_();
    _nop_();
    _nop_();
    result=(bit)(P0 & 0x80);        //P0口与80H进行与运算
    ep=0;
    return result;                  // result为1返回
}
/********************* 写命令 *********************/
void lcd_wcmd(unsigned char cmd)
{
    while(lcd_bz());                //判断LCD是否忙碌
    rs=0;
    rw=0;
    ep=0;
    _nop_();
    _nop_();
    P0=cmd;
    _nop_();
    _nop_();
    _nop_();
    _nop_();
```

```c
        ep=1;
        _nop_();
        _nop_();
        _nop_();
        _nop_();
        ep=0;
}
/*********************** 设置显示位置 ***************************/
void lcd_pos(unsigned char pos)
{
        lcd_wcmd(pos |0x80);              //使用或逻辑运算,使地址的第7位为1
}
/*************************** 字符显示 ***************************/
void lcd_wdat(unsigned char dat)
{
        while(lcd_bz());                  //判断LCD是否忙碌
        rs=1;
        rw=0;
        ep=0;
        P0=dat;
        _nop_();
        _nop_();
        _nop_();
        _nop_();
        ep=1;
        _nop_();
        _nop_();
        _nop_();
        _nop_();
        ep=0;
}
/****************************** 初始化 **************************/
void lcd_init()
{
        lcd_wcmd(0x38);                   //5×7 点阵
        delay(1);
        lcd_wcmd(0x0c);                   //光标不出现、不闪烁,显示屏开
        delay(1);
```

```c
        lcd_wcmd(0x06);                    //光标不移动
        delay(1);
        lcd_wcmd(0x01);                    //清屏并光标复位
        delay(1);
}
/************************ 主函数 ************************/
void main(void)
{
    unsigned char i;
    lcd_init();                            //初始化LCD
    delay(10);
    while(1)
        {
        lcd_pos(0x01);                     //设置显示位置
        i=0;
        while(dis1[i] != '\0')             //第一行字符串输出
        {
            lcd_wdat(dis1[i]);             //显示字符
            i++;
        }
        lcd_pos(0x41);                     // 设置显示位置
        i=0;
        while(dis2[i] != '\0')             //第二行字符串输出
        {
            lcd_wdat(dis2[i]);             //显示字符
            i++;
        }
        }
}
```

思考与练习

要求使用Proteus软件在计算机上画出单片机与1602 LCD连接的应用电路原理图,编程实现如下电子时钟功能:

1) 第一行显示"DATA:××××-××-××。
2) 在第二行显示"TIME:××:××:××"。

首先保证单片机应用系统的硬件连接无误。编程,在软件运行正常的情况下观察运行结果。如不能正常运行或未达到要求,分析原因并改进重新调试,直至正确。记录程序和结果。

任务二　DS18B20 温度传感器应用设计

【任务背景】

在现代检测技术中,传感器占据着不可动摇的重要地位,传感器把非电量转换为电量,经过放大处理后,转换为数字量输入计算机,由计算机对信号分析处理。传感器技术与计算机技术的结合对自动化和信息化起着重要作用。新型温度传感器正从模拟式向数字式、从集成化向智能化和网络化的方向飞速发展。DS18B20 温度传感器正是朝着高精度、多功能、总线标准化、高可靠性及安全性、开发虚拟传感器和网络传感器、研制单片测温系统等高科技的方向迅速发展。因此,DS18B20 温度传感器作为温度测量装置,已广泛应用于人们的日常生活和工农业生产中。

DS18B20 温度传感器是单总线器件的代表产品,因此学习其应用知识对掌握单片机的应用是很重要的。

【能力目标】

1. 了解 DS18B20 温度传感器的功能与引脚作用;
2. 掌握 DS18B20 温度传感器的指令作用;
3. 看懂 DS18B20 温度传感器的工作时序;
4. 理解 DS18B20 温度传感器的操作过程。

【知识点】

1. DS18B20 温度传感器功能与引脚介绍;
2. DS18B20 温度传感器的指令介绍;
3. DS18B20 温度传感器的工作时序;
4. DS18B20 温度传感器的编程应用。

一、DS18B20 温度传感器的特点

DS18B20 温度传感器是 DALLAS 公司生产的单总线器件,具有线路简单、体积小、电压适用范围宽(+3~5.5V)、抗干扰能力强和精度高的特点。

1) 多样封装形式,适应不同硬件系统。在使用中不需要任何外围元器件,即可完成全数字温度转换及输出。

2) 测量参数可配置。DS18B20 温度传感器的测量分辨率可通过程序设定 9~12 位,12 位分辨率时的最大工作周期为 750 ms。

3) 测量温度范围宽,检测温度范围为-55~125 ℃,在-10~85 ℃范围内,精度为±0.5 ℃。

4) 供电方式灵活,可以通过内部寄生电路从数据线上获取电源。因此,当数据线上的时序满足一定的要求时,可以不接外部电源,从而使系统结构更趋简单,可靠性更高。

5) 内置 EEPROM,有限温报警功能。在系统掉电以后,它仍可保存分辨率及报警温度的设定值。

6) 负压特性。电源极性接反时,不能正常工作,但 DS18B20 温度传感器不会因发热而烧毁。

7) 内置唯一的产品序列号,多个 DS18B20 温度传感器可以并联在一根通信线上,可实现多点测温。

二、DS18B20 温度传感器的封装与引脚排列

DS18B20 温度传感器实物图如图 7-9 所示,其封装形式及引脚排列如图 7-10 所示,其引脚功能描述见表 7-4。

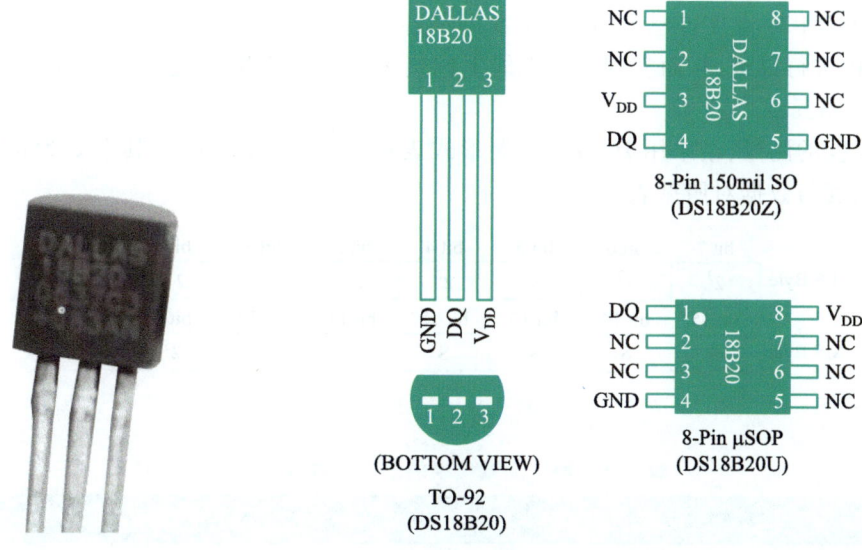

图 7-9　DS18B20 温度传感器实物图　　图 7-10　DS18B20 温度传感器封装形式及引脚排列

表 7-4　DS18B20 温度传感器的引脚功能描述

序号	名称	引脚功能描述
1	GND	接地引脚
2	DQ	数据输入/输出引脚。开漏单总线接口引脚。当被用在寄生电源下,也可以向器件提供电源
3	V_{DD}	可选择的 V_{DD} 引脚。当工作于寄生电源时,此引脚必须接地

三、DS18B20 温度传感器的内部结构

如图 7-11 所示,DS18B20 温度传感器主要由 64 位 ROM 和单总线接口、温度敏感器件、高低温触发器 TH 和 TL、高速暂存存储器和配置寄存器等组成。

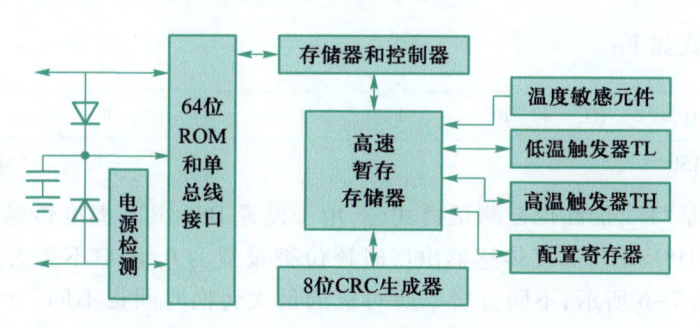

图 7-11　DS18B20 温度传感器内部结构

1. 64 位 ROM 和单总线接口

用于存放 DS18B20 温度传感器的 ID 编码,它可以看作是该 DS18B20 温度传感器的地址序列码。其前 8 位是单线系列编码(DS18B20 温度传感器的是 28H),中间 48 位是芯片唯一的序列号,并且每个 DS18B20 温度传感器的序列号都不相同,因此它可以看作是该 DS18B20 温度传感器的地址序列码;后 8 位是以上 56 位的 CRC 码(冗余校验)。数据在出产时设置不由用户更改。由于每一个 DS18B20 温度传感器的 ROM 数据都各不相同,因此微控制器就可以通过单总线对多个 DS18B20 进行寻址,从而实现一根总线上挂接多个 DS18B20 温度传感器的目的。

2. 温度敏感元件

完成对温度的测量,结果用 16 位二进制形式表达,如图 7-12 所示,其中 S 为符号位。部分测量结果的温度与数据对照见表 7-5。

	bit 7	bit 6	bit 5	bit 4	bit 3	bit 2	bit 1	bit 0
LS Byte	2^3	2^2	2^1	2^0	2^{-1}	2^{-2}	2^{-3}	2^{-4}

	bit 15	bit 14	bit 13	bit 12	bit 11	bit 10	bit 9	bit 8
MS Byte	S	S	S	S	S	2^6	2^5	2^4

图 7-12　温度测量 16 位二进制形式表达的结果

表 7-5　部分测量结果的温度与数据对照表

温度/℃	二进制表示	十六进制表示
+125	00000111 11010000	07D0H
+25.062 5	00000001 10010001	0191H
+10.125	00000000 10100010	00A2H
+0.5	00000000 00001000	0008H
0	00000000 00000000	0000H
-0.5	11111111 11111000	FFF8H
-10.125	11111111 01011110	FF5EH
-25.062 5	11111110 01101111	FE6FH
-55	11111100 10010000	FC90H

如+125℃的数字输出为 07D0H(正温度直接把十六进制数转成十进制即得到温度值);-55℃的数字输出为 FC90H(负温度把得到的十六进制数取反后加 1,再转成十进制数)。

3. 配置寄存器

配置寄存器格式如下:

0	R1	R0	1	1	1	1	1
MSb							LSb

低五位一直都是"1",最高位是测试模式位,用于设置 DS18B20 温度传感器是在工作模式还是在测试模式。在 DS18B20 温度传感器出厂时该位被设置为 0,用户不要去改动。R1 和 R0 用来设置分辨率,如表 7-6 所示,不同分辨率所对应的最大转换时间也不同。(DS18B20 温度传感器出厂时被设置为 12 位)

表 7-6　配置寄存器与分辨率及最大转换时间关系表

R0	R1	温度计分辨率/bit	最大转换时间/ms
0	0	9	93.75
0	1	10	187.5
1	0	11	375
1	1	12	750

4. 高速暂存存储器

高速暂存存储器也叫 RAM 数据暂存器,由 9 个字节组成,用于内部计算和数据存取,数据在掉电后丢失,DS18B20 温度传感器共 9 个字节 RAM,每个字节为 8 位。第 0、1 个字节是温度转换后的数据值(温度寄存器),第 2、3 个字节是用户 EEPROM(高低温触发器 TH、TL 储存)的镜像。在上电复位时其值将被刷新。第 4 个字节则是用户第 3 个 EEPROM 的镜像(配置寄存器)。第 5、6、7 个字节为计数寄存器,是为了让用户得到更高的温度分辨率而设计的,同样也是内部温度转换、计算的暂存单元。第 8 个字节为前 8 个字节的 CRC 码。

表 7-7　DS18B20 温度传感器高速暂存存储器分布

寄存器内容	字节地址
温度值低位	0
温度值高位	1
高温限值 TH	2
低温限值 TL	3
配置寄存器	4
保留	5
保留	6
保留	7
CRC 码	8

当温度转换命令发布后,经转换所得的温度值以二字节补码形式存放在高速暂存存储器的第 0 和第 1 个字节。单片机可通过单总线接口读到该数据,读取时低位在前,高位在后,对应的温度计算:当符号位 S=0 时,直接将二进制位转换为十进制;当 S=1 时,先将补码变为原码,再计算十进制值。

四、DS18B20 温度传感器与单片机连接

DS18B20 温度传感器与单片机连接有两种方式:外接电源工作方式和寄生电源工作方式。

1. DS18B20 温度传感器外接电源工作方式

其示意图如图 7-13 所示。

外接电源工作方式中,DS18B20 温度传感器只需要接到单片机的一个 I/O 口上,由于单总线为开漏,所以需要外接一个 4.7 kΩ 的上拉电阻。

2. 寄生电源工作方式(电源从 I/O 口上获得)

其示意图如图 7-14 所示。

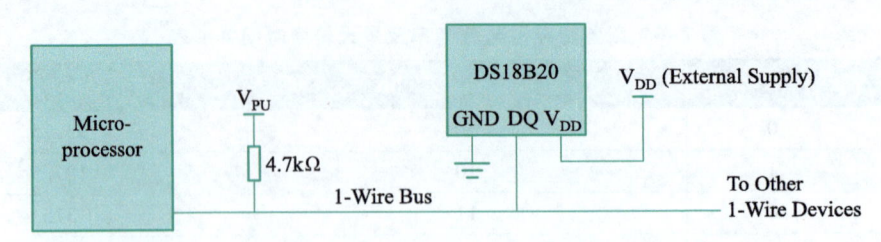

图 7-13　DS18B20 温度传感器外接电源工作方式示意图

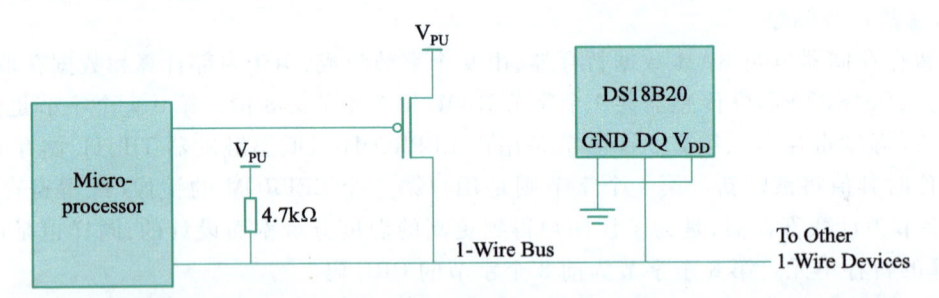

图 7-14　寄生电源工作方式示意图

如果采用寄生工作方式,只要将 V_{DD} 电源引脚与单总线并联即可,但在程序设计中,寄生工作方式总会对总线的状态有一些特殊的要求。

注意:当温度高于 100 ℃ 时,不能使用寄生电源,因为此时器件中较大的漏电流会使总线不能可靠检测高低电平,导致数据传输误码率的增大。

五、DS18B20 温度传感器的工作时序

DS18B20 温度传感器的一线工作协议流程是:初始化→ROM 操作指令→存储器操作指令→数据传输。其工作时序包括:初始化时序、写时序和读时序。

1. 初始化时序

初始化时序如图 7-15 所示。

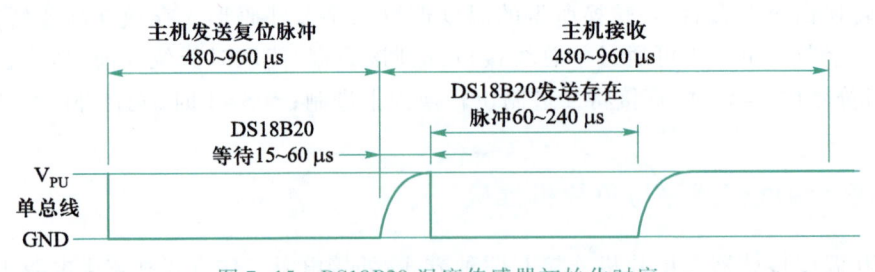

图 7-15　DS18B20 温度传感器初始化时序

主机首先发出一个 480 ~ 960 μs 的低电平脉冲,然后释放总线变为高电平,并在随后的 480 μs 时间内对总线进行检测,如果有低电平出现说明总线上有器件已做出应答。若无低电平出现一直都是高电平说明总线上无器件应答。

作为从器件的 DS18B20 温度传感器在一上电后就一直在检测总线上是否有 480 ~ 960 μs 的低电平出现,如果有,在总线转为高电平后等待 15 ~ 60 μs 后将总线电平拉低 60 ~ 240 μs 做出响

应存在脉冲,告诉主机本器件已做好准备。若没有检测到就一直检测等待。

2. 写时序和读时序

接下来就是主机发出各种操作命令,但各种操作命令都是向 DS18B20 温度传感器写 0 和写 1 组成的命令字节,接收数据时也是从 DS18B20 温度传感器读取 0 或 1 的过程。因此首先要搞清主机是如何进行写 0、写 1、读 0 和读 1 的。

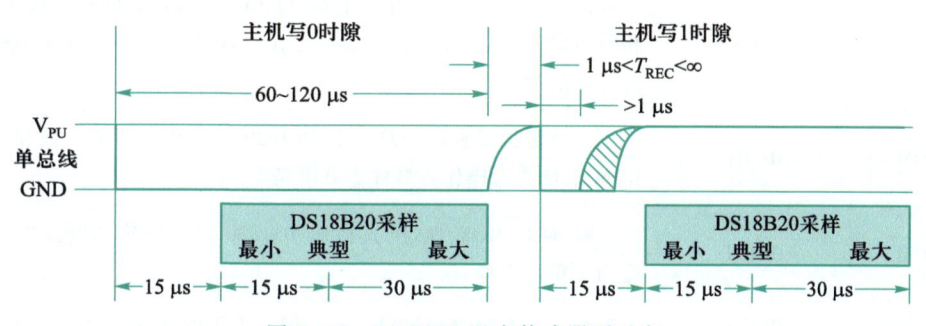

DS18B20 温度传感器写时序如图 7-16 所示。写周期最少为 60 μs,最长不超过 120 μs。写周期一开始主机先把总线拉低 1 μs 表示写周期开始。随后若主机想写 0,则继续拉低电平最少 60 μs 直至写周期结束,然后释放总线为高电平。若主机想写 1,在一开始拉低总线电平 1 μs 后就释放总线为高电平,一直到写周期结束。而从机 DS18B20 温度传感器则在检测到总线被拉低后等待 15 μs 然后从 15~45 μs 开始对总线采样,在采样期内总线为高电平则为 1,若采样期内总线为低电平则为 0。

图 7-16 DS18B20 温度传感器写时序

对于读时序也分为读 0 时隙和读 1 时隙两个过程,如图 7-17 所示。读时隙是从主机把单总线拉低之后,在 1 μs 之后就得释放单总线为高电平,以让 DS18B20 温度传感器把数据传输到单总线上。DS18B20 温度传感器在检测到总线被拉低 1 μs 后,便开始送出数据。若是要送出 0 就把总线拉为低电平直到读周期结束;若要送出 1 则释放总线为高电平。主机在一开始拉低总线 1 μs 后释放总线,然后在包括前面的拉低总线电平 1 μs 在内的 15 μs 时间内完成对总线进行采样检测,采样期内总线为低电平则确认为 0。采样期内总线为高电平则确认为 1。完成一个读时隙过程,至少需要 60 μs 才能完成。

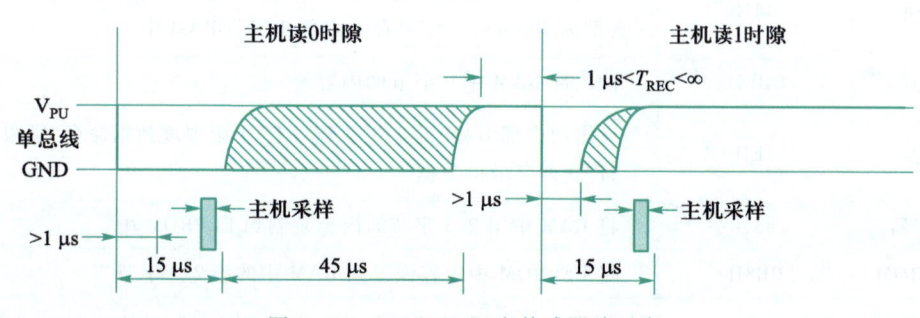

图 7-17 DS18B20 温度传感器读时序

DS18B20 温度传感器单线通信功能是分时完成的,有严格的时隙概念,如果出现序列混乱,1-WIRE 器件将不响应主机,因此读写时序很重要。系统对 DS18B20 温度传感器的各种操作必须按协议进行。

六、主机对 DS18B20 温度传感器的控制

1. 每次读写前对 DS18B20 温度传感器进行复位初始化

复位要求主机将数据线下拉 500 μs，然后释放，DS18B20 温度传感器收到信号后等待 16～60 μs，然后发出 60～240 μs 的存在低脉冲，主机收到此信号后表示复位成功。

2. ROM 指令集（见表 7-8）

表 7-8 DS18B20 温度传感器的 ROM 指令集

指令	约定代码	功能
读 ROM	33H	读 DS1820 温度传感器 ROM 中的编码（即 64 位地址）
符合 ROM	55H	发出此命令之后，接着发出 64 位 ROM 编码，访问单总线上与该编码相对应的 DS1820 温度传感器使之作出响应，为下一步对该 DS1820 温度传感器的读写做准备
搜索 ROM	0F0H	用于确定挂接在同一总线上 DS1820 温度传感器的个数和识别 64 位 ROM 地址。为操作各器件做好准备
跳过 ROM	0CCH	忽略 64 位 ROM 地址，直接向 DS1820 温度传感器发温度变换命令。适用于单片工作
告警搜索命令	0ECH	执行后只有温度超过设定值上限或下限的器件才做出响应

对只接一个 DS18B20 温度传感器的应用系统，只需发送一条跳过 ROM 指令 0CCH，这是为节省时间而简化的操作；若总线上不止一个器件，那么跳过 ROM 操作命令将会使几个器件同时响应，这样就会出现数据冲突。

3. 存储器指令（见表 7-9）

表 7-9 DS18B20 温度传感器的存储器指令表

指令	约定代码	功能
温度变换	44H	启动 DS1820 温度传感器进行温度转换，12 位转换时最长为 750 ms（典型为 200 ms）。结果存入内部 9 字节 RAM 中
读暂存器	0BEH	读内部 RAM 中 9 字节的内容
写暂存器	4EH	发出向内部 RAM 的 2、3 字节写上、下限温度数据命令，紧跟该命令之后，传送两字节的数据
复制暂存器	48H	将 RAM 中第 2、3 字节的内容复制到 EEPROM 中
重调 EEPROM	0B8H	将 EEPROM 中内容恢复到 RAM 中的第 2、3 字节
读供电方式	0B4H	读 DS1820 温度传感器的供电模式。寄生供电时 DS1820 发送 0，外接电源供电 DS1820 温度传感器发送 1

七、DS18B20 温度传感器进行一次温度转换的操作过程

1. 启动温度转换

1）主机先进行复位操作并接收 DS18B20 温度传感器的应答（存在）脉冲。

2）主机再写跳过 ROM 的操作（CCH）命令。

3）然后主机接着写转换温度的操作（44H）命令，后面释放总线至少 1 s，让 DS18B20 温度传感器完成转换的操作。

每个命令字节在写的时候都是低字节先写，例如 CCH 的二进制为 11001100，在写到总线上时要从低位开始写，写的顺序是"0、0、1、1、0、0、1、1"。一次温度转换操作的总线状态如图 7-18 所示。

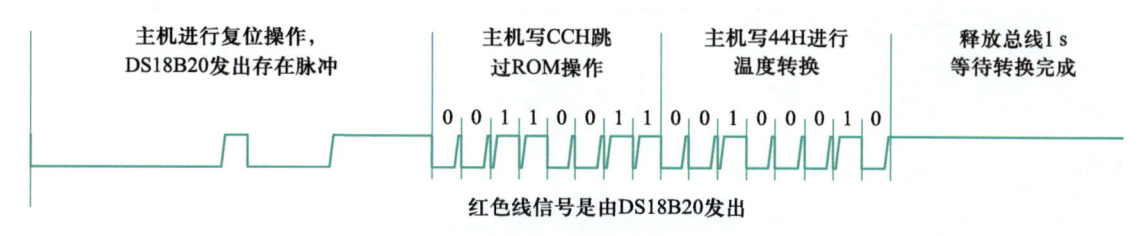

图 7-18 一次温度转换操作的总线状态

2. 读取 RAM 内的温度数据

1）主机发出复位操作并接收 DS18B20 温度传感器的应答（存在）脉冲。

2）主机发出跳过对 ROM 操作的命令（CCH）。

3）主机发出读取 RAM 的命令（BEH），随后主机依次读取 DS18B20 温度传感器发出的从第 0 至第 8，共 9 个字节的数据。如果只想读取温度数据，那在读完第 0 和第 1 个数据后就不再理会后面 DS18B20 温度传感器发出的数据即可。同样读取数据也是低位在前的。读取 RAM 内温度数据的总线状态如图 7-19 所示。

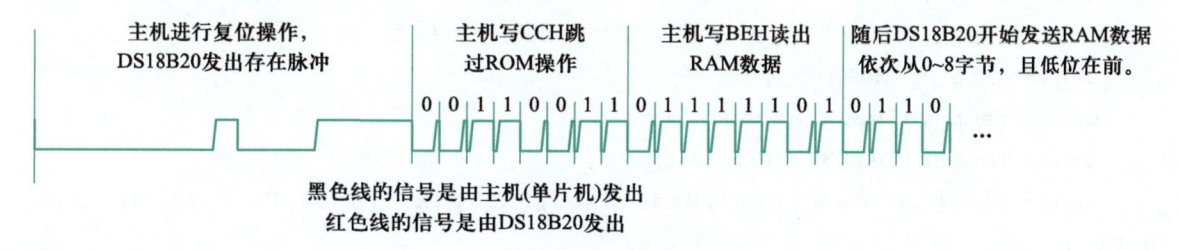

图 7-19 读取 RAM 内温度数据的总线状态

八、应用举例

例 7-3　使用 Proteus 软件在计算机上画出 DS18B20 温度传感器、LED 数码管与 51 单片机连接的应用电路原理图，编程实现 DS18B20 温度传感器的温度测量转换并在 LED 数码管上显示温度值。

【硬件连接】　P0 口与 LED 数码管数据口连接，P2 口作为显示位控制端，P3.7 连接 DS18B20 温度传感器的数据端，如图 7-20 所示。

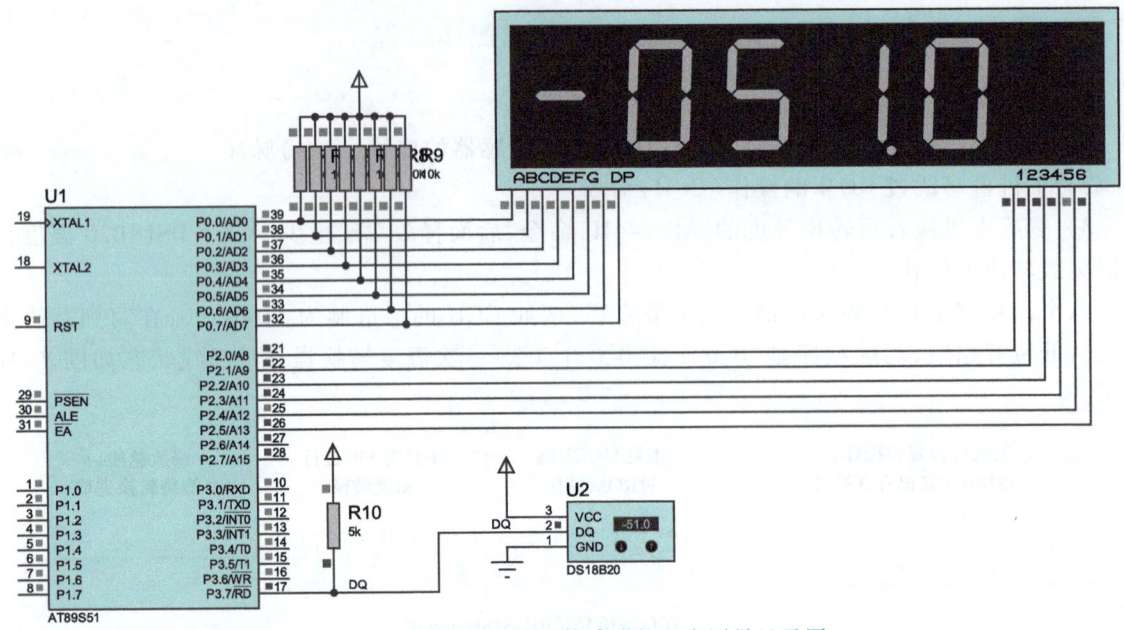

图 7-20　DS18B20 温度传感器的温度测量显示图

【实现功能】　显示 DS18B20 温度传感器的温度测量值。

【C51 程序】

```
/********************* 声明区 ********************* /
#include<reg51.h>
#define uchar unsigned char
#define uint unsigned int
sbit DQ=P3^7;                      //DS18B20 温度传感器接口
uint tvalue;                       //温度值
uchar tflag;                       //温度正负标志
uchar data disdata[5];
uchar temp_value,xiaoshu;
uchar TempBuffer[3]={0,0,0};
uchar zima[]={0xc0,0xf9,0xa4,0xb0,0x99,0x92,0x82,0xf8,0x80,0x90,0xbf};
                                   //LED 数码管字码表
uchar lamp[]={0x01,0x02,0x04,0x08,0x10,0x20,0x40,0x80};
                                   //LED 数码管位选表
/********************* 延时子程序 ********************* /
void delay_18B20(uint i)
{
    while(i--);
}
```

```c
/********************** 1ms 延时函数 ********************** /
void delay(uint z)
{
    uint x,y;
    for(x=z;x>0;x--)
        for(y=110;y>0;y--);
}
/****************** DS18B20 初始化函数 ********************** /
void Init_DS18B20(void)
{
    unsigned char x=0;
    DQ=1;                    //DQ 复位
    delay_18B20(8);          //稍做延时
    DQ=0;                    //单片机将 DQ 拉低
    delay_18B20(80);         //精确延时大于 480 μs
    DQ=1;                    //拉高总线
    delay_18B20(14);
    x=DQ;                    //稍做延时后,如果 x=0 则初始化成功,x=1 则初始化失败
    delay_18B20(20);
}
/****************** DS18B20 读一个字节 ********************** /
unsigned char ReadOneChar(void)
{
    uchar i=0;
    uchar dat=0;
    for(i=8;i>0;i--)
    {
        DQ=0;              // 给脉冲信号
        dat>>=1;
        DQ=1;              // 给脉冲信号
        if(DQ)
        dat|=0x80;
        delay_18B20(4);
    }
    return(dat);
}
/****************** DS18B20 写一个字节 ********************** /
void WriteOneChar(uchar dat)
```

```c
{
    unsigned char i=0;
    for(i=8; i>0; i--)
    {
        DQ=0;
        DQ=dat&0x01;
        delay_18B20(5);
        DQ=1;
        dat>>=1;
    }
}
/******************* 读取DS18B20当前温度 ******************/
void ReadTemp(void)
{
    unsigned char a=0;
    unsigned char b=0;
    Init_DS18B20();
    WriteOneChar(0xCC);      // 跳过读序列号的操作
    WriteOneChar(0x44);      // 启动温度转换
    delay_18B20(800);        // this message is very important
    Init_DS18B20();
    WriteOneChar(0xCC);      // 跳过读序列号的操作
    WriteOneChar(0xBE);      // 读取温度(共可读9个字节)前两个是温度
    delay(1);                // 等待转换完成
    a=ReadOneChar();         // 读取温度值低位
    b=ReadOneChar();         // 读取温度值高位
    tvalue=b;
    tvalue<<=8;
    tvalue=tvalue|a;
    if(tvalue<0x0fff)
    tflag=0;
    else
    {
        tvalue=~tvalue+1;
        tflag=1;
    }
    tvalue=tvalue*(0.625);   // 温度值扩大10倍,精确到1位小数
}
```

```c
/********************** 温度数据拆分 ********************/
void temp_to_str()
{
    disdata[0]=tvalue/1000;          //百位数
    disdata[1]=tvalue%1000/100;      //十位数
    disdata[2]=tvalue%100/10;        //个位数
    disdata[3]=tvalue%10;            //小数位
}
/*********************** 主函数 ************************/
main ()
{
    Init_DS18B20();                  //DS18B20初始化
    while(1)
    {
        ReadTemp();
        temp_to_str();
        if(tflag==1)
        P0=0xbf;                     //符号显示
        else
        P0=0xff;
        P2=lamp[0];
        delay(1);
        P0=0xff;                     //消隐
        P0=zima[disdata[0]];
        P2=lamp[1];
        delay(1);
        P0=0xff;                     //消隐
        P0=zima[disdata[1]];
        P2=lamp[2];
        delay(1);
        P0=0xff;                     //消隐
        P0=zima[disdata[2]]&0x7f;    //第二位加小数点
        P2=lamp[3];
        delay(1);
        P0=0xff;                     //消隐
        P0=zima[disdata[3]];
        P2=lamp[4];
        delay(1);
        P0=0xff;                     //消隐
    }
}
```

例 7-4 使用 Proteus 软件在计算机上按照下面要求画出 DS18B20 温度传感器、1602 与单片机连接的应用电路原理图，用 C 语言编程实现 DS18B20 温度传感器的温度测量转换并在 1602 上显示温度值。

【硬件连接】 电路如图 7-21 所示。

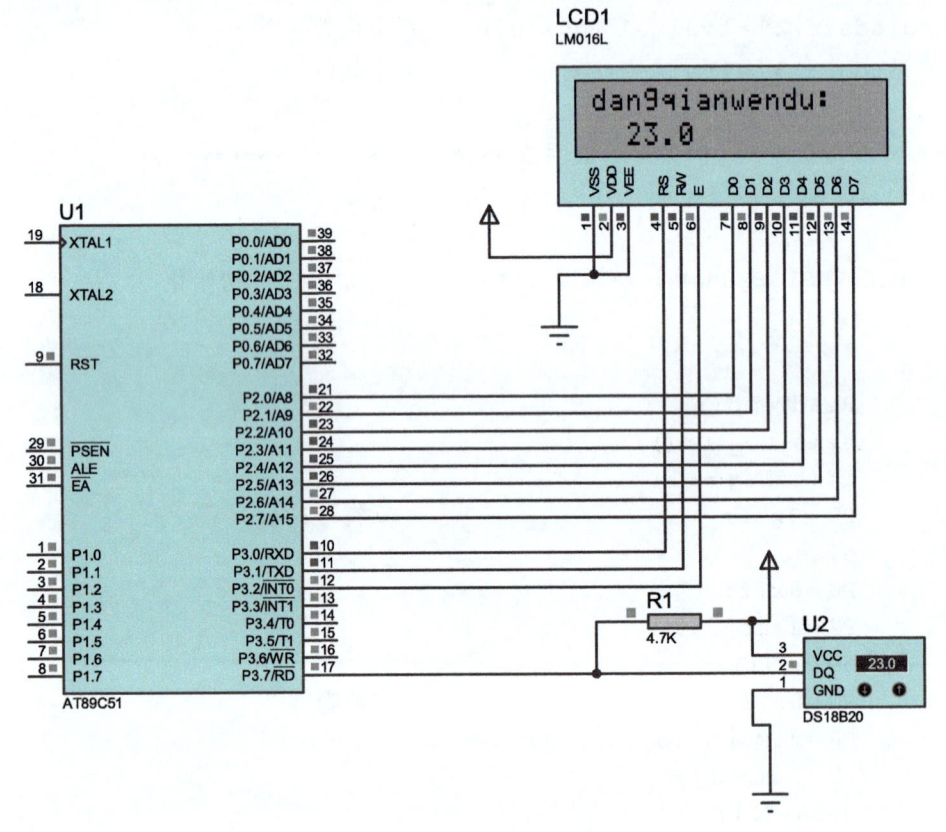

图 7-21 例 7-4 电路原理图

【实现功能】 显示 DS18B20 温度传感器的温度测量值。

【C51 程序】

```
/*********************** 声明区 ***************************/
#include<reg51.h>
#define uchar unsigned char
#define uint unsigned int
sbit DQ=P3^7;                    // DS18B20 与单片机连接口
sbit RS=P3^0;
sbit RW=P3^1;
sbit EN=P3^2;
unsigned char code str1[]={"dangqianwendu: "};
unsigned char code str2[]={"              "};
```

```c
uchar data disdata[5];
uint tvalue;                        //温度值
uchar tflag;                        //温度正负标志
/*********************** 延时1毫秒 **************************/
void delay1ms(unsigned int ms)
{
    unsigned int i,j;
    for(i=0;i<ms;i++)
        for(j=0;j<100;j++);
}
/*********************** 写指令 **************************/
void wr_com(unsigned char com)
{
    delay1ms(1);
    RS=0;
    RW=0;
    EN=0;
    P2=com;
    delay1ms(1);
    EN=1;
    delay1ms(1);
    EN=0;
}
/*********************** 写数据 **************************/
void wr_dat(unsigned char dat)
{
    delay1ms(1);
    RS=1;
    RW=0;
    EN=0;
    P2=dat;
    delay1ms(1);
    EN=1;
    delay1ms(1);
    EN=0;
}
/*********************** 初始化设置 **************************/
void lcd_init()
{
```

```c
        delay1ms(15);
    wr_com(0x38);delay1ms(5);
    wr_com(0x08);delay1ms(5);
    wr_com(0x01);delay1ms(5);
    wr_com(0x06);delay1ms(5);
    wr_com(0x0c);delay1ms(5);
}
/*********************** 显示 **************************/
void display(unsigned char *p)
{
    while(*p!='\0')
    {
        wr_dat(*p);
        p++;
        delay1ms(1);
    }
}
/*********************** 初始化显示 **************************/
init_play()
{
    lcd_init();
    wr_com(0x80);
    display(str1);
    wr_com(0xc0);
    display(str2);
}
/*********************** DS18B20 程序 **************************/
void delay_18B20(unsigned int i)        //延时1微秒
{
    while(i--);
}
/*********************** DS18B20 复位写数据 **************************/
void ds1820rst()
{
    unsigned char x=0;
    DQ=1;                       //DQ 复位
    delay_18B20(4);             //延时
    DQ=0;                       //DQ 拉低
```

```c
    delay_18B20(100);         //精确延时大于 480 μs
    DQ=1;                     //拉高
    delay_18B20(40);
}
/*************************** 读数据 ***************************/
uchar ds1820rd()
{
    unsigned char i=0;
    unsigned char dat=0;
    for(i=8;i>0;i--)
    {
        DQ=0;                 //给脉冲信号
        dat>>=1;
        DQ=1;                 //给脉冲信号
        if(DQ)
        dat|=0x80;
        delay_18B20(10);
    }
    return(dat);
}
/*************************** 写数据 ***************************/
void ds1820wr(uchar wdata)
{
    unsigned char i=0;
    for(i=8; i>0; i--)
    {
        DQ=0;
        DQ=wdata&0x01;
        delay_18B20(10);
        DQ=1;
        wdata>>=1;
    }
}
/****************** 读取温度值并转换 ********************/
read_temp()
{
    uchar a,b;
    ds1820rst();
```

```c
        ds1820wr(0xcc);              //跳过读序列号
        ds1820wr(0x44);              //启动温度转换
        ds1820rst();
        ds1820wr(0xcc);              //跳过读序列号
        ds1820wr(0xbe);              //读取温度
        a=ds1820rd();
        b=ds1820rd();
        tvalue=b;
        tvalue<<=8;
        tvalue=tvalue |a;
        if(tvalue<0x0fff)
            tflag=0;
        else
        {
            tvalue=~tvalue+1;
            tflag=1;
        }
        tvalue=tvalue*(0.625);       //温度值扩大10倍,精确到1位小数
        return(tvalue);
}
/********************* 温度值显示 ************************/
void ds1820disp()
{
    uchar flagdat;
    disdata[0]=tvalue/1000+0x30;         //百位数
    disdata[1]=tvalue%1000/100+0x30;     //十位数
    disdata[2]=tvalue%100/10+0x30;       //个位数
    disdata[3]=tvalue%10+0x30;           //小数位
    if(tflag==0)
        flagdat=0x20;                    //正温度不显示符号
    else
        flagdat=0x2d;                    //负温度显示负号:-
    if(disdata[0]==0x30)
        {
            disdata[0]=0x20;             //如果百位为0,不显示
            if(disdata[1]==0x30)
            {
                disdata[1]=0x20;         //如果百位为0,十位为0,也不显示
```

```
            }
        }
        wr_com(0xc0);
        wr_dat(flagdat);                    //显示符号位
        wr_com(0xc1);
        wr_dat(disdata[0]);                 //显示百位
        wr_com(0xc2);
        wr_dat(disdata[1]);                 //显示十位
        wr_com(0xc3);
        wr_dat(disdata[2]);                 //显示个位
        wr_com(0xc4);
        wr_dat(0x2e);                       //显示小数点
        wr_com(0xc5);
        wr_dat(disdata[3]);                 //显示小数位
    }
/******************* ***** 主程序 *****************************/
void main()
{
    init_play();                            //初始化显示
    while(1)
    {
        read_temp();                        //读取温度
        ds1820disp();                       //显示
    }
}
```

思考与练习

要求使用 Proteus 软件在计算机上按照下面要求画出 DS18B20 温度传感器、1602 与单片机连接的应用电路原理图,编程实现如下功能:

编程实现在 1602 上显示 DS18B20 温度传感器测量的温度值。

首先保证单片机应用系统连接无误,电路设计符合课题要求。在软件运行正常的情况下观察运行结果。如不能正常运行或未达到要求,分析原因并改进电路或编程重新调试,直至正确。记录程序和结果。

任务三 DS1302 时钟芯片设计与应用

【任务背景】

在单片机应用系统中,常要求有系统时间,或有时间要求的数据记录,特别是对某些具有特殊意义的数据点的记录,能实现数据与出现该数据的时间同时记录。传统的数据记录方式是采用单片机的定时/计数器计时,隔时采样或定时采样,需要设置中断、查询等,同样耗费单片机的资源。且单片机本身的定时/计数器,往往被用来作为计数器、串行口波特率发生器等使用。此外,系统时钟还要有掉电时的不间断功能,这就需要使用时钟芯片达到设计要求。

现在流行的串行时钟电路芯片很多,如 DS1302、DS12C887、PCF8485 等。这些电路芯片的接口简单、价格低廉、使用方便,被广泛地采用。

DS1302 时钟芯片可提供秒、分、时、日、星期、月和年的实时时钟,还可以用于数据记录。其价格低,有掉电保护功能,占用单片机资源小,耗时短,无须频繁查询。

【能力目标】

1. 掌握 DS1302 时钟芯片的功能与引脚作用;
2. 掌握 DS1302 时钟芯片的指令作用;
3. 看懂 DS1302 时钟芯片的工作时序;
4. 学会 DS1302 时钟芯片的编程方法。

【知识点】

1. DS1302 时钟芯片的功能与引脚介绍;
2. DS1302 时钟芯片的指令作用介绍;
3. DS1302 时钟芯片的工作时序;
4. DS1302 时钟芯片的编程方法。

DS1302 时钟芯片是美国 DALLAS 公司推出的一种高性能、低功耗的实时时钟芯片,附加 31 字节静态 RAM,采用 SPI 三线接口与 CPU 进行通信(只通过三根线即 SPI 总线进行数据的控制和传递:RST、I/O、SCLK),并可采用突发方式一次传送多个字节的时钟信号和 RAM 数据。实时时钟可提供秒、分、时、日、星期、月和年,一个月小于 31 天时可以自动调整,且具有闰年补偿功能。工作电压宽达 2.5~5.5 V。采用双电源供电(主电源和备用电源),可设置备用电源充电方式,提供了对备用电源进行涓流充电的能力。

一、DS1302 时钟芯片的引脚

DS1302 时钟芯片引脚及其功能如图 7-22 所示。

引脚号	引脚名称	功能
1	V_{CC2}	主电源
2,3	X1,X2	振荡源,外接32768 Hz晶振
4	GND	地线
5	RST	复位/片选线
6	I/O	串行数据输入/输出端(双向)
7	SCLK	串行数据输入端
8	V_{CC1}	后备电源

图 7-22 DS1302 时钟芯片引脚及其功能

二、DS1302 时钟芯片的内部结构

DS1302 时钟芯片的内部结构如图 7-23 所示。

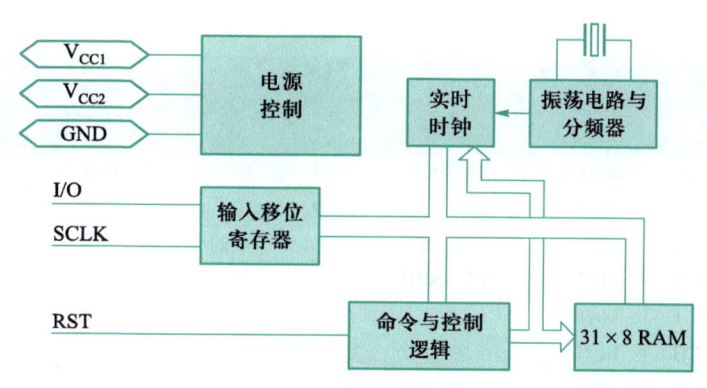

图 7-23　DS1302 时钟芯片的内部结构

1. 电源控制

V_{CC1} 可提供单电源控制也可以用来作为备用电源，V_{CC2} 为主电源。在主电源关闭的情况下，也可以保持时钟的连续运行。DS1302 时钟芯片由 V_{CC1} 或 V_{CC2} 两者中的较大者供电。当 V_{CC2} 大于 $V_{CC1}+0.2$ V 时，V_{CC2} 给 DS1302 时钟芯片供电；当 V_{CC2} 小于 V_{CC1} 时，DS1302 时钟芯片由 V_{CC1} 供电。

备用电源可采用电池或者超级电容（0.1F 以上）。例如，可以用 3.6 V 充电电池；如果断电时间较短（几小时或几天）时，就可以用漏电较小的普通电解电容器代替，100 μF 就可以保证 1 小时的正常走时。

DS1302 时钟芯片在第一次加电后，必须进行初始化操作。初始化后就可以按正常方法调整时间。

2. 时钟/日历寄存器和数据暂存寄存器

DS1302 时钟芯片包括时钟/日历寄存器和 31 字节（8 位）的数据暂存寄存器，数据通信仅通过一条串行口进行。实时时钟/日历提供包括秒、分、时、日期、月份、年份和星期几的信息。闰年可自行调整，可选择 12 小时制和 24 小时制，可以设置 AM、PM。

3. 内部存储空间

DS1302 时钟芯片的所有功能都是通过对其内部地址进行操作实现的。如表 7-10 所示，其内部存储空间分为两部分：80H~91H 为特殊存储单元，C0H~FDH 为普通存储单元；所有单元地址中最低位为 0 表示将对其进行写数据操作，最低位为 1 表示将对其进行读数据操作。

普通存储单元是提供给用户的存储空间，而特殊存储单元存放 DS1302 时钟芯片的时间相关的数据，用户不能用来存放自己的数据。

表 7-10　DS1302 时钟芯片内部存储空间

寄存器名	命令字节 读	命令字节 写	范围	D7	D6	D5	D4	D3	D2	D1	D0
秒	81H	80H	00~59	CH	秒的十位			秒的个位			
分	83H	82H	00~59	0	分的十位			分的个位			
时	85H	84H	01~12 或 00~23	12/24	0	A/P	HR	小时个位			
日	87H	86H	01~31	0	0	日的十位		日的个位			

续表

寄存器名	命令字节 读	命令字节 写	范围	D7	D6	D5	D4	D3	D2	D1	D0
月	89H	88H	01～12	0	0	0	0/1	月的个位			
星期	8BH	8AH	01～07	0	0	0	0	0	星期几		
年	8DH	8CH	00～99	年的十位				年的个位			
写保护	8FH	8EH	00H～80H	WP	0						
涓流充电	91H	90H	—	TCS				DS		RS	
时钟突发	BFH	BEH	—	—								
RAM 突发	FFH	FEH	—	—								
RAM0	C1H	C0H	00H～FFH	RAM 数据							
…			00H～FFH									
RAM30	FDH	FCH	00H～FFH									

说明:

1) 秒寄存器的 CH 位:置 1 时,时钟停振,进入低功耗态;清 0 时,时钟工作。

2) 时寄存器的 D7 位:置 1 时,12 小时制(D5 置 1 表示上午,清 0 表示下午);清 0 时,24 小时制(此时 D5、D4 组成小时的十位)。

3) WP:写保护位,置 1 时,写保护;清 0 时,未写保护。

4) 涓流充电选择:

① TCS:1010 时慢充电;其他时禁止充电。

② DS 为 01,选一个二极管;为 10,选 2 个二极管;11 或 00,禁止充电。

③ RS:与二极管串联电阻选择。00,不充电;01,2 kΩ 电阻;10,4 kΩ 电阻;11,8 kΩ 电阻。

5) 突发模式。通过连续的脉冲一次性读写完 8 个字节的时钟/日历寄存器(8 个寄存器要全部读写完:时、分、秒、日、月、年、星期、写保护寄存器,充电寄存器在突发模式下不能操作)

通过连续的脉冲一次性读写完 1～31 个字节的 RAM 数据(可按实际情况读写一定数量的字节,可以不必一次全部读写完)

三、DS1302 时钟芯片的单字节读写操作

1. 地址(命令)字节格式

7	6	5	4	3	2	1	0
1	RAM/$\overline{CK}$	A4	A3	A2	A1	A0	RD/$\overline{WR}$

$\dfrac{RD}{\overline{WR}}$:1 表示可以读;0 表示可以写。

$\dfrac{RAM}{\overline{CK}}$:1 表示普通存储器;0 表示特殊寄存器。

不管是单字节的读写还是突发模式的读写,首先传递的是地址(命令)字节,然后才是数据字节,每个时钟周期上升或下降沿发送 1 位,低位在前,高位在后。

2. 单字节读写操作

(1) 单字节读操作

单字节读操作时序如图 7-24 所示。

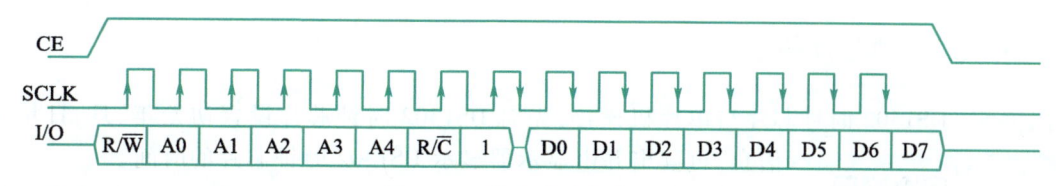

图 7-24 单字节读操作时序

（2）单字节写操作

单字节写操作时序如图 7-25 所示。

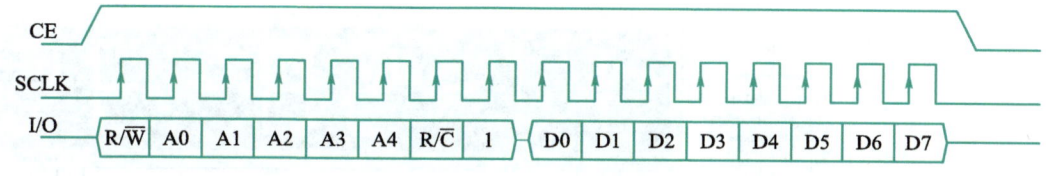

图 7-25 单字节写操作时序

由单字节读写时序图可以看出：
1）CE 必须在高电平时，才能对 DS1302 时钟芯片进行读/写操作。
2）低位在前，高位在后，一个 SCLK 周期传递一位。
3）上升沿输入，下降沿输出。
4）先写地址（RW=0，允许写数据的单元地址），然后写数据。
5）先读地址（RW=1，允许读数据的单元地址），然后读数据。

四、程序设计流程

1）对 DS1302 时钟芯片的读写操作，必须在 RST 为 1 时才允许操作。
2）确认对 DS1302 时钟芯片是读操作还是写操作。写操作时必须关闭写保护寄存器的写保护位（0x00）；读操作时与此寄存器无关；
3）确认是否需要对备用电池进行充电操作。
4）确定采用单字节读写操作还是突发模式读写操作（SPI 串行口通信：RST、SCLK、I/O）。
① 单字节读写操作：
写操作：先写地址（RW=0，允许写数据的单元地址），然后写数据。
读操作：先读地址（RW=1，允许读数据的单元地址），然后读数据。
② 突发模式读写操作：时间/日历特殊寄存器必须一次读写 8 个寄存器，RAM 普通寄存器可一次读写 1~31 个寄存器。
写操作：先写地址（0xBE（特殊）/0xFE（普通）），然后写多个数据（8 个（特殊）/1~31（普通））。
读操作：先读地址（0xBF（特殊）/0xFF（普通）），然后读多个数据（8 个（特殊）/1~31（普通））。
5）写操作完成后必须打开写保护寄存器的写保护位（0x80）读写操作完毕。应注意：
① 所有的数据传输必须在 RST 为高电平时进行（如果在传输过程中 RST 置为低电平，则会终止此次数据传送，I/O 引脚变为高阻态）。
② 上电运行时，RST 必须保持低电平。只有在 SCLK 为低电平时，才能将 RST 置为高电平。
③ 写操作前，关闭写保护；写操作完成后，要打开写保护。
④ 在每个 SCLK 上升沿时数据被输入，下降沿时数据被输出，一次只能读写一位；通过 8 个脉冲便可读取一个字节从而实现串行输入/输出。

五、DS1302 时钟芯片的示例

例 7-5 DS1302 时钟芯片与单片机连接，先对 DS1302 时钟芯片设置初始年、月、日星期等信息，再读出并由显示器显示 DS1302 时钟芯片的时间。

【硬件连接】 如图 7-26 所示，P0 口连接显示器字形端，P2 口连接位端；DS1302 时钟芯片与单片机的连接：$\overline{RST}$ = P3.0；SCLK = P3.1；I/O = P3.2。

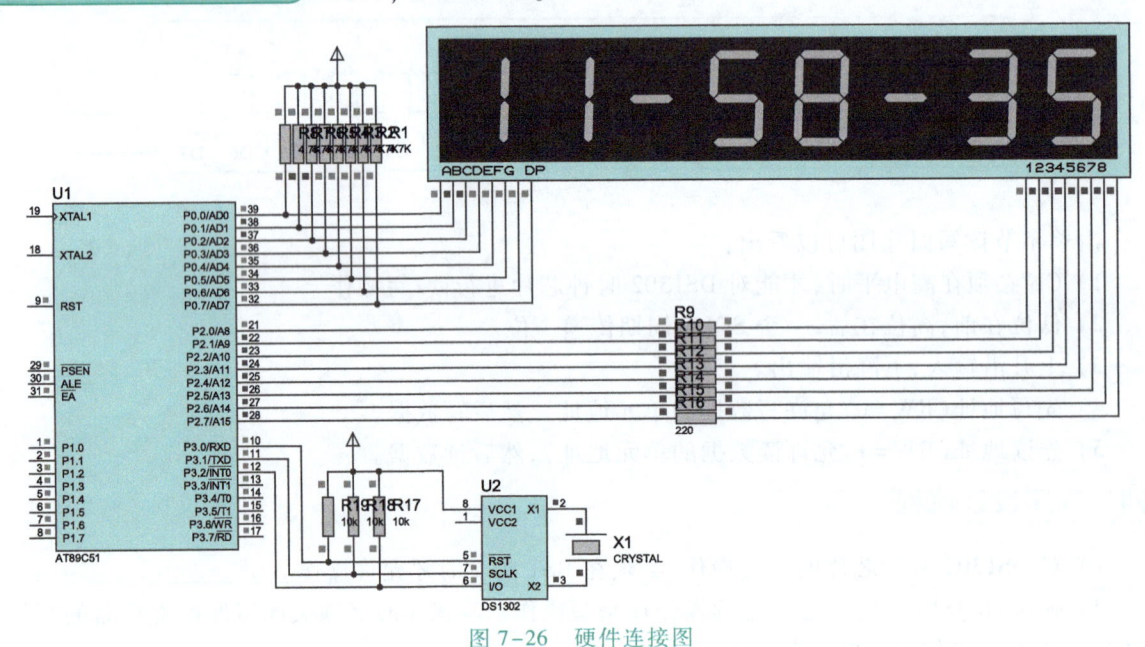

图 7-26 硬件连接图

【实现功能】 先对 DS1302 时钟芯片设置初始年、周、月、日等信息，再读出并由显示器显示 DS1302 时钟芯片的时间。

【C51 程序】

```
/*********************** 声明定义区 ***********************/
#include<reg51.h>
#include<intrins.h>
#define uchar unsigned char
#define uint unsigned int
sbit sck=P3^1;
sbit io=P3^2;
sbit rst=P3^0;
uchar time_data[7]={10,6,4,17,11,58,30};      //设定初始值,年周月日时分秒
uchar write_add[7]={0x8c,0x8a,0x88,0x86,0x84,0x82,0x80};   //写入寄存器地址
uchar read_add[7]={0x8d,0x8b,0x89,0x87,0x85,0x83,0x81};    //读出寄存器地址
uchar ~ code
smg_du[]={0xc0,0xf9,0xa4,0xb0,0x99,0x92,0x82,0xf8,0x80,0x90,0xbf};
                                                //0~9代码
```

```c
uchar code smg_we[]={0x80,0x40,0x20,0x10,0x08,0x04,0x02,0x01};
                                            //位控代码
uchar disp[8];
void write_ds1302_byte(char dat);           //写一个字节
void write_ds1302(char add,uchar dat);      //特定add写入特定dat
uchar read_ds1302(char add);                //读特定add数据,并返回
void set_rtc(void);                         //设定初始值函数
void read_rtc(void);                        //读实时时钟寄存器数据函数
void time_pros(void);                       //数据处理函数
void display(void);                         //显示器显示函数
/*********************** 延时 ****************************/
void delay(uint i)
{
    while(--i);
}
/*********************** DS1302写字节 ****************************/
void write_ds1302_byte(char dat)
{
    uchar i;
    for(i=0;i<8;i++)
    {
        sck=0;
        io=dat&0x01;                //从低位开始传,SCK上升沿把数据读走。
        dat=dat>>1;
        sck=1;
    }
}
/*********************** DS1302写地址 ****************************/
void write_ds1302(char add,uchar dat)
{
    rst=0;
    _nop_();                        //空操作指令
    sck=0;
    _nop_();
    rst=1;                          //RST为高电平,各种操作才有效。
    _nop_();
    write_ds1302_byte(add);
    write_ds1302_byte(dat);
```

```c
        rst=0;
        _nop_();
        io=1;                          //释放
        sck=1;                         //释放
}
/*********************** 读 DS1302 ****************************/
uchar read_ds1302(char add)
{
        uchar i,value;
        rst=0;
        _nop_();
        sck=0;
        _nop_();
        rst=1;
        _nop_();
        write_ds1302_byte(add);        //写地址,此时 SCK 为高电平
        for(i=0;i<8;i++)
        {
                value=value>>1;
                sck=0;                 //下降沿把数据读走
                if(io)
                        value=value|0x80;
                sck=1;
        }
        rst=0;                         //关闭
        _nop_();
        sck=0;
        _nop_();
        sck=1;                         //释放
        io=1;                          //释放
        return value;
}
/*********************** 初始值设定 ****************************/
void set_rtc(void)
{
        uchar i,j;
        for(i=0;i<7;i++)
        {
                j=time_data[i]/10;
```

```c
        time_data[i]=time_data[i]%10;
        time_data[i]=time_data[i]+j*16;              //十进制转换为十六进制
    }
    write_ds1302(0x8e,0x00);                          //去除写保护
    for(i=0;i<7;i++)
    {
        write_ds1302(write_add[i],time_data[i]);      //将初始值写入寄存器中
    }
    write_ds1302(0x8e,0x80);                          //加写保护
}
/********************** 寄存器值读取 ************************/
void read_rtc(void)
{
    uchar i;
    for(i=0;i<7;i++)
    {
        time_data[i]=read_ds1302(read_add[i]);
    }
}
/********************** 时间数值转换 ************************/
void time_pros(void)
{
    disp[0]=time_data[6]%16;
    disp[1]=time_data[6]/16;
    disp[2]=10;
    disp[3]=time_data[5]%16;
    disp[4]=time_data[5]/16;
    disp[5]=10;
    disp[6]=time_data[4]%16;
    disp[7]=time_data[4]/16;
}
/********************** 显示 ************************/
void display(void)
{
    uchar i;
    for(i=0;i<8;i++)
    {
        P2=0x00;
```

```c
        P0 = smg_du[disp[i]];
        P2 = smg_we[i];
        delay(150);
    }
}
/*********************** 主程序 ***********************/
void main()
{
    set_rtc();//自动对照初始值,如有备用锂电池,去掉该句。则时钟值可保持
    while(1)
    {
        read_rtc();
        time_pros();
        display();
    }
}
```

例 7-6 DS1302 时钟芯片与单片机连接,时间显示在 LM016L 液晶显示器上。

【硬件连接】 电路如图 7-27 所示,P0 口与 LM016L 液晶显示器数据口连接,E = P2.2;RS = P2.0;RW = P2.1;DS1302 与单片机的连接:$\overline{RST}$ = P3.5; SCLK = P3.6; I/O = P3.7。

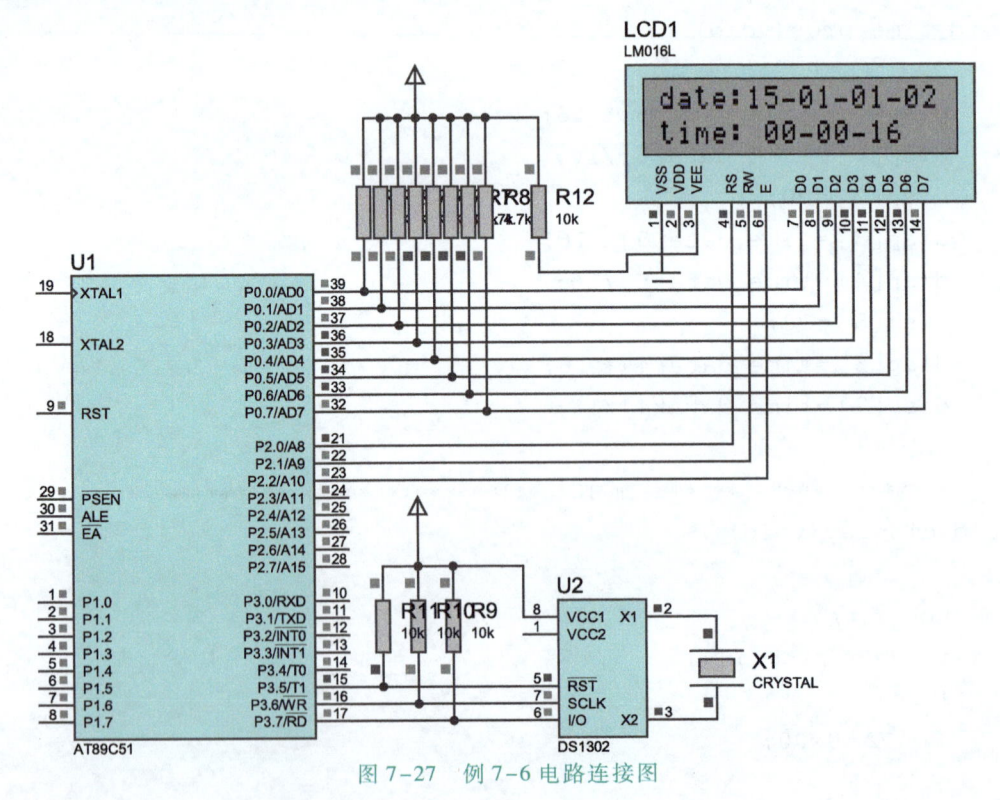

图 7-27 例 7-6 电路连接图

【实现功能】 先对DS1302设置初始年、周、月、日等时间,再读出并由LM016L显示时钟芯片的时间。

【C51 程序】

```c
/********************* 声明区 *********************/
#include<reg51.h>              //8051 寄存器库
#define uchar unsigned char    //宏定义 char 型
#define uint unsigned int      //宏定义 int 型
/******************** LM016L ********************/
sbit rs=P2^0;                  //位定义 LM016L 数据命令寄存器
sbit rw=P2^1;                  //位定义 LM016L 读写寄存器
sbit ep=P2^2;                  //位定义 LM016L 使能端
uchar code dis1[]={"date:"};   //LM016L 固定显示第一行内容
uchar code dis2[]={"time:"};   //LM016L 固定显示第二行内容
/******************** DS1302 ********************/
sbit rst=P3^5;                 //位定义 DS1302 复位端
sbit sclk=P3^6;                //位定义 DS1302 SCLK 周期端
sbit io=P3^7;                  //位定义 DS1302 串行数据输入,输出端
uchar ds1302_time_data[7]={14,1,12,31,23,59,55};  //初始值数组
uchar ds1302_write_address[7]={0x8c,0x8a,0x88,0x86,0x84,0x82,0x80};
                               //DS1302 写入寄存器地址数组
uchar ds1302_read_address[7]={0x8d,0x8b,0x89,0x87,0x85,0x83,0x81};
                               //DS1302 读出寄存器地址数组
void ds1302_write_byte(uchar dat);   //DS1302 写函数(写一个字节数据)
void ds1302_write(uchar address,uchar dat);
                               //DS1302 写函数组(先写地址数据,再写时间数据)
uchar ds1302_read(uchar address);    //读 DS1302 的数据函数
uchar ds1302_disdata[21];      //DS1302 显示数组
uchar ds1302_data[1];
void ds1302_init();            //DS1302 赋初值函数
void ds1302_read_rtc();        //读 DS1302 时钟寄存器数据函数
void ds1302_display();         //DS1302 显示函数
/******************** LM016L 延时函数 ********************/
void delay_ms(uint ms)         //延时约 1ms
{
    uint i,j;
    for(i=0;i<ms;i++)
        for(j=0;j<110;j++);
}
```

```c
/******************** 读忙状态函数 ******************** /
bit lcd_dm()
{
    bit result;                     // 返回值变量
    rs=0;                           // LM016L 命令寄存器
    rw=1;                           // LM016L 读寄存器
    ep=1;                           // 使能端拉高
    delay_ms(1);                    // 稳定程序
    result=(bit)(P0&0x80);          // 数据
    ep=0;                           // 使能端拉低
    return result;
}
/******************** LM016L 写命令函数 ******************** /
void lcd_write_com(uchar com)
{
    while(lcd_dm());                // 读忙状态
    rs=0;                           // 命令寄存器
    rw=0;                           // 写寄存器
    ep=0;                           // 使能端拉低
    P0=com;                         // LM016L 命令
    delay_ms(1);                    // 稳定程序
    ep=1;                           // 使能端拉高
    delay_ms(1);                    // 辅助 LM016L 写动作时序
    ep=0;                           // 使能端拉低
}
/******************** LM016L 写数据函数 ******************** /
void lcd_write_dat(uchar dat)
{
    while(lcd_dm());                // 读忙状态
    rs=1;                           // 数据寄存器
    rw=0;                           // 写寄存器
    ep=0;                           // 使能端拉低
    P0=dat;                         // 数据
    delay_ms(1);                    // 稳定程序
    ep=1;                           // 使能端拉高
    delay_ms(1);                    // 辅助 LM016L 写动作时序
    ep=0;                           // 使能端拉低
}
```

```c
/**************** LM016L 显示前的设置 ***************** /
void lcd_init()
{
    lcd_write_com(0x38);
    delay_ms(1);
    lcd_write_com(0x0c);
    delay_ms(1);
    lcd_write_com(0x06);
    delay_ms(1);
    lcd_write_com(0x01);         //清屏设置
    delay_ms(1);
}
/***************** LM016L 固定显示 ******************* /
void fixed_display()
{
        uchar v;                         //辅助变量
        lcd_write_com(0x80);             //位置设定
        v=0;                             //赋值
        while(dis1[v]!='\0')             //显示第一行固定内容
        {
            lcd_write_dat(dis1[v]);
            v++;
        }
        lcd_write_com(0xc0);             //位置
        v=0;                             //重赋值
        while(dis2[v]!='\0')             //显示第二行固定内容
        {
            lcd_write_dat(dis2[v]);
            v++;
        }
}
/***************** LM016L 初始化 ******************* /
void lcd1602_display()
{
    lcd_init();              //初始化(LM016L 显示前的设置)
    delay_ms(10);            //稳定程序
    fixed_display();
}
```

```c
/****************** DS1302 延时函数 ****************** /
void ds1302_delay_us(uchar i)
{
    while(i--);          //一个机器周期,1 μs
}
/****************** DS1302 写函数从 ****************** /
void ds1302_write_byte(uchar dat)
{
    uchar i;
    for(i=0;i<8;i++)             //执行一次,写入一个字节
    {
        sclk=0;                  //拉低
        io=dat&0x01;
        dat=dat>>1;
        sclk=1;                  //拉高(目的是使 SCLK 有一个上升沿)
    }
}
/****************** DS1302 写函数主 ****************** /
void ds1302_write(uchar address,uchar dat)
{
    rst=0;
    ds1302_delay_us(1);
    sclk=0;
    ds1302_delay_us(1);
    rst=1;
    ds1302_delay_us(1);
    ds1302_write_byte(address);
    ds1302_write_byte(dat);
    rst=0;
    ds1302_delay_us(1);
    io=1;
    sclk=1;
}
/********************* 读 DS1302 ********************* /
uchar ds1302_read(uchar address)
{
    uchar i,value;
    rst=0;
```

```
        ds1302_delay_us(1);
        sclk=0;
        ds1302_delay_us(1);
        rst=1;
        ds1302_delay_us(1);
        ds1302_write_byte(address);
        for(i=0;i<8;i++)
        {
            value=value>>1;
            sclk=0;
            if(io) value=value|0x80;
            sclk=1;
        }
        rst=0;
        ds1302_delay_us(1);
        sclk=0;
        ds1302_delay_us(1);
        sclk=1;
        io=1;
        return value;
}
/******************* 读 DS1302 ******************* /
void ds1302_init()
{
    uchar i,j,k;
    for(i=0;i<7;i++)
    {
        j=ds1302_time_data[i]/10;
        k=ds1302_time_data[i]%10;
        ds1302_time_data[i]=k+j*16;
    }
    ds1302_write(0x8e,0x00);
    for(i=0;i<7;i++)
    {
        ds1302_write(ds1302_write_address[i],ds1302_time_data[i]);
    }
    ds1302_write(0x8e,0x80);
}
```

```c
void ds1302_read_rtc()
{
    uchar i;
    for(i=0;i<7;i++)
    {
        ds1302_data[i]=ds1302_read(ds1302_read_address[i]);
    }
}
/****************** DS1302 显示函数 ****************** /
void ds1302_display()
{
    ds1302_disdata[0]=ds1302_data[0]/16+0x30;      //年
    ds1302_disdata[1]=ds1302_data[0]%16+0x30;
    ds1302_disdata[2]=0xb0;
    ds1302_disdata[3]=ds1302_data[1]/16+0x30;      //周
    ds1302_disdata[4]=ds1302_data[1]%16+0x30;
    ds1302_disdata[5]=0xb0;
    ds1302_disdata[6]=ds1302_data[2]/16+0x30;      //月
    ds1302_disdata[7]=ds1302_data[2]%16+0x30;
    ds1302_disdata[8]=0xb0;
    ds1302_disdata[9]=ds1302_data[3]/16+0x30;      //日
    ds1302_disdata[10]=ds1302_data[3]%16+0x30;
    ds1302_disdata[11]=0xb0;
    ds1302_disdata[12]=ds1302_data[4]/16+0x30;     //时
    ds1302_disdata[13]=ds1302_data[4]%16+0x30;
    ds1302_disdata[14]=0xb0;
    ds1302_disdata[15]=ds1302_data[5]/16+0x30;     //分
    ds1302_disdata[16]=ds1302_data[5]%16+0x30;
    ds1302_disdata[17]=0xb0;
    ds1302_disdata[18]=ds1302_data[6]/16+0x30;     //秒
    ds1302_disdata[19]=ds1302_data[6]%16+0x30;
    lcd_write_com(0x85);
    lcd_write_dat(ds1302_disdata[0]);
    lcd_write_com(0x86);
    lcd_write_dat(ds1302_disdata[1]);
    lcd_write_com(0x87);
    lcd_write_dat(ds1302_disdata[2]);
    lcd_write_com(0x88);
```

```c
        lcd_write_dat(ds1302_disdata[6]);
        lcd_write_com(0x89);
        lcd_write_dat(ds1302_disdata[7]);
        lcd_write_com(0x8a);
        lcd_write_dat(ds1302_disdata[8]);
        lcd_write_com(0x8b);
        lcd_write_dat(ds1302_disdata[9]);
        lcd_write_com(0x8c);
        lcd_write_dat(ds1302_disdata[10]);
        lcd_write_com(0x8d);
        lcd_write_dat(ds1302_disdata[11]);
        lcd_write_com(0x8e);
        lcd_write_dat(ds1302_disdata[3]);
        lcd_write_com(0x8f);
        lcd_write_dat(ds1302_disdata[4]);
        lcd_write_com(0xc6);
        lcd_write_dat(ds1302_disdata[12]);
        lcd_write_com(0xc7);
        lcd_write_dat(ds1302_disdata[13]);
        lcd_write_com(0xc8);
        lcd_write_dat(ds1302_disdata[14]);
        lcd_write_com(0xc9);
        lcd_write_dat(ds1302_disdata[15]);
        lcd_write_com(0xca);
        lcd_write_dat(ds1302_disdata[16]);
        lcd_write_com(0xcb);
        lcd_write_dat(ds1302_disdata[17]);
        lcd_write_com(0xcc);
        lcd_write_dat(ds1302_disdata[18]);
        lcd_write_com(0xcd);
        lcd_write_dat(ds1302_disdata[19]);
}
/********************* 主函数 *********************/
void main()
{
    lcd1602_display();          //LCD1602初始化
    ds1302_init();
    while(1)
```

```
        {
            ds1302_read_rtc();
            ds1302_display();
        }
    }
```

思考与练习

要求使用 Proteus 软件在计算机上按照下面要求画出 DS1302、LED 数码管与单片机连接的电路原理图,编程实现如下功能:

1) 实现 DS1302 时钟的读写功能。
2) 在 LED 数码管上显示当前时间。

首先保证单片机应用系统连接无误,电路设计符合课题要求。编程,在软件运行正常的情况下观察运行结果。如不能正常运行或未达到要求,分析原因并改进重新调试,直至正确。记录程序和结果。

任务四　AT24C××系列存储器的应用

【任务背景】

在单片机的开发应用中,常常希望对现场输入的数据能够在断电的情况下长久保存,以避免下次开机时的重新输入。此项工作通常采用 AT24C××系列存储器中的 AT24C02 来完成。

AT24C02 是带 I^2C(Inter Integrated Circuit Bus)总线接口的 EEPROM,其容量为 256 字节×8,它的特点是无须特殊设备,单片机本身就可对它进行读/写操作,写入数据在断电情况下可保存十年以上,使用非常方便。但由于 80C51 单片机没有 I^2C 总线接口,故不能直接使用。通常采用虚拟 I^2C 总线技术来解决这个问题。

【能力目标】

1. 掌握 AT24C××系列存储器功能与引脚作用;
2. 掌握 AT24C××系列存储器的指令作用;
3. 看懂 AT24C××系列存储器的工作时序和操作过程。

【知识点】

1. AT24C××系列存储器的功能与引脚介绍;
2. AT24C××系列存储器的指令作用介绍;
3. AT24C××系列存储器的工作时序;
4. AT24C××系列存储器的操作过程。

一、AT24C××系列存储器总体描述

1. I^2C 总线工作原理

I^2C 总线是 Philips 公司推出的串行总线标准(为二线制)。SDA 是串行数据线,SCL 是串行

时钟线,可发送和接收数据。典型的 I^2C 总线系统结构如图 7-28 所示。I^2C 总线上可以挂接多个器件,其中每个器件必须都支持 I^2C 总线通信协议。

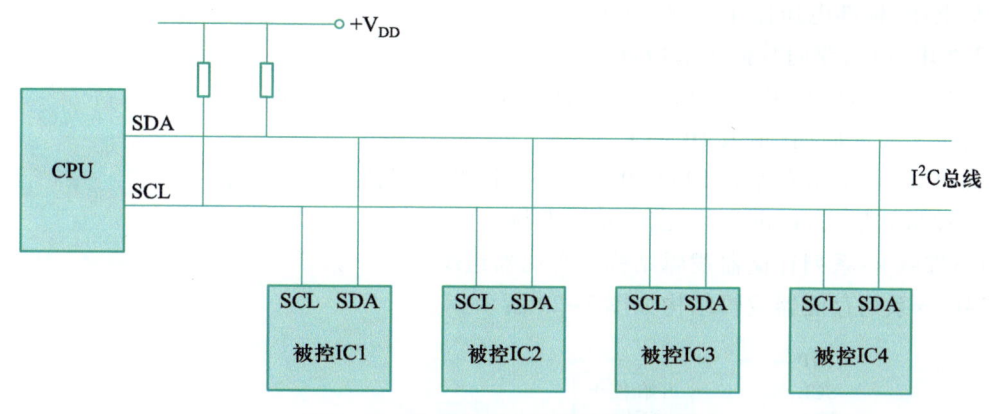

图 7-28 典型的 I^2C 总线系统结构图

所有挂接在 I^2C 总线上的器件和接口电路都应具有 I^2C 总线接口,且所有的 SDA、SCL 同名端相连。I^2C 总线上所有设备的 SDA、SCL 引脚必须外接上拉电阻。

特点:组成系统结构简单,占用空间小,芯片引脚的数量少,无须片选信号。允许若干兼容器件共享总线,应用比较广泛。

(1) I^2C 总线器件的寻址方式

1) 总线上所有器件要依靠 SDA 发送的地址信号寻址,不需要片选线。

2) 由于所有器件都通过 SCL 和 SDA 连接在 I^2C 总线上,因此,主机在进行数据传输前需要通过寻址,选择需要通信的从机。I^2C 总线上所有外围器件都需要有唯一的 7 位地址,由器件地址和引脚地址两部分组成。

3) 器件地址是 I^2C 器件固有的地址编码,器件出厂时就已经给定,不可更改。

4) 引脚地址是由 I^2C 总线外围器件的地址引脚(A2,A1,A0)决定,根据其在电路中接电源正极、接地或悬空的不同,形成不同的地址代码。

目前,市场上 I^2C 总线接口器件有多种,例如 A/D 转换器、D/A 转换器(PCF8591)、时钟芯片和存储器等。

(2) I^2C 总线的传送格式

I^2C 总线的传送格式为主从式,对系统中的某一器件来说有四种工作方式:主发送方式、从发送方式、主接收方式和从接收方式。

下面以主发送从接收为例介绍传送格式:

主机产生开始信号以后,发送的第一个字节为控制字节。前七位为从机的地址片选信号。最低位为数据传送方向位(高电平表示读从机,低电平表示写从机),然后发送一个选择从机内部地址的字节,来决定开始读写数据的起始地址。接着再发送数据字节,可以是单字节数据,也可以是一组数据,由主机来决定。从机每接收到一个字节以后,都要返回一个应答信号(ASK=0)。主机在应答时钟周期高电平期间释放 SDA 线,转由从机控制,从机在这个时钟周期的高电平期间必须拉低 SDA 线,并使之为稳定的低电平,作为有效的应答信号。

2. AT24C×× 系列存储器

AT24C×× 系列存储器是 Atmel 公司的 I^2C 总线接口的串行 EEPROM 存储器,具有型号多、容量大、支持 I²C 总线协议、占用单片机 I/O 口少、芯片扩展方便、读写简单等优点。

（1）AT24C××系列存储器特点

1）低电压/标准电压操作：1.8～5 V。

2）2 线串行口，双向数据传输协议。

3）8 B 页面（AT24C01/02）和 16 B 页面（AT24C04/08/16）写入方式。

4）自定义写入周期（最大 10 ms）。

5）高可靠性：使用寿命为 100 000 次写/擦除，数据保留期为 100 年。

6）多种封装形式：提供芯片、模块及标准封装形式。

（2）AT24C××系列存储器逻辑结构与存储器组织

AT24C××系列存储器逻辑结构如图 7-29 所示。

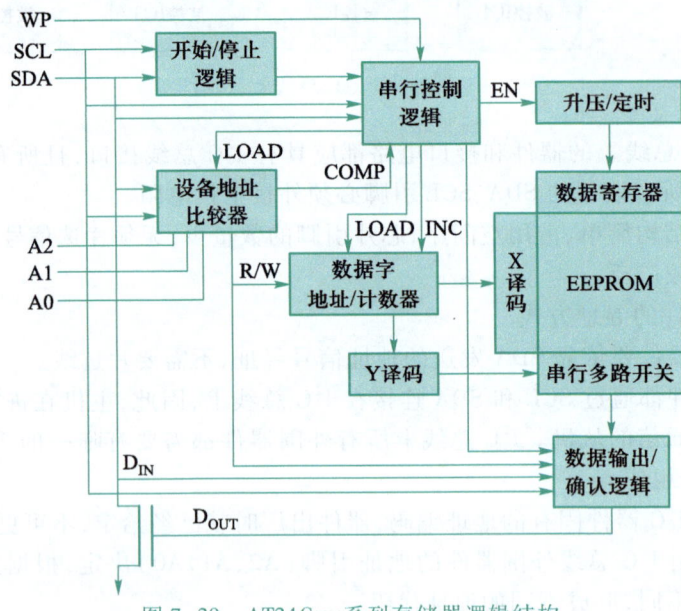

图 7-29　AT24C××系列存储器逻辑结构

（3）AT24C××系列存储器封装及引脚功能

1）封装。AT24C××系列存储器封装及引脚如图 7-30 所示。

2）引脚功能说明：

① SCL：串行时钟输入（Serial Clock Input）。串行时钟上升沿时，数据输入芯片（写入）；串行时钟下降沿时，数据从芯片输出（读出）。

② SDA：双向串行传送数据（Serial Data）。该端为漏极开路驱动，可与任意数量的其他漏极开路或集电极开路器件"线或"。

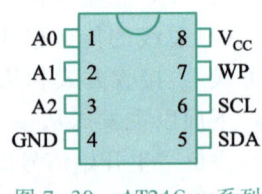

图 7-30　AT24C××系列存储器封装及引脚

③ A2、A1、A0：器件地址（DevicePage Addresses）输入端。

④ WP：写保护。WP=1，禁止写；WP=0，允许写。

二、I²C 总线协议

在实际应用中，往往遇到所使用的单片机没有 I²C 总线接口，例如典型的 51 系列单片机。为了让此类单片机拥有操作 I²C 总线器件的能力，需要在程序模拟 I²C 总线数据传输协议。

I²C 总线在传送数据过程中共有三种类型信号:开始信号、停止信号和应答信号。

1) 开始信号:SCL 保持高电平的状态下,SDA 出现下降沿。出现开始信号以后,总线被认为"忙"。

2) 停止信号:SCL 保持高电平的状态下,SDA 出现上升沿。停止信号过后,总线被认为"空闲"。

3) 应答信号:接收数据的器件在接收到 8 位数据后,向发送数据的器件发出特定的低电平脉冲,表示已收到数据。

① 总线空闲:SCL 和 SDA 都保持高电平。

② 总线忙:在数据传送开始以后,SCL 为高电平的时候,SDA 的数据必须保持稳定,只有当 SCL 为低电平时才允许 SDA 上的数据改变。

1. 器件寻址

AT24C××系列 EEPROM 在开始状态后均需一个 8 位器件地址(Device Address),如图 7-31 所示,以使器件能够进行读/写操作。

器件地址高 4 位为 1010,这对所有器件都是相同的。

在标准封装中,接下来的 3 位器件寻址码将因芯片容量的不同而有不同的定义:

1) 对于 AT24C01/02 来说,3 位器件寻址码是 A2、A1、A0,这 3 位必须与它们相应的硬件连线输入引脚相对应。

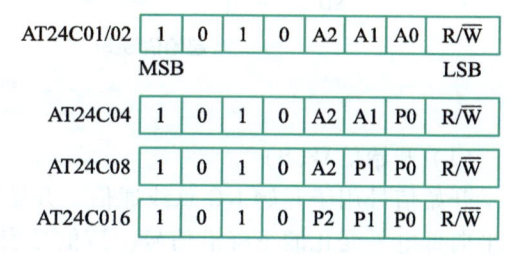

AT24C01/02	1	0	1	0	A2	A1	A0	R/$\overline{W}$
	MSB							LSB
AT24C04	1	0	1	0	A2	A1	P0	R/$\overline{W}$
AT24C08	1	0	1	0	A2	P1	P0	R/$\overline{W}$
AT24C016	1	0	1	0	P2	P1	P0	R/$\overline{W}$

图 7-31 AT24C××器件地址

2) 对于 AT24C04 来说,仅用 A2 和 A1 作为器件寻址位,第 3 位是存储器页面寻址位。A1、A2 两个器件寻址位必须与硬件连线输入引脚相对应,A0 引脚不连接。

3) 对于 AT24C08 来说,仅用 A2 作为器件寻址位,A1 和 A0 是存储器页面寻址位。A2 必须与硬件连线输入引脚相对应,A1 和 A0 引脚不连接。

4) 对于 AT24C16 来说,无器件寻址位。这 3 位均用于存储器页面寻址,A0、A1、A2 不连接。

AT24C04/08/16 的页面寻址位应被视为随后数据码寻址的最低位。器件寻址的第 8 位是读/写操作选择位,该位为高电平时启动读操作,处于低电平时启动写操作。寻址一经成功,EEPROM 将在 SDA 总线上输出一个确认应答 ACK;相反,则芯片回到待机状态。

2. 控制字节

在起始条件之后,必须是器件的控制字节,其中,高 4 位为器件类型识别符(不同的芯片类型有不同的定义,EEPROM 为 1010);接下来的 3 位为器件片选地址;最低位为读/写控制,为"1"时为读操作,为"0"时为写操作,如图 7-32 所示。

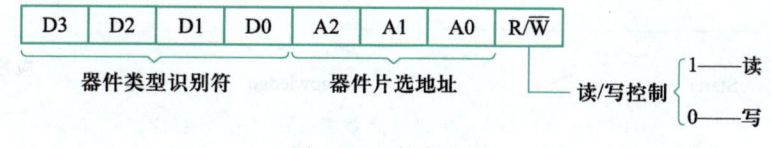

D3	D2	D1	D0	A2	A1	A0	R/$\overline{W}$
器件类型识别符				器件片选地址			读/写控制

1——读
0——写

图 7-32 控制字节

3. 时钟和数据转换

AT24C××系列存储器数据的有效性时序图如图 7-33 所示。

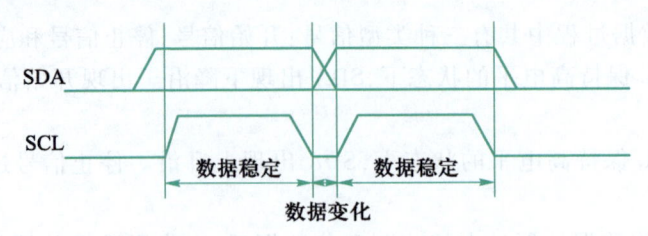

图 7-33　AT24C××系列存储器数据的有效性时序图

4. 开始信号(S)和终止状态(P)

开始/终止信号时序图如图 7-34 所示。

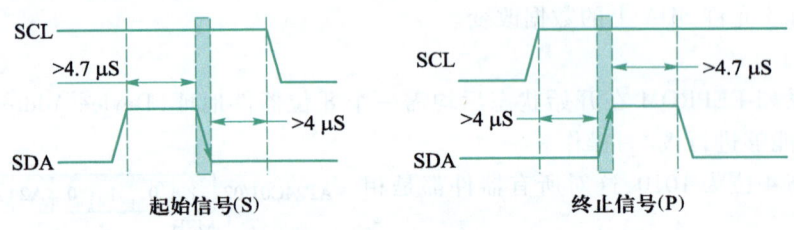

图 7-34　开始/终止信号时序图

（1）开始信号(S)

开始信号用于开始 I²C 总线通信。开始信号是在时钟线 SCL 为高电平期间，数据 SDA 上高电平向低电平变化的下降沿信号。该信号表示一种操作的开始，因此必须在任何其他命令之前执行。

（2）终止信号(P)

终止信号是 SCL 处于高电平时，SDA 由低电平转向高电平的上升沿信号。该信号表示一种操作的结束并将终止所有通信。在一个读序列之后，终止信号置 EEPROM 于待机模式。

5. 确认应答信号(ACK)

应答信号用于表明 I²C 总线数据传输的结束。I²C 总线数据传送时，一个字节数据传送完毕后都必须由主机产生应答信号。主机在第 9 个时钟位上释放数据总线 SDA，使其处于高电平状态，此时从机输出低电平拉低数据总线 SDA 为应答信号。

该确认应答发生于第 9 个时钟周期，如图 7-35 所示。

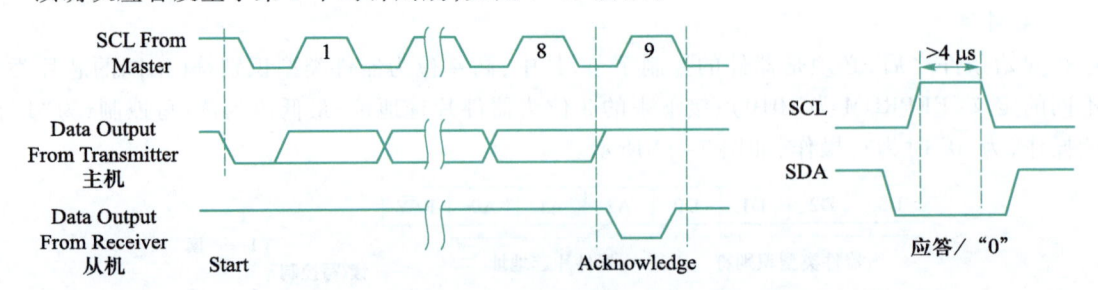

图 7-35　AT24C××系列存储器确认应答信号时序图

6. 待机模式

AT24C××系列存储器的特性之一是具备待机模式，这一模式下当电源掉电、接收到 STOP 位或完成任何一个内部处理之后有效。

7. 存储器复位

当电源掉电、系统复位或协议中断时,可通过以下步骤复位:
1)9个时钟周期之后。
2)在每个时钟周期当 SCL 为高时等待 SDA 为高。
3)产生一个开始信号。

三、器件操作

1. 输出数据

当数据(包括地址、数据)由单片机送往 AT24C×× 系列存储器时,称为输出数据(写数据)。数据总是按字节(8位)逐位串行输出,每个时钟脉冲输出一位。SDA 总线上的数据应在 SCL 低电平期间改变(输出),在 SCL 高电平期间稳定。

写数据操作分为字节写和页面写两种操作。

(1)字节写(Byte Write)

在字节写模式下,主机发送起始命令和从机地址信息,R/W 位清零,在从机产生应答信号后,主机发送 16 位的字节地址。主机在收到从机的另一个应答信号后,再发送数据到被寻址的存储单元。再次应答,并在主机产生停止信号后开始内部数据的擦写,在内部擦写过程中,从机不再应答主机的任何请求。

写字节时序如图7-36所示。写字节时序要求在给出开始信号、器件地址码和收到从机的确认应答 ACK 后,紧跟着给出一个 8 位地址码(32 KB 芯片是 2 个 8 位地址码)。从机收到地址码后发出确认应答 ACK。然后发送要写的 8 位数据到 SDA 线上,并进入 EEPROM 单元,每个时钟节拍送入 1 位。EEPROM 单元收到数据后,通过 SDA 线发出确认应答 ACK。数据传送设备必须用终止信号来结束写操作。这时 EEPROM 进入内部定时的写周期,如图 7-37 中的 t_{WR},在写周期期间,将数据写入非易失性存储器,并禁止所有其他操作直到写完成。

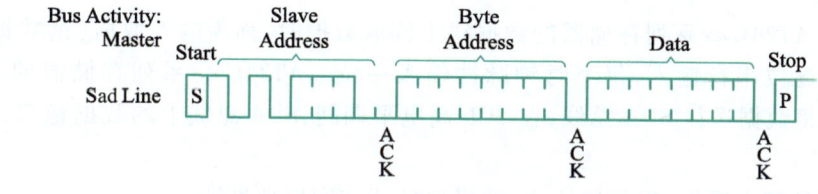

图 7-36 AT24C×× 系列存储器写字节时序图

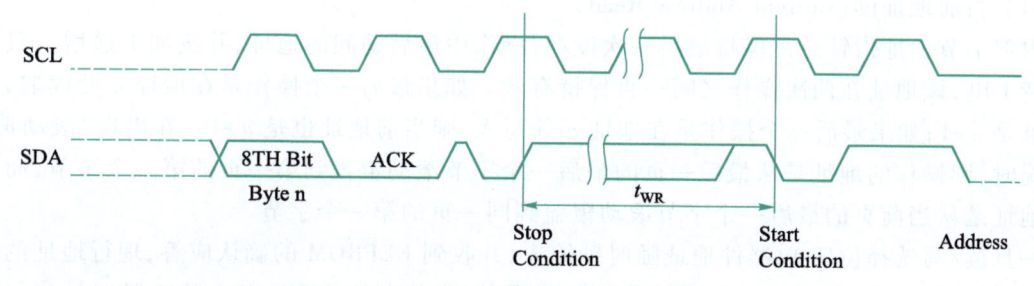

图 7-37 AT24C×× 系列存储器写周期时序图

(2)页面写(Page Write)

对于页面写,根据芯片的一次装载的字节不同有所不同。AT24C01/02 可以进行 8B 页面写入，AT24C04/08/16 可以进行 16 B 页面写入。启动写页面与启动写字节操作一样，但数据传送设备无须在第一个字节随时钟输入后发出一个开始信号；在 EEPROM 确认收到第一个数据码之后，数据传送设备再传送 7 个（对于 AT24C01/02）或 15 个（对于 AT24C04/08/16）数据码；每收到一个数据，EEPROM 都将通过 SDA 回送一个确认应答信号，最后数据传送设备通过终止信号终止写页面操作，其过程如图 7-38 所示。

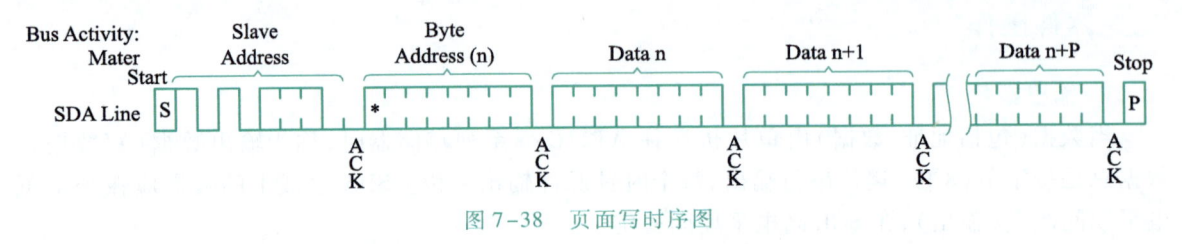

图 7-38 页面写时序图

数据地址的低 3 位（对于 AT24C01/02）或低 4 位（对于 AT24C04/08/16）在收到每个字节后，在芯片内部自动加 1。字节地址的高位字节保持不变，以保持存储器页地址不变。如果传送到 EEPROM 中的数据字超过 8（对于 AT24C01/02）或 16（对于 AT24C04/08/16）字节，字节地址将"滚动覆盖"，即以前写入的数据将被覆盖。

2. 确认查询（Acknowledge Polling）

一旦内定时写循环开始且禁止 EEPROM 输入，确认查询将被启动。当数据传送设备在送出一个开始信号以及紧随其后的器件地址码（读/写位代表所要进行的操作）时，只有在内定时写循环完成时，EEPROM 才通过拉低 SDA 总线发出确认应答，允许读或写过程继续进行。AT24C×× 系列存储器的内定时写周期（t_{WR}）最大为 10 ms，因此，每完成一个写操作，应延时约 10 ms 或查询 SDA 总线重新为低时才能发出下一个操作的开始命令，否则下一次操作命令将不被器件接收、执行。

3. 输入数据

当单片机从 AT24C×× 系列存储器的数据线上读取数据时，称为输入数据（读数据）。数据总是按字节（8 位）逐位串行输入，每个时钟脉冲输入一位。AT24C×× 系列存储器的 EEPROM 在 SCL 低电平期间将数据送往 SDA 总线，在 SCL 高电平期间，SDA 总线上的数据稳定，可供单片机读取。

读操作有三种基本操作：当前地址读、随机地址读和顺序地址读。

（1）当前地址读（Current Address Read）

内部字节地址指针总是保持最后一次读/写操作中最后访问的地址，并按加 1 递增。只要芯片保持上电，该地址在两次操作之间一直保持有效。如果最后一个操作是在地址 n 处读取，则当前地址是 $n+1$；如果最后一个操作是在地址 n 处写入，则当前地址也是 $n+1$。在出现"滚动覆盖"的情况时，读操作的地址是从最后一页的最后一个字节滚动覆盖到第一页的第一个字节，而写操作的地址是从当前页的最后一个字节滚动覆盖到同一页的第一个字节。

一旦读/写选择位置 1，器件地址随时钟输入，并收到 EEPROM 的确认应答，现行地址的数据码随时钟被 EEPROM 串行输出。此时数据传送设备（微控制器）可在 SDA 线上随时钟串行读入数据。读取数据结束后，微控制器不是通过确认（低电平 ACK）来应答，而是使总线处于高电平（NO ACK），随后产生一个停止状态，如图 7-39 所示。

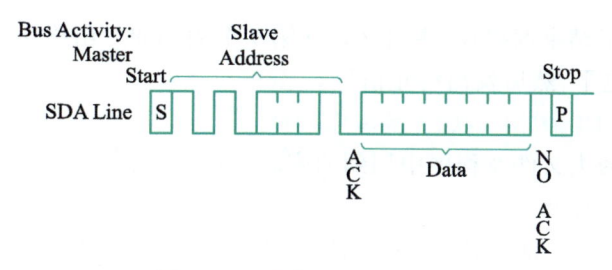

图 7-39　当前地址读时序图

注意:写操作中 AT24C×× 系列存储器接收到数据(地址、数据)后向主机发送低电平应答 ACK,程序通过将第 9 个时钟周期的 SDA 线读入 CY 位来接收应答,查询 CY 位是否为低来判断是否收到从机确认应答。而读操作中是主机接到数据后向 AT24C×× 系列存储器发送高电平应答(NO ACK),该高电平应答由应答子程序来产生。

(2)随机地址读(Random Address Read)

随机地址读需要一个"空"字节写序列来载入数据地址,一旦器件地址(读/写选择位清零)和数据地址随时钟输入,并被 EEPROM 确认,传送设备必须产生另一个开始状态。此时送出的器件地址中读/写选择位处于高电平,将启动一个现行地址读,EEPROM 收到器件地址后回送确认应答,并随时钟串行输出数据码,微控制器读取数据后不通过确认应答,而是使 SDA 总线处于高电平,随后产生一个停止状态,如图 7-40 所示。

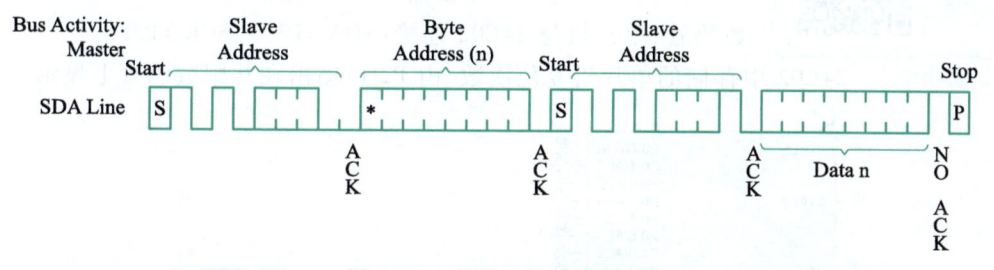

图 7-40　随机地址读时序图

(3)顺序地址读(Sequential Read)

顺序地址读由当前地址读或随机地址读启动。微控制器收到一个数据码之后回送确认应答,只要 EEPROM 收到确认应答之后,便会继续增加数据地址并随时钟串行输出后面的数据。当达到存储地址极限时,数据地址将重复滚动,顺序地址读将继续;当终止顺序读操作时,微控制器不产生低电平确认信号,而是使 SDA 总线处于高电平应答,随后产生一个终止信号。顺序读时序如图 7-41 所示。

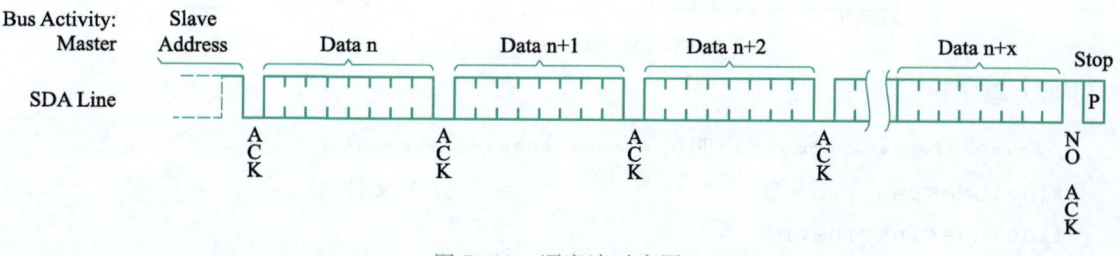

图 7-41　顺序读时序图

应当注意的是,为了结束读操作,主机必须在第 9 个周期间发出终止信号或者在第 9 个时钟周期内保持 SDA 为高电平,然后发出终止信号。

4. 利用 I²C 访问 EEPROM 24C02 的程序设计

1)首先包含必要的头文件及程序中用到的宏。

2)对 24C02 进行初始化。

3)24C02 测试子函数。首先启动 I²C 功能,对 I²C 写入 0xA0,检查返回值,当返回值为 0xFF 时,说明 24C02 准备好;当返回值为 0 时,说明 24C02 没有准备好。

4)24C02 写函数。在 24C02 准备好的前提下,首先启动 I²C,然后分别写入 0xA0、地址字节、数据字节,最后停止 I²C。

5)24C02 读函数。在 24C02 准备好的前提下,首先启动 I²C,写入 0xA0、地址字节、0xA1 之后读取数据字节,并利用 data 变量作为函数的返回值。

int8 eeprom_24C02_read(int8 addr)

6)24C02 测试子函数,通过对 24C02 读写来进行测试。

7)主函数,完成各个子函数的调用,最终实现程序需要完成的功能。

下面通过一个实例来了解 24C02 的读写操作过程。

例 7-7 单片机复位一次,自动从 24C02 中读取数据,然后加 1,数码管最终显示的数据就是开机的次数。

【硬件连接】 电路如图 7-42 所示,单片机 P2 口驱动一位共阳数码管;单片机与 24C02 连接:SDA = P3.7、SCK = P3.6。

【实现功能】 24C02 中存储的单片机复位次数,由 P2 口输出在共阳数码管上显示。

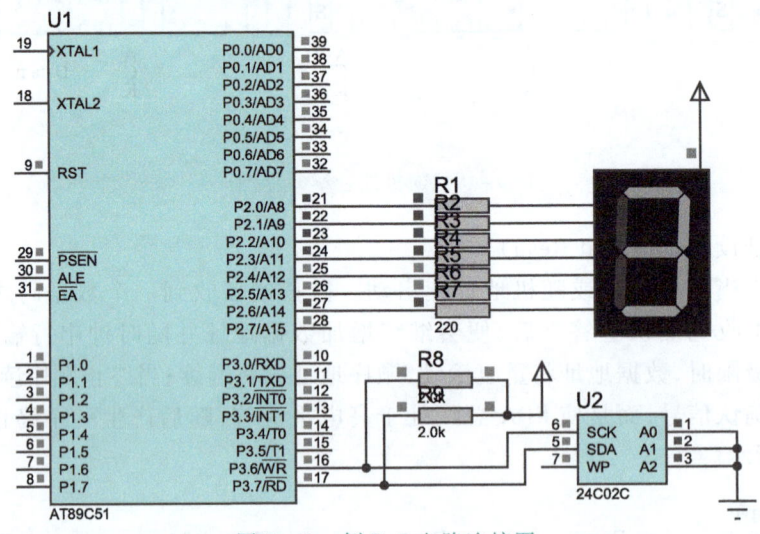

图 7-42 例 7-7 电路连接图

【C51 程序】

```
/********************* 声明区 ********************/
#include<reg51.h>                    //头文件
#include<intrins.h>
#define uchar unsigned char          //宏定义
```

```c
#define uint unsigned int
#define DIGI P2                          //将P2口定义为DIGI
sbit SDA=P3^7;                           //定义数据线
sbit SCK=P3^6;                           //定义时钟线
uint value=0;
uchar
digivalue[ ]={0x3f,0x06,0x5b,0x4f,0x66,0x6d,0x7d,0x07,0x7f,0x6f,
0x77,0x7c,0x39,0x5e,0x79,0x71};          //数字数组,依次为0~F
#define delayNOP(); {_nop_();_nop_();_nop_();_nop_();};
#define OP_WRITE 0xa0                    //器件地址以及写入操作
#define OP_READ 0xa1                     //器件地址以及读取操作
void start();
void stop();
uchar shin();
bit shout(uchar write_data);
void write_byte( uchar addr, uchar write_data);
void delayms(uint ms);
uchar read_current();
uchar read_random(uchar random_addr);
/********************* I²C启动函数 ********************/
void start()              //开始位
{
    SDA=1;                //使能SDA
    SCK=1;
    delayNOP();
    SDA=0;
    delayNOP();
    SCK=0;
}
/********************* I²C停止函数 ********************/
void stop()               //停止位
{
    SDA=0;
    delayNOP();
    SCK=1;
    delayNOP();
    SDA=1;
}
/*************** 从24C02移出数据到MCU ****************/
uchar shin()
```

```c
{
    uchar i,read_data;
    for(i=0; i < 8; i++)
    {
        SCK=1;
        read_data <<=1;            //数据左移一位
        read_data |=SDA;
        SCK=0;
    }
    return(read_data);
}
/***************** 从 MCU 移出数据到 24C02 ******************/
bit shout(uchar write_data)
{
    uchar i;
    bit ack_bit;
    for(i=0; i < 8; i++)           //循环移入 8 个位
    {
        SDA=(bit)(write_data & 0x80);
        _nop_();
        SCK=1;
        delayNOP();
        SCK=0;
        write_data <<=1;
    }
    SDA=1;                         //读取应答
    delayNOP();
    SCK=1;
    delayNOP();
    ack_bit=SDA;
    SCK=0;
    return ack_bit;                //返回 24C02 应答位
}
/************* 在指定地址 addr 处写入数据 write_data *************/
void write_byte(uchar addr, uchar write_data)
{
    start();
    shout(OP_WRITE);
```

```c
    shout(addr);
    shout(write_data);
    stop();
    delayms(10);            //写入周期
}
/******************* 在当前地址读取 ******************** /
uchar read_current()
{
    uchar read_data;
    start();
    shout(OP_READ);
    read_data=shin();
    stop();
    return read_data;
}
/******************* 在指定地址读取 ******************** /
uchar read_random(uchar random_addr)
{
    start();
    shout(OP_WRITE);
    shout(random_addr);
    return(read_current());
}
/******************* 延时子函数 ******************** /
void delayms(uint ms)
{
    uchar k;
    while(ms--)
    {
        for(k=0; k < 120; k++);
    }
}
/******************* 复位消抖动函数 ******************** /
void delay()
{
    uchar ii=0,jj=0;
    for(ii=0;ii<200;ii++)
    for(jj=0;jj<200;jj++);
}
```

```
/********************* 主函数 *********************/
main()
{
    SCK=0;
    delay();
    value=read_random(0);     //读取单片机复位次数
    value=value+1;            //读到的次数加一
    if(value>9) value=0;
    write_byte(0,value);
    DIGI = ~digivalue[value]; //显示次数
    while(1);
}
```

页面写应用编程本书不再举例,请参照相关书籍。

例 7-8 要求使用 Proteus 软件在计算机上按照下面要求画出 89C51 与 24C02、LED 数码管的电路原理图,编程实现如下功能。

【硬件连接】 电路如图 7-43 所示,2 位共阴数码管显示;与 24C02 连接:SCK=P0.0、SDA=P0.1、WP=P0.2。

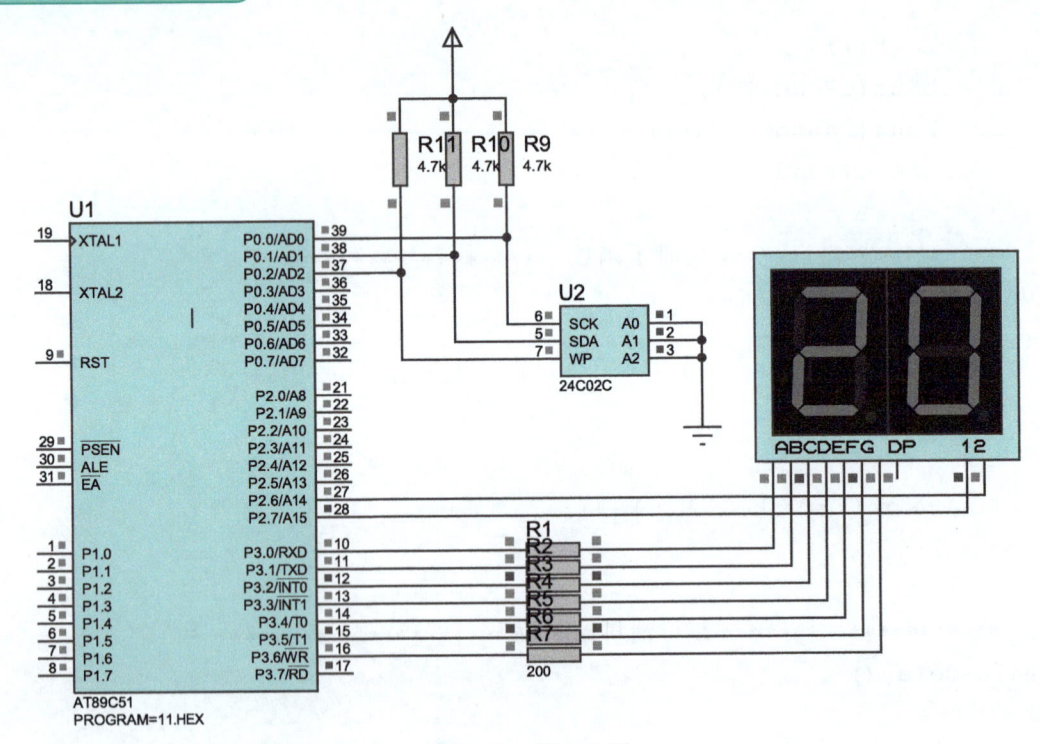

图 7-43 例 7-8 图

【实现功能】 用片内定时器定时,产生 100 以内的秒定时时间,将该时间存入 24C02 再读出,在显示器上显示。

【C51 程序】

```c
/******************** 声明区 ********************/
#include<reg51.h>
#define uint unsigned int
#define uchar unsigned char
sbit WP=P0^2;
sbit SDA=P0^1;
sbit SCK=P0^0;
uchar sec,tcnt;
uchar code table[]={0x3f,0x06,0x5b,0x4f,0x66,0x6d,0x7d,0x07,0x7f,0x6f,0x77,0x7c,0x39,0x5e,0x79,0x71};
/******************** 延时函数 ********************/
void delay()
{;;}
void delay1(uint z)
{
    uint x,y;
    for(x=z;x>0;x--)
        for(y=110;y>0;y--);
}
/******************** 初始化 ********************/
void init()
{
    SDA=1;
    delay();
    SCK=1;
    delay();
    TMOD=0x01;                    //定时器设置
    TH0=(65536-45872)/256;
    TL0=(65536-45872)%256;
    EA=1;
    ET0=1;
    TR0=1;
}
/******************** 开始 ********************/
void start()
{
    SDA=1;
    delay();
```

```c
        SCK=1;
        delay();
        SDA=0;
        delay();
}
/********************** 停止 *********************/
void stop()
{
        SDA=0;
        delay();
        SCK=1;
        delay();
        SDA=1;
        delay();
}
/********************** 响应 *********************/
void respons()
{
        uchar i;
        SCK=1;
        delay();
        while((SDA==1)&&(i<250))
        i++;
        SCK=0;
        delay();
}
/********************** 写字节 *********************/
void write_byte(uchar date)
{
        uchar i,temp;
        temp=date;
        for(i=0;i<8;i++)                    //循环移入8个位
        {
            temp=temp<<1;                   //将 temp 中数的各二进制位向左移一位
            SCK=0 ;                         //将 SCK 置为低电平
            delay();
            SDA=CY;                         //将最高位数据送到 SDA
            delay();
```

```
            SCK=1;                    //在SCK的上升沿将数据写入24C02
            delay();
        }
        SCK=0;
        delay();
        SDA=1;
        delay();
}
/********************读字节********************/
uchar read_byte()
{
    uchar i,k;
    SCK=0;
    delay();
    SDA=1;
    delay();
    for(i=0;i<8;i++)
    {
        SCK=1;
        delay();
        k=(k<<1)|SDA;
        delay();
        SCK=0;
        delay();
    }
    return k;
}
/********************写地址********************/
void write_add(uchar address,uchar date)
{
    start();
    write_byte(0xa0);
    respons();
    write_byte(address);
    respons();
    write_byte(date);
    respons();
    stop();
}
```

/ ********************* 读地址 ********************* /
```c
uchar read_add(uchar address)
{
    uchar date;
    start();
    write_byte(0xa0);
    respons();
    write_byte(address);
    respons();
    start();
    write_byte(0xa1);
    respons();
    date=read_byte();
    stop();
    return date;
}
```
/ ********************* 显示 ********************* /
```c
void display(uchar shi,uchar ge)
{
    P3=0X00;
    P2=0x7f;
    P3=table[shi];
    delay1(5);
    P3=0X00;
    P2=0xbf;
    P3=table[ge];
    delay1(5);
}
```
/ ********************* 主函数 ********************* /
```c
void main()
{   init();
    sec=read_add(2);
    if(sec>100)
        sec=0;
    while(1)
    {   display(sec/10,sec%10);
        if(WP==1)
        {   //WP=0;
```

```
            write_add(2,sec);
        }
    }
}
/******************** T1 中断 ******************** /
void time_0() interrupt 1
{   TH0 = (65536-50000)/256;
    TL0 = (65536-50000)%256;
    tcnt++;
    if(tcnt==20)
    {   tcnt=0;
        sec++;
        //WP=1;
        if(sec==100)
        sec=0;
    }
}
```

思考与练习

要求使用 Proteus 软件在计算机上按照下面要求画出 24C02、DS18B20、LED 数码管与单片机连接的电路原理图并编程：

1）实现 DS18B20 的温度测量转换，将温度值存于 24C02。
2）从 24C02 中读出温度值显示在 LED 数码管上。

任务五 串行 A/D、D/A 转换接口设计

【任务背景】

PCF8591 是一种具有 I^2C 总线接口的 8 位 A/D、D/A 转换芯片，在与 CPU 的信息传输过程中仅靠时钟线 SCL 和数据线 SDA 就可以实现。

【能力目标】

1. 了解 A/D、D/A 转换芯片 PCF8591 功能；
2. 看懂 PCF8591 的工作时序；
3. 学会 PCF8591 与单片机的连接与编程方法。

【知识点】

1. 具有 I^2C 总线接口的 8 位 A/D、D/A 转换芯片 PCF8591 的功能；
2. PCF8591 的工作原理和时序；
3. PCF8591 与单片机的连接与编程方法。

一、PCF8591 内部结构及引脚功能描述

PCF8591 是一个单片集成、单独供电、低功耗、8 位 CMOS 数据获取器件。PCF8591 具有 4 路 8 位 A/D 模拟输入,属逐次比较型,内含采样保持电路;1 个 8 位 D/A 模拟输出,内含有 DAC 数据寄存器,A/D、D/A 的最大转换速率约为 11 kHz,但是转换的基准电源需由外部提供;1 个串行 I^2C 总线接口。PCF8591 的 3 个地址引脚 A0、A1 和 A2 可用于硬件地址编程,允许在同一个 I^2C 总线上接入 8 个 PCF8591 器件,而无须额外的硬件。在 PCF8591 器件上输入/输出的地址、控制和数据信号都是通过双线双向 I^2C 总线以串行的方式进行传输。

微课 PCF8591应用知识

1. PCF8591 的特性

1)单独供电。
2)PCF8591 的操作电压范围为 2.5~6V。
3)低待机电流。
4)通过 I^2C 总线串行输入/输出。
5)PCF8591 通过 3 个硬件地址引脚寻址。
6)PCF8591 的采样率由 I^2C 总线速率决定。
7)4 个模拟输入可编程为单端型或差分输入。
8)自动增量频道选择。
9)PCF8591 的模拟电压范围为 V_{SS} 到 V_{DD}。
10)PCF8591 内置跟踪保持电路。
11)8 位逐次逼近型 A/D 转换器。
12)通过 1 路模拟输出实现 DAC 增益。

2. PCF8591 的内部结构图

PCF8591 的内部结构如图 7-44 所示。

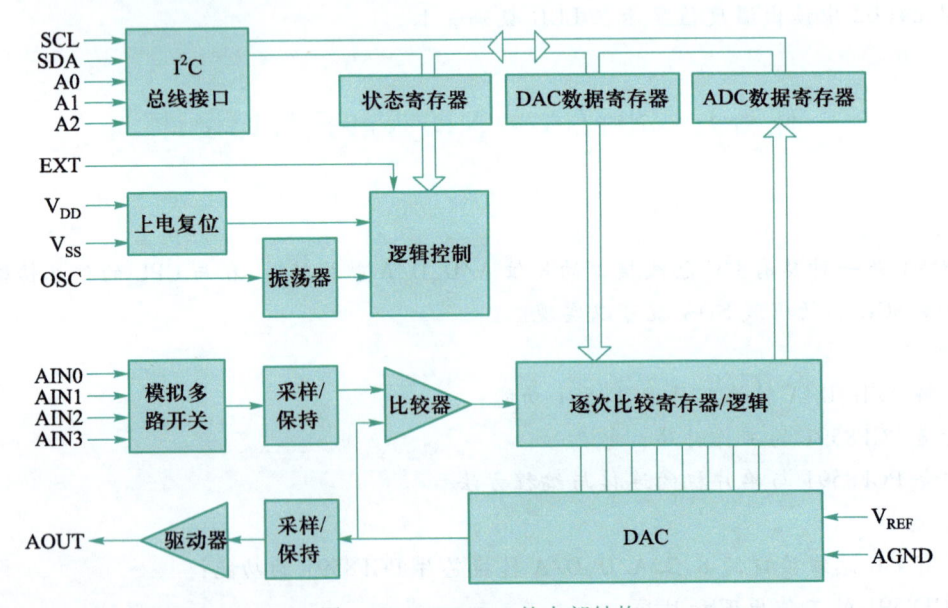

图 7-44 PCF8591 的内部结构

3. PCF8591 的引脚

PCF8591 的引脚如图 7-45 所示。

图 7-45　PCF8591 的引脚

1) AIN0 ~ AIN3:模拟信号输入端。
2) A0 ~ A2:引脚地址端。
3) V_{DD}、V_{SS}:电源端(2.5 ~ 6V)。
4) SDA、SCL:I^2C 总线的数据线、时钟线。
5) OSC:外部时钟输入端,内部时钟输出端。
6) EXT:内部、外部时钟选择线,使用内部时钟时 EXT 接地。
7) AGND:模拟信号地。
8) AOUT:D/A 转换输出端。
9) VREF:基准电源端。

二、PCF8591 内部可编程功能设置

在 PCF8591 内部的可编程功能控制字有两个:一个为地址选择字,另一个为转换控制字。PCF8591 采用典型的 I^2C 总线接口的器件寻址方法,即总线地址由器件地址、引脚地址和方向位组成。Philips 公司规定 A/D 器件高 4 位地址为 1001,低 3 位地址为引脚地址 A0、A1、A2,由硬件电路决定,地址选择字格式具体描述如下所示:

D7	D6	D5	D4	D3	D2	D1	D0
1	0	0	1	A2	A1	A0	R/W

因此 I^2C 系统中最多可接 $2^3 = 8$ 个具有总线接口的 A/D 器件,地址的最后一位为方向位 R/W,当主机对 A/D 器件进行读操作时为 1,进行写操作时为 0。总线操作时,由器件地址、引脚地址和方向位组成的从地址为主机发送的第一字节。

D0:读写控制位,对转换器件进行读操作时为 1,进行写操作时为 0。D1,D2,D3:引脚硬件地址设置位,由硬件电路设定该 PCF8591 的物理地址。D7,D6,D5,D4:器件地址位固定为 1001。

PCF8591 的转换控制字存放在控制寄存器中,用于实现器件的各种功能,总线操作时为主机发送的第二字节,转换控制字的格式功能具体描述如下。

D0,D1:通道选择位。00:通道 0;01:通道 1;10:通道 2;11:通道 3。
D2:自动增量允许位,为 1 时,每对一个通道转换后自动切换到下一通道进行转换,为 0 时

不自动进行通道转换,可通过软件修改进行通道转换。

D3:特征位,固定为 0。

D4,D5:模拟量输入方式选择位。00:输入方式 0,四路单端输入;01:输入方式 1,三路差分输入;10:输入方式 2,两路单端输入,一路差分输入;11:输入方式 3,两路差分输入。

D6:模拟输出允许位,A/D 转换时设置为 0(地址选择字 D0 位此时设置为 1),D/A 转换时设置为 1(地址选择字 D0 位此时设置为 0)。

D7:特征位,固定为 0。

三、PCF8591 的 A/D 转换

PCF8591 的 A/D 转换为逐次比较型,在 A/D 转换周期中借用 DAC 及高增益比较器对 PCF8591 进行读写操作(R/W)后便立即启动 A/D 转换,并读出 A/D 转换结果,在每个应答信号的后沿触发转换周期,采样模拟电压并读出前一次转换后的结果。

在 A/D 转换中,一旦 A/D 采样周期被触发,所选择通道的采样电压便保存在采样、保持电路中,并转换成 8 位二进制码(四路单端输入)或二进制补码(三路差分输入)存放在 ADC 数据寄存器中等待器件读出。如果控制字中自动增量选择位置 1,则一次 A/D 转换完毕后自动选择下一通道。读周期中读出的第一个字节为前一个周期的转换结果。上电复位后读出的第一字节为 80H。

PCF8591 的 A/D 转换亦是使用 I²C 总线的读方式操作完成的。其数据操作格式如图 7-46 所示。

| S | SLAW | A | data 0 | A | data 1 | A | data 2 | A | … | data n | $\overline{A}$ | P |

图 7-46 A/D 转换数据操作格式

其中,data 0 ~ data n 为 A/D 的转换结果,分别对应于前一个数据读取期间所采样的模拟电压。A/D 转换结束后,先发送一个非应答信号位 A 再发送结束信号位 P。灰底位由主机发出,白底位是由 PCF8591 产生。上电复位后控制字状态为 00H,在 A/D 转换时须设置控制字,即须在读操作之前进行控制字的写入操作。A/D 转换逻辑操作波形时序图如图 7-47 所示。

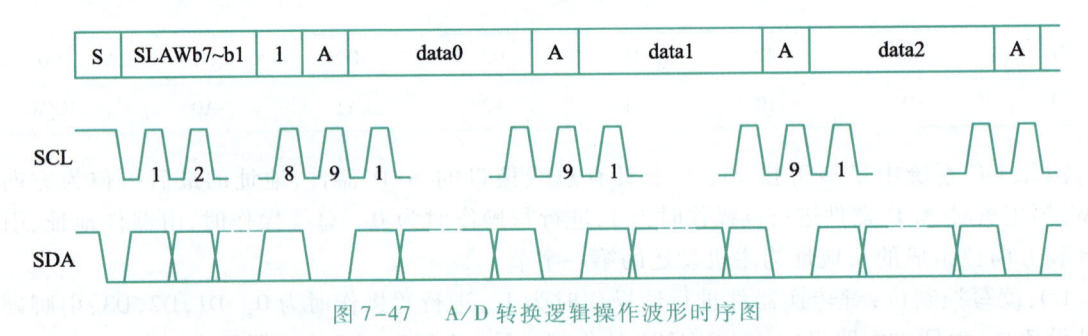

图 7-47 A/D 转换逻辑操作波形时序图

四、PCF8591 的 D/A 转换

发送给 PCF8591 的第 3 字节被存储到 DAC 数据寄存器,并使用内部 D/A 转换器转换成对应的模拟电压。使用 D/A 转换需将控制字第 2 位置 1,使能模拟输出。

D/A 转换器由连接至外部参考电压的具有 256 个接头的电阻分压电路和选择开关组成。接头译码器切换一个接头至 DAC 输出线，如图 7-48 所示。

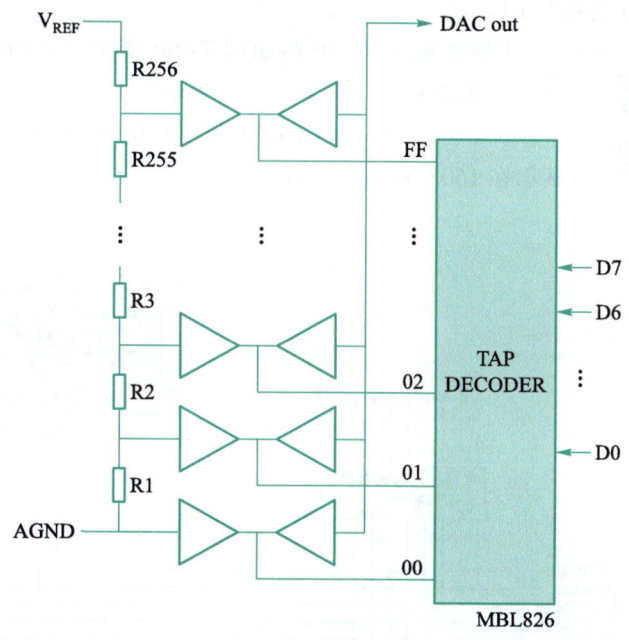

图 7-48　DAC 电阻电路

模拟输出电压由自动清零的单位增益放大器缓冲输出。单位增益放大器可通过设置控制寄存器的模拟输出容许标志来开启或关闭。在激活状态，输出电压将保持到新的数据字节被发送。

内部 D/A 转换器也可用于逐次逼近 A/D 转换，为释放用于 A/D 转换周期的 DAC，单位增益放大器还配备了一个跟踪和保持电路。在执行 A/D 转换时该电路保持输出电压。

图 7-49 是 D/A 转换逻辑操作波形时序图。

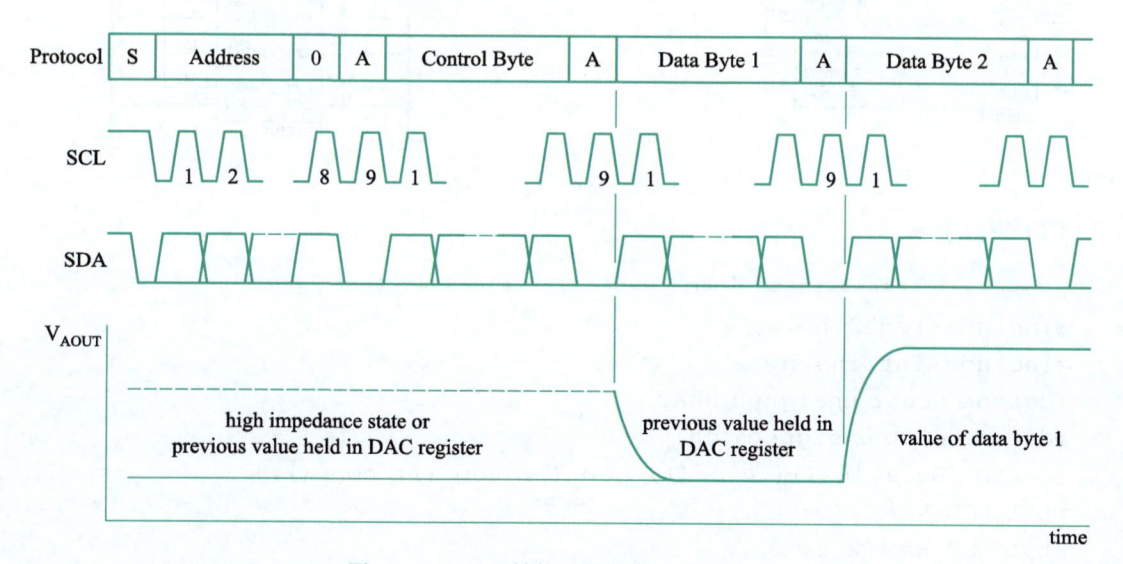

图 7-49　D/A 转换逻辑操作波形时序图

五、应用举例

例 7-9 串行 A/D 转换应用。

【硬件连接】 电路如图 7-50 所示,显示由 1602 完成;PCF8591 与单片机连接:SCL = P2.0、SDA = P2.1。

【实现功能】 PCF8591 与单片机连接,将测得的电位器上分压值显示在 1602 液晶显示器上。

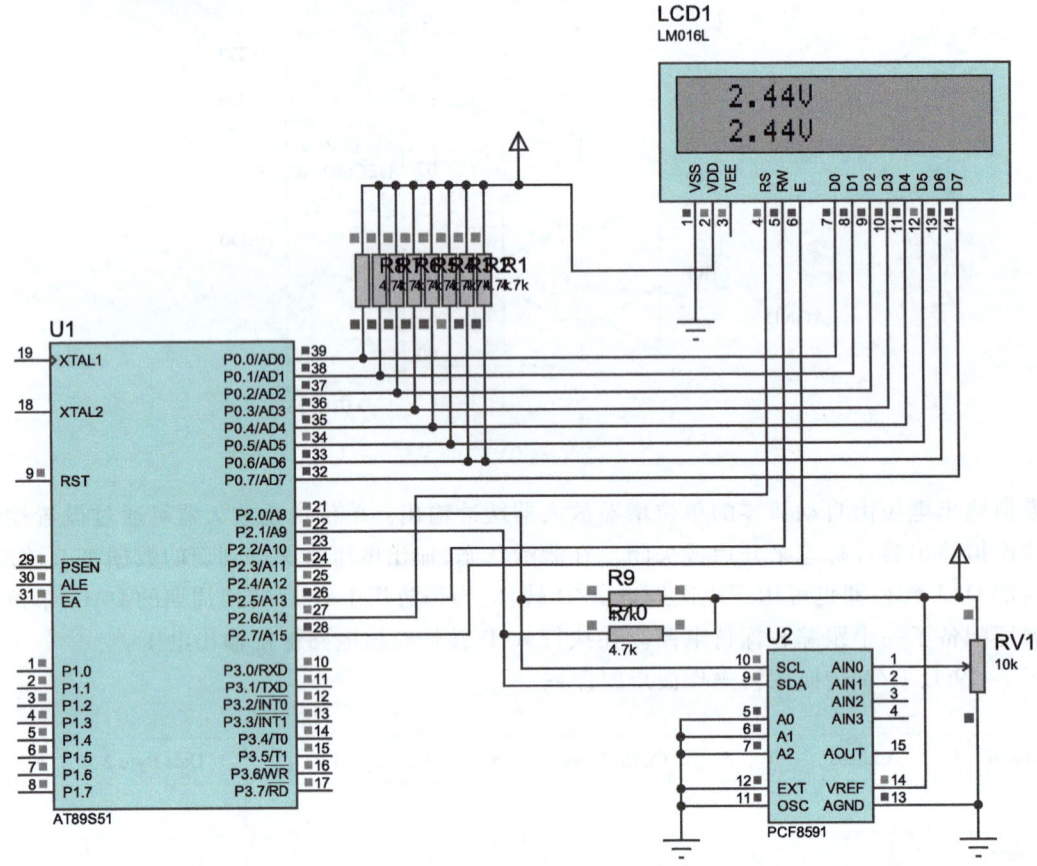

图 7-50 A/D 转换仿真原理图

【C51 程序】

```c
/********************* 声明区 *********************/
#include<reg52.h>
#include<intrins.h>
#define uchar unsigned char
#define uint unsigned int
#define Delay4us() {_nop_();_nop_();_nop_();_nop_();}
sbit LCD_RS=P2^6;
sbit LCD_RW=P2^5;
sbit LCD_EN=P2^7;
```

```c
sbit SCL=P2^0;                              //I²C时钟引脚
sbit SDA=P2^1;                              //I²C数据输入输出引脚
uchar Recv_Buffer[4];                       //数据接收缓冲
uint Voltage[]={'0','0','0','0'};           //数据分解为电压x.xx
bit bdata IIC_ERROR;                        //I²C错误标志位
uchar LCD_Line_1[]={"    .  V        "};
/********************* 延时函数 ********************/
void delay(int ms)
{
    uchar i;
    while(ms--) for(i=0;i<250;i++) Delay4us();
}
/********************* LCD忙检测 ********************/
bit LCD_Busy_Check()
{
    bit Result;
    LCD_RS=0;
    LCD_RW=1;
    LCD_EN=1;
    Delay4us();
    Result=(bit)(P0&0x80);
    LCD_EN=0;
    return Result;
}
/********************* LCD写指令 ********************/
void LCD_Write_Command(uchar cmd)
{
    while(LCD_Busy_Check());
    LCD_RS=0;
    LCD_RW=0;
    LCD_EN=0;
    _nop_();
    _nop_();
    P0=cmd;
    Delay4us();
    LCD_EN=1;
    Delay4us();
    LCD_EN=0;
}
```

```c
/********************** LCD 写数据 ********************** /
void LCD_Write_Data(uchar dat)
{
    while(LCD_Busy_Check());
    LCD_RS=1;
    LCD_RW=0;
    LCD_EN=0;
    P0=dat;
    Delay4us();
    LCD_EN=1;
    Delay4us();
    LCD_EN=0;
}
/********************** LCD 初始化 ********************** /
void LCD_Initialise()
{
    LCD_Write_Command(0x38);delay(5);
    LCD_Write_Command(0x0c);delay(5);
    LCD_Write_Command(0x06);delay(5);
    LCD_Write_Command(0x01);delay(5);
}
/********************** 设置显示位置 ********************** /
void LCD_Set_Position(uchar pos)
{
    LCD_Write_Command(pos|0x80);
}
/********************** 显示一行 ********************** /
void LCD_Display_A_Line(uchar Line_Addr,uchar s[])
{
    uchar i;
    LCD_Set_Position(Line_Addr);
    for(i=0;i<16;i++)LCD_Write_Data(s[i]);
}
/************ 将模/数转换后得到的值分解存入缓存 ********** /
void Convert_To_Voltage(uchar val)
{
    uchar Tmp;                      //最大值为255,对应5V,255/5=51
    Voltage[2]=val/51+'0';          //整数部分
    Tmp=val%51*10;                  //第一位小数
```

```c
    Voltage[1]=Tmp/51+'0';
    Tmp=Tmp% 51* 10;
    Voltage[0]=Tmp/51+'0';
}
/********************* 启动 I²C 总线 ********************/
void IIC_Start()
{
    SDA=1;
    SCL=1;
    Delay4us();
    SDA=0;
    Delay4us();
    SCL=0;
}
/********************* 停止 I²C 总线 ********************/
void IIC_Stop()
{
    SDA=0;
    SCL=1;
    Delay4us();
    SDA=1;
    Delay4us();
    SCL=0;
}
/********************* 从机发送应答位 ********************/
void Slave_ACK()
{
    SDA=0;
    SCL=1;
    Delay4us();
    SCL=0;
    SDA=1;
}
/******************* 从机发送非应答位 *******************/
void Slave_NOACK()
{
    SDA=1;
    SCL=1;
```

```c
        Delay4us();
        SCL=0;
        SDA=0;
}
/*********************** 发送一字节 *********************/
void IIC_SendByte(uchar wd)
{
    uchar i;
    for(i=0;i<8;i++)                    //循环移入8位
    {
        SDA=(bit)(wd&0x80);
        _nop_();
        _nop_();
        SCL=1;
        Delay4us();
        SCL=0;
        wd<<=1;
    }
    Delay4us();
    SDA=1;                              //释放总线并准备读取应答
    SCL=1;
    Delay4us();
    IIC_ERROR=SDA;                      //IIC_ERROR=1 表示无应答
    SCL=0;
    Delay4us();
}
/*********************** 接收一字节 *********************/
uchar IIC_ReceiveByte()
{
    uchar i,rd=0x00;
    for(i=0;i<8;i++)
    {
        SCL=1;
        rd<<=1;
        rd|=SDA;
        Delay4us();
        SCL=0;
        Delay4us();
```

```c
    }
    SCL=0;
    Delay4us();
    return rd;
}
/****** 连续读入4路通道的A/D转换结果并保存到Recv_Buffer ****** /
void ADC_PCF8591(uchar CtrlByte)
{
    uchar i;
    IIC_Start();
    IIC_SendByte(0x90);                 //发送写地址
    if(IIC_ERROR==1)return;
    //IIC_SendByte(CtrlByte);            //发送控制字
    //if(IIC_ERROR==1)return;
    IIC_Start();                        //重新发送开始命令
    IIC_SendByte(0x91);                 //发送读地址
    if(IIC_ERROR==1)return;
    IIC_ReceiveByte();                  //空读一次,调整读顺序
    Slave_ACK();                        //收到一字节后发送一个应答位
    for(i=0;i<4;i++)
    {
        Recv_Buffer[i++]=IIC_ReceiveByte();
        Slave_ACK();                    //收到一个字节后发送一个应答位
    }
    Slave_NOACK();
    IIC_Stop();                         //收到一个字节后发送一个非应答位
}
/********************** 主函数 ********************** /
void main()
{
    LCD_Initialise();
    while(1)
    {
        ADC_PCF8591(0x04);              //向PCF8591发送1字节进行A/D转换
        Convert_To_Voltage(Recv_Buffer[0]);
        LCD_Line_1[2]=Voltage[2];
        LCD_Line_1[4]=Voltage[1];
        LCD_Line_1[5]=Voltage[0];
        LCD_Display_A_Line(0x00,LCD_Line_1);
    }
}
```

例 7-10 D/A 功能应用举例。

【硬件连接】 电路如图 7-51 所示，PCF8591 与单片机连接：SCL=P2.0、SDA=P2.1；PCF8591R 的 AOUT 端与一个发光二极管相连。

【实现功能】 通过 D/A 转换把输出电压逐渐增大，使加在上面的发光二极管慢慢变亮，到最亮后再变暗，如此循环。

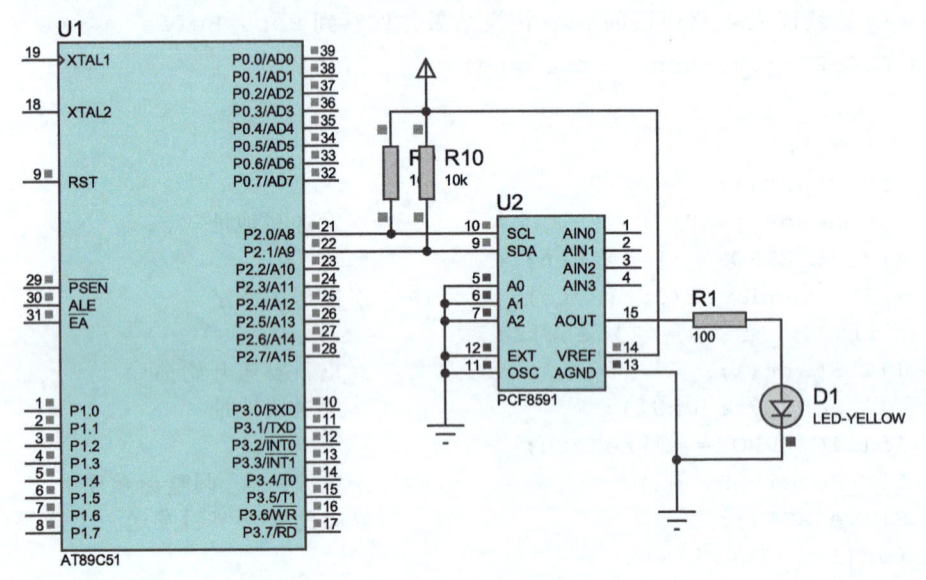

图 7-51 D/A 转换仿真原理图

【C51 程序】

```c
/********************** 声明区 ***********************/
#include <reg51.h>
#define uchar unsigned char
#define uint unsigned int
#define   PCF8591 0x90          //PCF8591 地址
sbit SCL=P2^0;                  //串行时钟输入端
sbit SDA=P2^1;                  //串行数据输入端
/********************** 延时函数 ***********************/
void delay()
{;;}
void delay_1ms(uint z)
{
    uint x,y;
    for(x=z;x>0;x--)
        for(y=110;y>0;y--) ;
}
```

/********************** 开始信号 ************************/
```c
void start()
{
    SDA=1;
    delay();
    SCL=1;
    delay();
    SDA=0;
    delay();
}
```
/********************** 停止信号 ************************/
```c
void stop()
{
    SDA=0;
    delay();
    SCL=1;
    delay();
    SDA=1;
    delay();
}
```
/********************** 应答 ************************/
```c
void respons()
{
    uchar i;
    SCL=1;
    delay();
    while((SDA==1)&&(i<250))
    i++;
    SCL=0;
    delay();
}
```
/********************** 初始化 ************************/
```c
void init()
{
    SDA=1;
    delay();
    SCL=1;
    delay();
}
```

```c
/*********************** 写一字节数据 *********************/
void write_byte(uchar date)
{
    uchar i,temp;
    temp=date;
    for(i=0;i<8;i++)
    {
        temp=temp<<1;              //左移一位 移出的一位在CY中
        SCL=0;                     //只有在scl=0时sda能变化值
        delay();
        SDA=CY;
        delay();
        SCL=1;
        delay();
    }
    SCL=0;
    delay();
    SDA=1;
    delay();
}
/*********************** 写地址 *************************/
void write_add(uchar control,uchar date)
{
start();
    write_byte(PCF8591);   //10010000,前4位固定,接下来3位全部被接地,
                           //所以都是0,最后一位是写,所以为低电平
    respons();
    write_byte(control);
    respons();
    write_byte(date);
    respons();
    stop();
}
/*********************** 主函数 *************************/
void main()
{
    uchar a;
    init();
```

```
        while(1)
        {
            write_add(0x40,a);
            delay_1ms(5);
            a++;
            if(a>250)   a=0;
        }
    }
```

> **思考与练习**
>
> 如何使用 PCF8591 设计一个数字电压表？用 LED 数码管或液晶显示器显示测量结果，请画出电路原理图并仿真。

任务六　并行 I/O 口扩展设计

【任务背景】

51 单片机的并行 I/O 口有 P0、P1、P2 和 P3，P0 是地址/数据总线口，P2 口是高 8 位地址线，P3 口具有第二功能，这样，真正可以作为双向 I/O 口应用的就只有 P1 口。这在大多数应用中是不够的。因此，大部分 51 单片机应用系统设计都不可避免地对 P0 口进行扩展。在较为复杂的系统(尤其是工业控制系统)中，经常需要扩展 I/O 口。

扩展 I/O 口的方法主要有三种：一种用 74 系列数据缓冲器或数据锁存器芯片构成简单的并行 I/O 口；另一种是利用专用芯片如 8255 或 8155 扩展 I/O 口；第三种是使用串行口同步移位寄存器方式扩展 I/O 口(此种方法已在串行口中介绍)。

【能力目标】

1. 了解并行 I/O 口扩展接口知识；
2. 掌握并行 I/O 口专用芯片的结构原理及应用知识；
3. 掌握扩展并行 I/O 口的编程方法。

【知识点】

1. 并行 I/O 口扩展接口知识；
2. 并行 I/O 口专用芯片的结构原理及应用知识；
3. 扩展并行 I/O 口的编程方法。

一、使用中小规模集成电路扩展 I/O 口

在单片机应用系统中，常采用 TTL 电路或 CMOS 电路构成的缓冲器和锁存器扩展 I/O 口。以 TTL 电路为例，单片机将外部扩展的 I/O 口和外部数据存储器统一编址，每个扩展的 I/O 口均相当于一个扩展的外部数据存储器单元，对扩展的 I/O 口读/写采用 MOVX 指令，并用 $\overline{RD}$ 和 $\overline{WR}$ 作为输入/输出控制。

1. 用缓冲器扩展 8 位并行输入接口

将 TTL 芯片用作输入接口,要求接口电路具有三态缓冲或选通功能。通常使用三态门 74LS244 或 74LS245 扩展 8 位并行输入接口。如图 7-52 所示是 74LS244 扩展的 8 位并行输入接口,其中 1A1~1A4,2A1~2A4 为输入端;1Y1~1Y4,2Y1~2Y4 为输出端;$\overline{1G}$、$\overline{2G}$ 为芯片使能端,低电平有效,8 位并行输入口地址为 7FFFH。

2. 用锁存器扩展 8 位并行输出接口

将 TTL 芯片做输出接口,要求接口电路具有锁存功能,将 P0 口上的数据锁存在输出上。为了增加抗干扰能力,可采用带允许控制端的锁存器,常用于输出扩展的芯片有 74LS373、74LS273 和 74LS377 等。

如图 7-53 所示是 74LS373 扩展的 8 位并行输出接口。其中,1D~8D 为 8 位数据输入端,1Q~8Q 为 8 位数据输出端,CK 为时钟信号,$\overline{G}$ 为使能控制端,低电平有效。8 位并行输出口地址为 7FFFH。

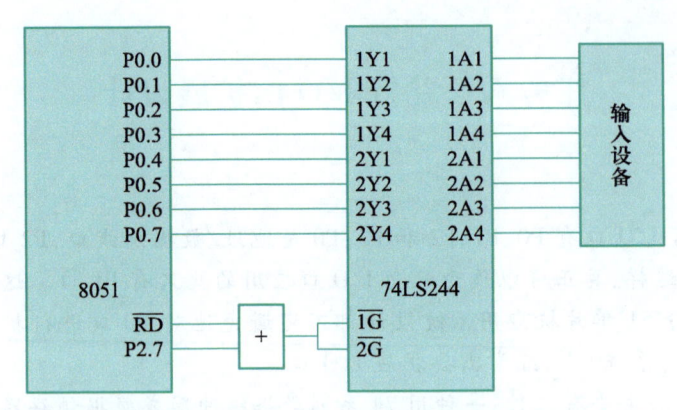

图 7-52 74LS244 扩展的 8 位并行输入接口

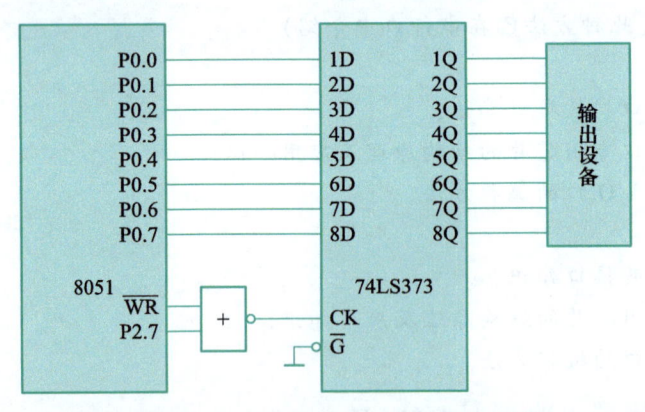

图 7-53 74LS373 扩展的 8 位并行输出接口

例 7-11 如图 7-54 所示,单片机扩展了一片 74HC244 作为输入接口,连接 8 个按钮,一片 74HC373 作为输出接口,连接 8 个 LED,通过程序读入按钮状态,再送到 LED 对应显示。244 和 373 的口地址均为 7FFFH。

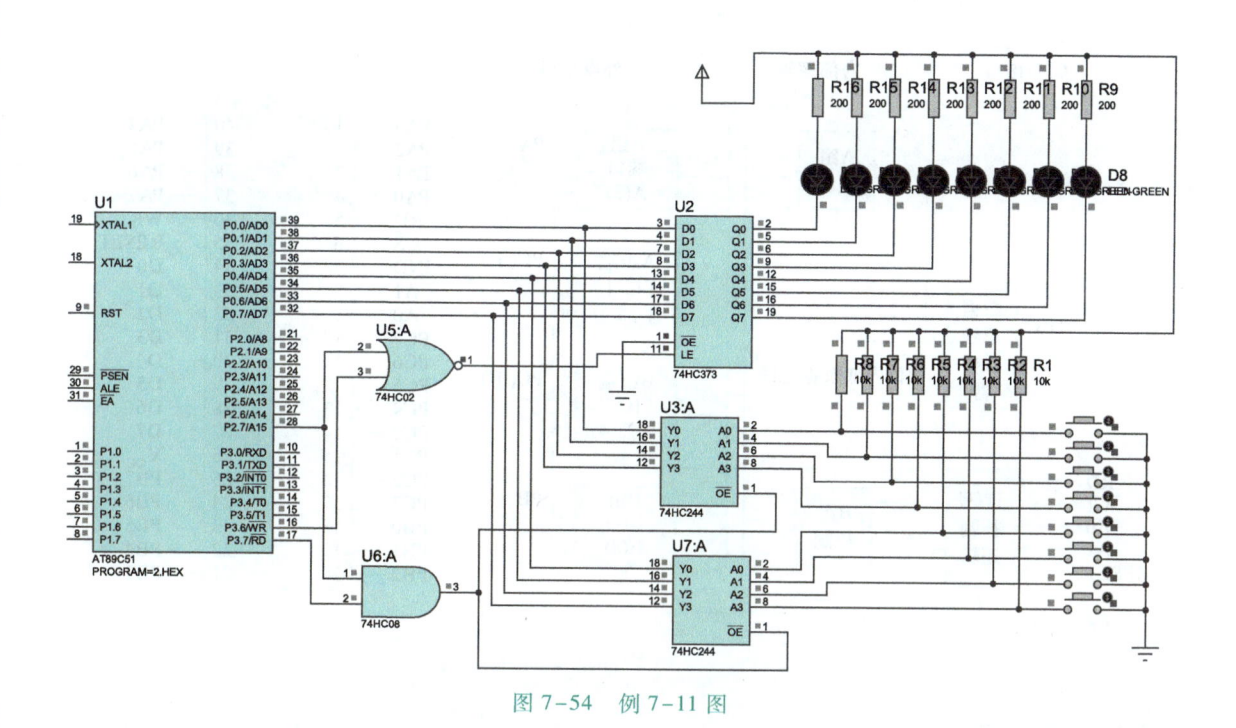

图 7-54　例 7-11 图

【C51 程序】

```
#include<reg51.h>
#include<absacc.h>              //声明绝对地址访问头文件
defined uchar unsigned char
......
uchar  i;
i=XBYTE[0x7fff];                //读入 74HC244 输入接口的状态
XBYTE[0x7fff]=i;                //将数据送到输出接口
......
```

二、8255A 可编程通用并行 I/O 口

1. 8255A 芯片介绍

8255A 是 Intel 公司生产的可编程输入/输出接口芯片,有 3 个 8 位并行 I/O 口(A 口、B 口和 C 口),具有三种工作方式,可通过程序改变其功能,使用灵活方便,通用性强,可作为单片机与多种外围设备连接时的中间接口电路。

2. 8255A 的内部结构和外部引脚

8255A 的内部结构框图及引脚如图 7-55 所示。

（1）内部结构

由图 7-55 可知,8255A 内部包括 PA、PB、PC 三个 8 位并行 I/O 口,A、B 两组控制电路,数据总线缓冲器和读/写逻辑控制电路。

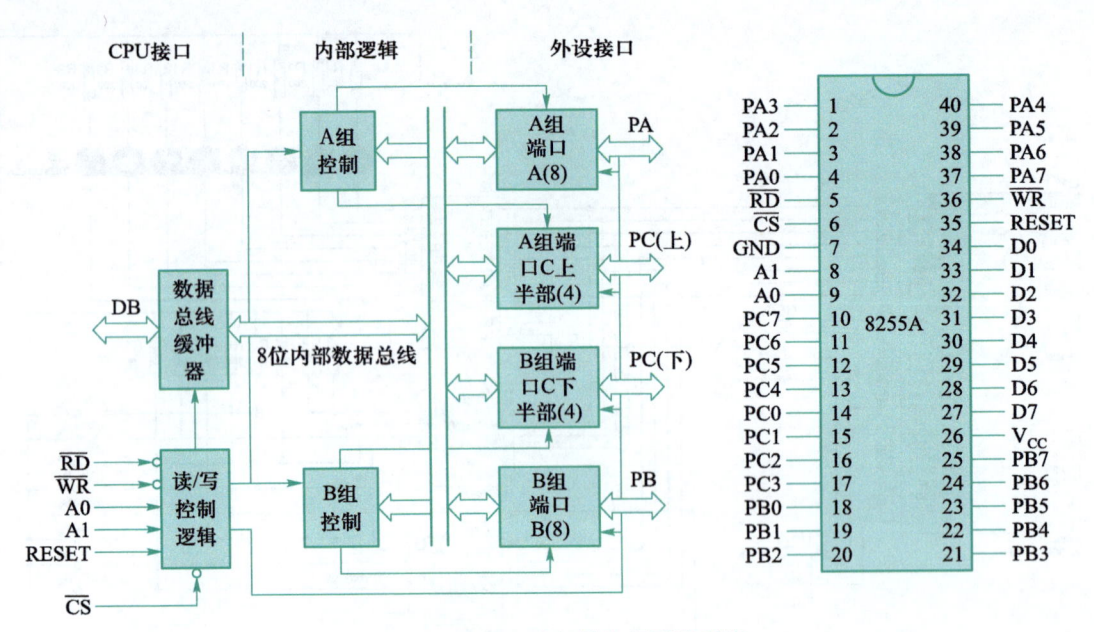

图 7-55　8255A 内部结构框图及引脚

（2）引脚说明

8255A 共有 40 个引脚，采用双列直插式封装，功能如下：

PA7～PA0：A 口输入/输出线。

PB7～PB0：B 口输入/输出线。

PC7～PC0：C 口输入/输出线。

D7～D0：三态双向数据线，与单片机数据总线连接，用来传送数据信息。

A1～A0：地址线，与单片机的地址总线相连，用来选择 8255A 内部端口或控制寄存器，其选择方式如表 7-11 所示。

表 7-11　8255A 内部端口及控制器寄存器选择

A1	A0	选择口
0	0	A 口
0	1	B 口
1	0	C 口
1	1	控制寄存器

$\overline{CS}$：片选信号线，低电平有效，表示芯片被选中。

RESET：复位信号线。复位后，8255A 内部寄存器全部清 0，PA、PB、PC 口呈高阻态。

$\overline{RD}$：读选通信号线，低电平有效，控制数据的读出。

$\overline{WR}$：写选通信号线，低电平有效，控制数据的写入。

V_{CC}：+5V 电源。

GND：地线。

（3）工作方式选择

8255A 是编程接口芯片，通过控制字（控制寄存器）对其端口的工作方式和 C 口各位的状态进行设置。8255A 共有两个控制字，一个是工作方式控制字，另一个是 C 口置位/复位控制字。这两个控制字共用一个地址，通过最高位来选择使用哪个控制字。

1）工作方式控制字。8255A 有三种基本工作方式。

① 方式 0：基本输入/输出方式。基本输入/输出方式为无条件数据传送方式，A、B、C 三个端口均可使用这种工作方式用作输入/输出口，但端口不能既做输入口又做输出口。

② 方式 1：选通输入/输出方式。方式 1 主要用于中断和查询数据传送方式，只有 A 口和 B 口可以选择这种工作方式。在方式 1 工作时，A 口必须与 C 口中的 PC3～PC7 共同实现端口的输入/输出操作，B 口则必须与 C 口中的 PC0～PC2 共同实现端口的输入/输出操作，其中 A 口与 B 口作为数据的输入/输出通道，而 C 口的各位分别用来作为 A 口和 B 口输入/输出操作的控制和联络信号。

③ 方式 2：双向传送方式。只有 A 口可以使用方式 2，既可以输入数据，也可以输出数据，此时 C 口中的 PC3～PC7 用来作为 A 口的控制和联络信号。

8255A 的工作方式由工作方式控制字决定，其格式由如图 7-56(a) 所示，将工作方式控制字写到控制寄存器中可以设置 8255A 的工作方式。

例如将工作控制字 95H 写入到 8255A 的控制寄存器中，可将 8255A 编程为 A 口方式 0 输入，B 口方式 1 输出，C 口的上半部分（PC4～PC7）输出，C 口的下半部分（PC0～PC3）输入。

2）置位/复位控制字。8255A 的 C 口各位还具有位控制功能，在 8255A 工作在方式 1 和方式 2 时，C 口的某些位通常是控制和联络信号。为了实现控制功能，8255A 可通过置位/复位控制字将 C 口的任意一位置 1 或者清 0，其置位/复位控制字格式如图 6-56(b) 所示。

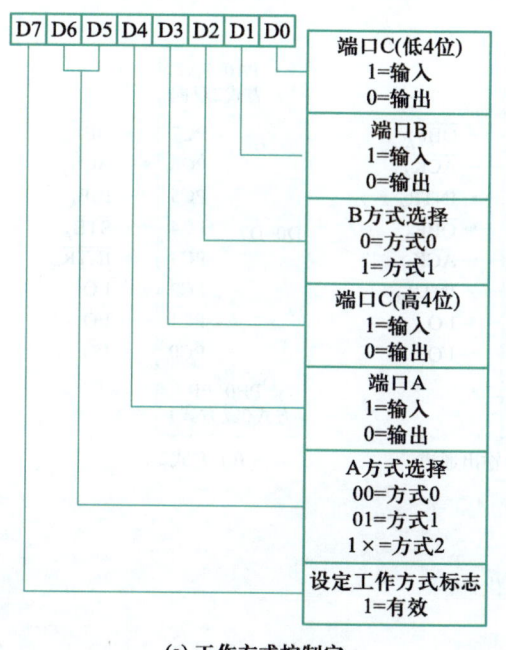

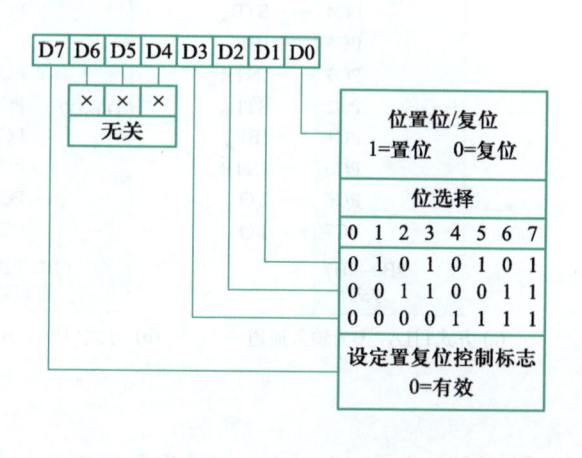

(a) 工作方式控制字　　　　(b) 置位/复位控制字

图 7-56　8255A 工作方式控制字及置复位控制字的格式

在某些情况下，C 口用来定义控制信号和状态信号，因此 C 口的每一位都可以进行置位或复位。对 C 口的置位或复位是由置位/复位控制字进行的。其中，最高位必须固定为 0。

下面介绍 C 口各位在不同工作方式下的功能。

① 如图 7-57(a)所示，当 A、B 口以方式 1 输入时，C 口各位的状态含义如下：

$\overline{STB}$为外设向 8255A 输入的选通信号，低电平有效。当外设数据准备好后，向 8255A 输入低电平信号$\overline{STB}$，当 8255A 收到$\overline{STB}$下降沿后将数据送入端口锁存器。

IBF 为输入缓冲器满信号，高电平有效。当 IBF 为高电平时，表示数据已全部送入端口锁存器，等待 CPU 读取，当 CPU 读取数据后，由$\overline{RD}$信号的上升沿复位为低电平，允许外设继续送数。

INTR 为中断请求信号，高电平有效。在中断数据传送方式下，由 8255A 产生并向 CPU 发出中断信号，其条件是端口的中断允许条件成立（中断允许由 C 口的相应位控制，请参阅相关资料），且$\overline{STB}=1$，IBF=1。

② 如图 7-57(b)所示，当 A、B 口以方式 1 输出时，C 口各位的状态含义如下：

$\overline{OBF}$为输出缓冲器满信号，低电平有效。当$\overline{OBF}$为低电平时，表示 CPU 已将数据输出到 8255A 端口锁存器中，通知外设可以取数。

$\overline{ACK}$为外设响应信号，低电平有效。当$\overline{ACK}$为低电平时，表示外设已将端口数据取走，CPU 可以再送新的数据。

INTR 为中断请求信号，与图 7-57(a)中情况相似。

③ 如图 7-57(c)所示，为 A 口工作于方式 2 时，C 口各位的状态。其各位含义与方式 1 一样。

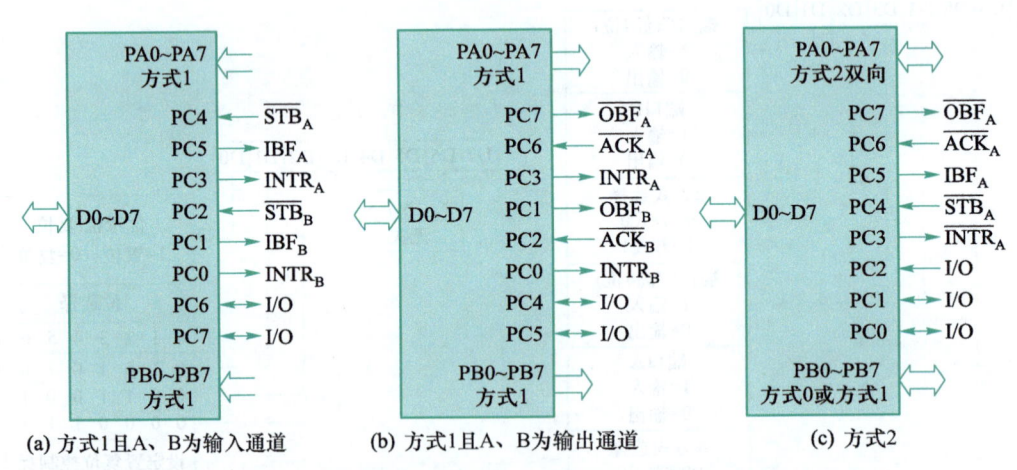

图 7-57 8255A 在不同工作方式下 C 口各位的状态

(a) 方式1且A、B为输入通道
(b) 方式1且A、B为输出通道
(c) 方式2

3. 8255A 与 51 单片机的扩展接口电路及初始化程序

（1）接口电路

图 7-58 给出了一种 8255A 的扩展接口电路。

8255A 的数据线和 89C51 的 P0 口直接相连；8255A 的片选信号$\overline{CS}$和 89C51 的 P2.7 相连，

8255A 的 A0、A1 通过 74LS373 与 89C51 的 P0.0、P0.1 相连,所以 8255A 的 A 口、B 口、C 口、控制寄存器的地址分别为 7FFCH、7FFDH、7FFEH、7FFFH,8255A 的读写线 $\overline{RD}$、$\overline{WR}$ 分别和 89C51 的读写选通线 $\overline{RD}$、$\overline{WR}$ 相连;8255 的复位端 RESET 与 89C51 的 RST 端相连。

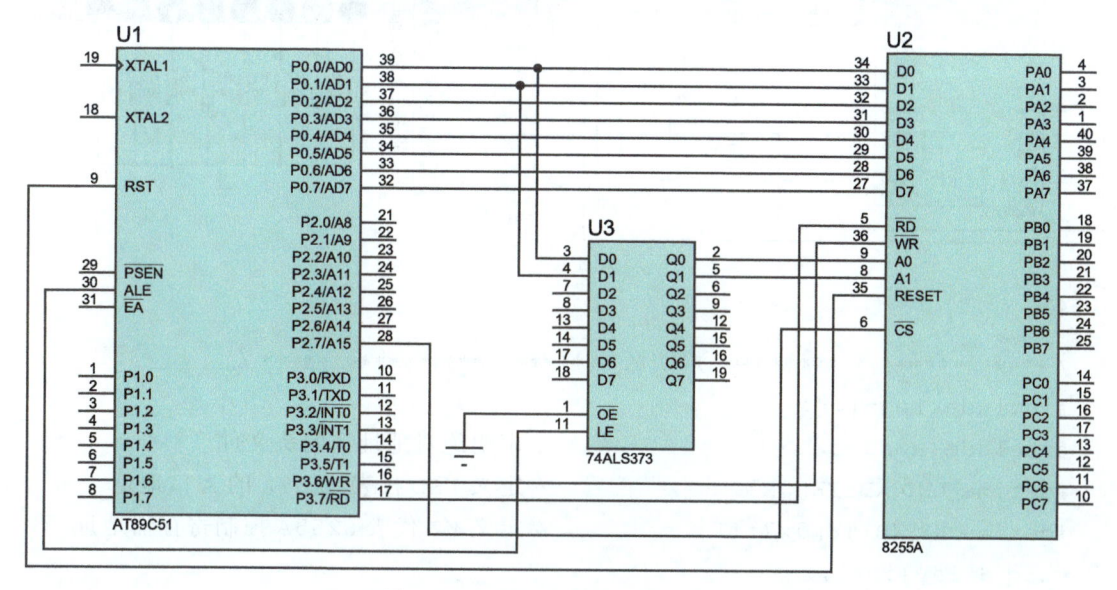

图 7-58　8255A 的扩展接口电路

(2) 8255A 初始化

8255A 初始化就是向控制寄存器写入工作方式控制字和 C 口置位/复位控制字。例如,对 8255A 各口做如下设置:A 口方式 0 输入,B 口方式 1 输出,C 口高位部分为输出,低位部分为输入。按图 8-58 所示的 8255A 扩展接口电路,控制寄存器的地址为 7FFFH。按各口的设置要求,工作方式控制字为 10010101,即 95H。

相应 C51 程序段:

```
#include<reg51.h>
#include<absacc.h>               //声明绝对地址访问头文件
defined uchar unsigned char
......
uchar  i;
i=0x95;                          //控制字设置。
XBYTE[0x7fff]=i;                 //设置 8255A,将控制字送到控制寄存器
......
```

例 7-12　使用 8255A 扩展 I/O 口。

【硬件连接】　电路如图 7-59 所示,P0 口连接 8255A 的数据口,高位地址线 P2.7 连接 8255A 的片选端 $\overline{CS}$,低位地址线 P0.0、P0.1 通过 74LS373 地址锁存后连接地址端 A0 和 A1。

【功能实现】　使用 A 口控制 8 个 LED 移位点亮。

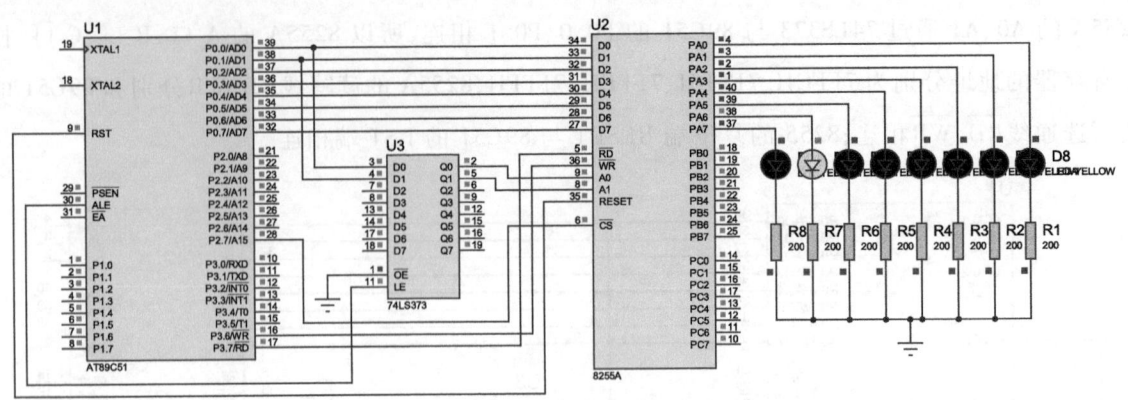

图 7-59　8255A 的 A 口控制 8 个 LED 图

【C51 程序】

```
/********************* 声明区 *********************/
#include<reg51.h>
#include<absacc.h>                  //声明绝对地址访问头文件
#define LED XBYTE[0x7ffc]           //定义 LED 代表 8255A 的 A 口地址
#define KZ XBYTE[0x7fff]            //定义 KZ 代表 8255A 控制寄存器地址
void delay(int);
/********************* 主函数 *********************/
void main()
{
    KZ=0x80;                        //设置 8255A,将控制字送到控制寄存器
                                    //A 口、B 口方式 0 输出,C 口输出
    while(1)
    {
        unsigned char a;
        LED=0x01;                   //A 口初值,点亮 1 个 LED
        for(a=0;a<8;a++)
        {
            delay(100);
            LED=(LED<<1);           //灯左移 1 位
        }
    }
}
/********************* 延时函数 *********************/
void delay(int x)                   //5ms 的延时函数
{
    int i,j;                        //定义变量 i,j
    for(i=0;i<x;i++)                //for 循环 x 次,延时约 x×5ms
        for(j=0;j<600;j++);         //循环 600 次,延时约 5ms
}
```

项目八　单片机应用设计与制作

任务一　单片机应用课程设计 2

【能力目标】
1. 学习单片机应用系统和接口电路设计方法；
2. 学习单片机应用系统的编程调试方法；
3. 练习单片机在线编程开发方法。

【任务要求】
1. 要求使用 Proteus 软件在计算机上画出单片机最小系统及简单应用电路原理图。合理安排和使用单片机内部资源，编程实现如下功能：
1) 包含项目六中的所有要求。
2) 提供 1602 液晶显示器接口，可显示时间、温度等。
3) 单片机与 DS18B20 温度传感器连接，用于周围温度测量。
4) DS1302 与单片机连接，可实现电子时钟不间断走时。
5) 扩展存储器 AT24C02，可存储温度等信息。
6) 至少有 4 个按键用于功能转换和数据输入。
2. 焊接调试上述应用系统，将程序固化后插入电路板，使之能正常工作，显示时间，并可调整。
3. 进行市场调研，根据本任务的功能要求，与市场上同类产品比较。

【预备知识】
1. 单片机硬件结构组成知识；
2. 单片机常用接口器件的应用知识；
3. 单片机仿真和调试软件应用知识；
4. 下载编程软件应用知识。

【拓展学习部分】
使用相关软件将以上电路转为电路板，并制作调试，用下载方式将程序固化到单片机并加电调试，观察调试运行结果。

【调试步骤】
首先保证单片机应用系统的硬件连接无误，电源正常供电并符合要求。
按照功能要求分步编程，在软件运行正常的情况下观察运行结果。如不能正常运行或未达到要求，分析原因并改进重新调试，直至正确。记录程序和结果。

【设计报告要求】
设计完成后，每小组提交电子稿设计报告，要求将设计的相关文档（能仿真的设计原理图、程序清单等）打包成文件夹，以本小组成员的学号和姓名命名。另外完成表8-1所示的表格。

表8-1 单片机学习板设计

单片机学习板设计					
小组成员						
硬件设计					
电路原理图						
元器件清单（列表说明）						
重要元器件介绍						
软件设计					
程序功能	程序（要有必要的说明）				编程人
1.				
2.				
3.				
设计说明（过程、结果）						
市场调研					
调研方式	同类产品情况	产品功能情况	市场成品价格	元器件成本	本设计的制作成本
成绩评定					
小组成员互评	优	良	中	及格	不及格
姓名					

任务二　数字电子时钟的设计与制作

【能力目标】
1. 掌握 DS1302 的电路连接方法及编程方法。
2. 掌握 LCD1602 的电路连接方法及编程方法。
3. 进一步掌握单片机系统调试的过程及方法。
4. 掌握单片机应用产品开发流程。

【任务要求】
本系统以单片机为主机设计数字电子时钟，能够显示时、分、秒。具体要求如下：
1. 系统硬件电路：根据任务要求完成单片机最小系统和外围电路的设计，组成功能完整的系统；
2. 系统软件设计：根据数字电子时钟时间显示要求完成程序的编写与调试；

3. 系统功能要求：时间显示信息及格式为时-分-秒，能够实时调节时、分、秒，且系统掉电时时钟能够连续运行；

4. 总体要求：独立完成系统仿真与实物制作，完成系统调试，并写出实训总结报告。

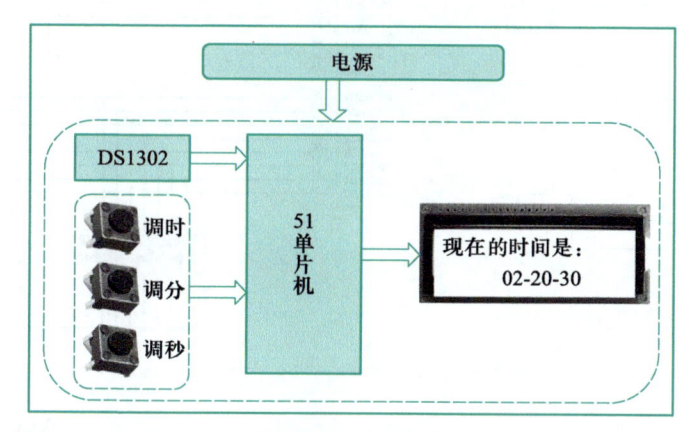

一、数字电子时钟系统框架

数字电子时钟系统框图如图8-1所示，该系统由51单片机作为控制核心，采用DS1302时钟芯片来生成实时时间信息，51单片机读取DS1302的时间信息，并将时间信息显示在LCD1602上，为了方便调整时间，系统还设置了3个按键，51单片机读取这3个按键的状态分别往DS1302芯片写入时、分、秒。

图8-1　数字电子时钟系统框图

二、数字电子时钟系统电路分析

数字电子时钟电路由四部分组成，即51单片机最小系统电路、DS1302时钟电路、LM016L显示电路和用于时间调整的按键控制电路，系统电路如图8-2所示。

DS1302时钟芯片接有后备电源，当系统主电源掉电时时钟能够持续运行，DS1302的时钟信号引脚SCLK接单片机P3.1引脚，数据输入/输出引脚I/O接单片机的P3.2引脚，$\overline{\text{RST}}$接单片机的P3.0引脚。

LM016L的数据/命令选择端RS连接单片机的P2.6引脚，读/写选择端RW连接单片机的P2.5引脚，使能信号端E连接单片机的P2.7引脚，数据端D0~D7分别连接P0口的各个引脚。

按键控制电路由三个独立按键构成，分别连接至单片机的P1.5、P1.6、P1.7引脚。当按键断开时，单片机的I/O口为高电平，当按键闭合时，单片机的I/O口为低电平，单片机定时读取按键所连接的三个I/O引脚的电平状态，当读取到某个按键所连接的I/O引脚为低电平时，则控制相应的时间量（如时、分或秒）增加。

此外，要往单片机内烧写程序，还需要程序下载电路，51单片机程序烧写接口为RXD和TXD，即UART口，这两个接口是通信口，配合不同的芯片可以实现不同的通信方式。CH340是一个USB总线的转接芯片，能实现USB接转串行口，是一款比较成熟的国产芯片，且价格低廉。如图8-3所示为基于CH340G的程序下载电路。P2为USB接口，CH340G的TXD与单片机的RXD连接，CH340G的RXD和单片机的TXD连接。图中的CH340G用的是5V供电。

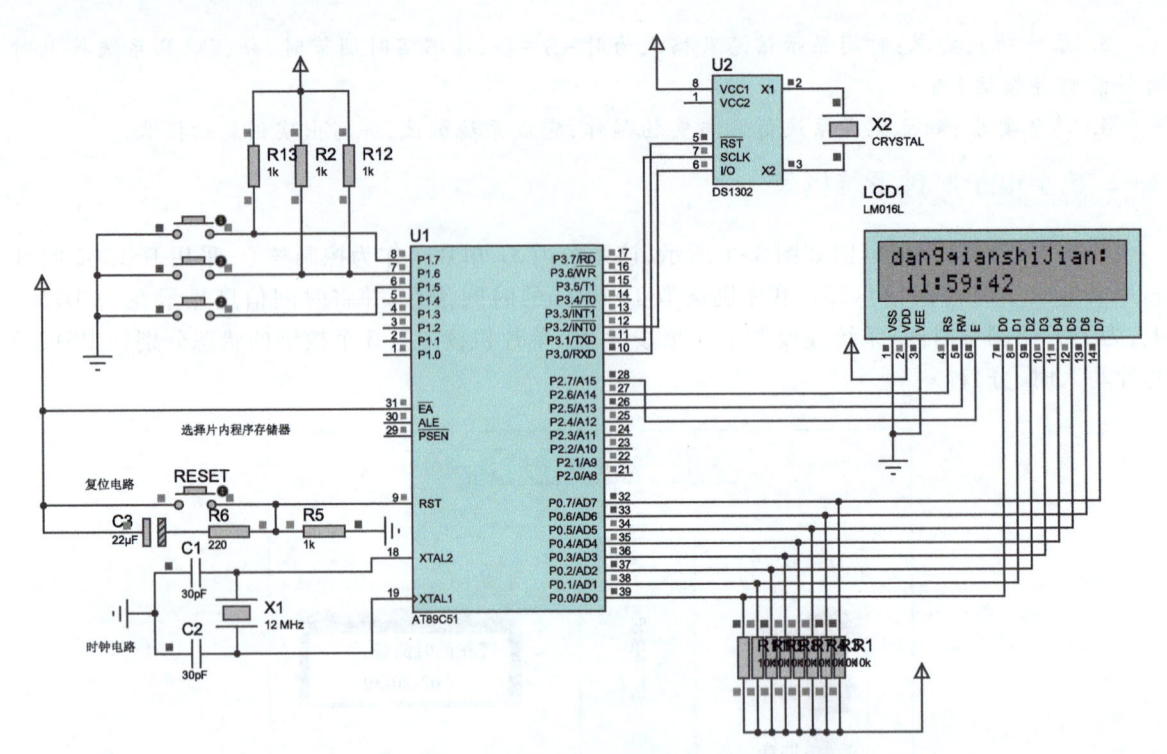

图 8-2　数字电子时钟系统电路图

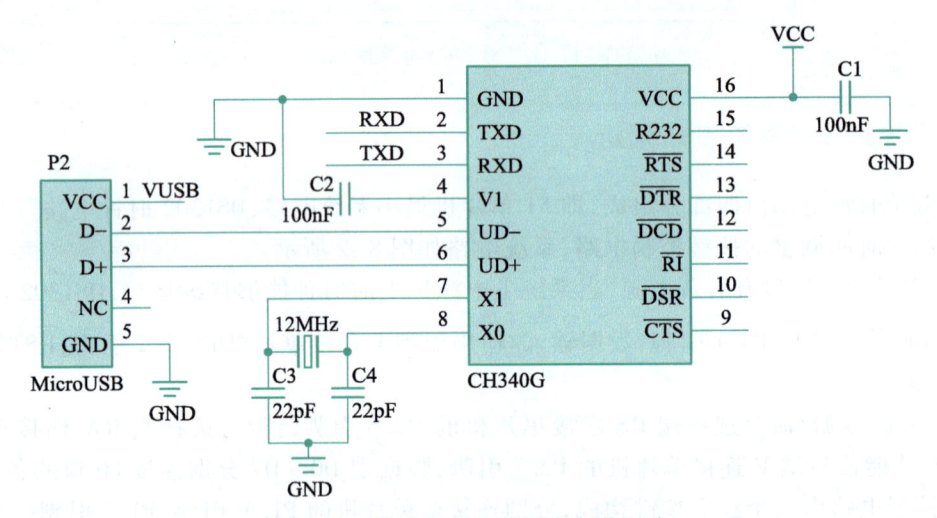

图 8-3　基于 CH340 的程序下载电路

根据数字电子时钟系统电路图,其电子制作所需的元器件清单如表 8-2。

表 8-2　元器件清单

数字电子钟单片机控制电路		程序下载电路	
元器件名称和型号	数量	元器件名称和型号	数量
AT89C51 单片机	1	CH340G 芯片	1
40P 双列直插 IC 座(单片机)	1	晶振(12 MHz)	1

续表

数字电子钟单片机控制电路		程序下载电路	
元器件名称和型号	数量	元器件名称和型号	数量
晶振(12 MHz)	1	USB 插头	1
晶振插孔	1 排	电容(100 nF)	2
晶振(32.768 Hz)	1	电容(22 pF)	2
磁片电容(33 pF)	2		
磁片电容(0.1 μF)	1		
电解电容(10 μF/25 V)	1		
电阻(10 kΩ)	12		
按键	4		
电位器(10 kΩ)	1		
镍镉充电电池(3.6 V)	1		
DS1302	1		
8P 双列直插 IC 座(DS1302)	1		
LCD1602	1		
插 LCD1602 的排孔	1 排		
电源防反接肖特基二极管	1		

三、数字电子时钟参考程序代码

```c
/*********************** 声明区 ***************************/
#include<reg51.h>
#include<intrins.h>
#define uchar unsigned char
#define uint unsigned int
sbit RS=P2^6;              //定义 LM016L 与单片机的引脚连接
sbit RW=P2^5;
sbit EN=P2^7;
sbit sck=P3^1;             //定义 DS1302 与单片机的引脚连接
sbit io=P3^2;
sbit rst=P3^0;
sbit KEY0=P1^7;            //定义三个时间调整按键与单片机的引脚连接
sbit KEY1=P1^6;
sbit KEY2=P1^5;
unsigned char code str1[]={"dangqianshijian: "};
unsigned char code str2[]={"       "};
uchar time_shi=11;         //设定小时初始值
```

```c
uchar time_fen=58;              //设定分钟初始值
uchar time_miao=58;             //设定秒初始值
uchar write_add[7]={0x8c,0x8a,0x88,0x86,0x84,0x82,0x80};
                                //写入寄存器地址
uchar read_add[7]={0x8d,0x8b,0x89,0x87,0x85,0x83,0x81};
                                //读出寄存器地址
uchar data disp[8];
/*********************** 延时1毫秒 ************************/
void delay1ms(unsigned int ms)
{
    unsigned int i,j;
    for(i=0;i<ms;i++);
    for(j=0;j<100;j++);
}
/*********************** LM016L 写指令 ************************/
void wr_com(unsigned char com)
{
    delay1ms(1);
    RS=0;
    RW=0;
    EN=0;
    P0=com;
    delay1ms(1);
    EN=1;
    delay1ms(1);
    EN=0;
}
/*********************** LM016L 写数据 ************************/
void wr_dat(unsigned char dat)
{
    delay1ms(1);;
    RS=1;
    RW=0;
    EN=0;
    P0=dat;
    delay1ms(1);
    EN=1;
    delay1ms(1);
    EN=0;
}
```

```c
/*********************** LCD1602 初始化设置 ************************/
void lcd_init()
{
    delay1ms(15);
    wr_com(0x38);delay1ms(5);
    wr_com(0x08);delay1ms(5);
    wr_com(0x01);delay1ms(5);
    wr_com(0x06);delay1ms(5);
    wr_com(0x0c);delay1ms(5);
}
/*********************** LM016L 字符串显示 ************************/
void display1(unsigned char *p)
{
    while(*p! ='\0')
    {
        wr_dat(*p);
        p++;
        delay1ms(1);
    }
}
/*********************** LM016L 固定信息显示 ************************/
init_play()
{
        lcd_init();
        wr_com(0x80);
        display1(str1);
        wr_com(0xc0);
        display1(str2);
}
void delay(uint i)
{
    while(--i);
}
/*********************** DS1302 写字节 ************************/
void write_ds1302_byte(char dat)
{
    uchar i;
    for(i=0;i<8;i++)
```

```
        {
            sck=0;
            io=dat&0x01;                    //从低位开始传,SCK 上升沿把数据读走。
            dat=dat>>1;
            sck=1;
        }
}
/*********************** DS1302 写地址 *****************************/
void write_ds1302(char add,uchar dat)
{
    rst=0;
    _nop_();                    //空操作指令
    sck=0;
    _nop_();
    rst=1;                      //RST 为高电平,各种操作才有效。
    _nop_();
    write_ds1302_byte(add);
    write_ds1302_byte(dat);
    rst=0;
    _nop_();
    io=1;                       //释放
    sck=1;                      //释放


}
/*********************** 读 DS1302 *****************************/
uchar read_ds1302(char add)
{
    uchar i,value;
    rst=0;
    _nop_();
    sck=0;
    _nop_();
    rst=1;
    _nop_();
    write_ds1302_byte(add);             //写地址,此时 SCK 为高电平
    for(i=0;i<8;i++)
    {
        value=value>>1;
```

```c
            sck=0;                              //下降沿把数据读走
            if(io)
                value=value|0x80;
            sck=1;
        }
    rst=0;                                      //关闭
    _nop_();
    sck=0;
    _nop_();
    sck=1;                                      //释放
    io=1;                                       //释放
    return value;
}
/********************** DS1302 初始时间设定 ****************************/
void set_rtc(void)
{
        uchar j;
        j=time_shi/10;
        time_shi=time_shi%10;
        time_shi=time_shi+j*16;                 //十进制转换为十六进制
        j=time_fen/10;
        time_fen=time_fen%10;
        time_fen=time_fen+j*16;                 //十进制转换为十六进制
        j=time_miao/10;
        time_miao=time_miao%10;
        time_miao=time_miao+j*16;               //十进制转换为十六进制
        write_ds1302(0x8e,0x00);                //去除写保护
        write_ds1302(write_add[4],time_shi);    //将初始值写入寄存器中
        write_ds1302(write_add[5],time_fen);    //将初始值写入寄存器中
        write_ds1302(write_add[6],time_miao);   //将初始值写入寄存器中
        write_ds1302(0x8e,0x80);                //加写保护
}
/********************** 寄存器值读取 ************************/
void read_rtc(void)
{

        time_shi=read_ds1302(read_add[4]);
            time_fen=read_ds1302(read_add[5]);
                time_miao=read_ds1302(read_add[6]);
}
```

```c
/************************ 时间数值转换 ***************************/
void time_pros(void)
{
    disp[0]=time_shi%16;
    disp[1]=time_shi/16;
    disp[2]=10;
    disp[3]=time_fen%16;
    disp[4]=time_fen/16;
    disp[5]=10;
    disp[6]=time_miao%16;
    disp[7]=time_miao/16;
}
/*********************** 时间显示 ****************************/
void display()
{
    wr_com(0xc1);
    wr_dat(0x30+disp[1]);          //显示小时十位
    wr_com(0xc2);
    wr_dat(0x30+disp[0]);          //显示小时个位
    wr_com(0xc3);
    wr_dat(0x30+disp[2]);          //显示小时与分钟之间的":"
    wr_com(0xc4);
    wr_dat(0x30+disp[4]);          //显示分钟十位
    wr_com(0xc5);
    wr_dat(0x30+disp[3]);          //显示分钟个位
    wr_com(0xc6);
    wr_dat(0x30+disp[5]);          //显示秒钟与分钟之间的":"
    wr_com(0xc7);
    wr_dat(0x30+disp[7]);          //显示秒钟十位
    wr_com(0xc8);
    wr_dat(0x30+disp[6]);          //显示秒钟个位
}

/*********************** 时间调整按键扫描 *************************/
void KeyScan(void)
{   uchar j;
    read_rtc();
    j=time_shi/16;
```

```c
        time_shi=time_shi%16;
        time_shi=time_shi+j*10;           //十六进制转换为十进制
        j=time_fen/16;
        time_fen=time_fen%16;
        time_fen=time_fen+j*10;           //十六进制转换为十进制
        j=time_miao/16;
        time_miao=time_miao%16;
        time_miao=time_miao+j*10;         //十六进制转换为十进制
        if(KEY0==0)                       //按键防抖动
        {
            delay(10);
            if(KEY0==0)
            {
                while(!KEY0);
                time_shi++;               //KEY0按下一次,小时加1
                if(time_shi==24)
                time_shi=0;
            }
        }
        if(KEY1==0)                       //按键防抖动
        {
            delay(10);
            if(KEY1==0)
            {
                while(!KEY1);
                time_fen++;               //KEY1按下一次,分钟加1
                if(time_fen==60)
                time_fen=0;
            }
        }
        if(KEY2==0)                       //按键防抖动
        {
            delay(10);
            if(KEY2==0)
            {
                while(!KEY2);
                time_miao++;              //KEY2按下一次,秒加1
                if(time_miao==60)
```

```
                time_miao=0;
            }
        }
        set_rtc();                              //调整完的时间信息,写入 DS1302
                                                //寄存器
}
/*************************** 主程序 ******************************/
void main()
{
    set_rtc();                                  //设置时钟初始值
    init_play();                                //使 LM016L 显示"xianzaishijian"
    while(1)
    {
        if(KEY1==0||KEY0==0||KEY2==0)           //当有按键按下时,开始进行按键扫描
        {
            KeyScan();
        }
        read_rtc();                             //读取 DS1302 时间信息
        time_pros();                            //将 DS1302 时间信息的各位存放于数
                                                //组 disp[8]中
        display();                              //显示时间信息
    }
}
```

任务三　应用设计举例

【能力目标】

体会单片机的具体应用设计的构思和方法。

【任务要求】

单片机采暖室温控制器的系统设计构思:

供暖分户计量,是为了倡导人们的节能意识,就是多用多付费,少用少付费。所谓的供暖分户计量,就是按住户用热量多少来收取采暖费,用得越多,支出的采暖费越多,而安装热计量表是实现供暖分户计量的前提。供暖分户计量的好处:一是可以根据住户需要调节室内温度,提高生活的舒适性;二是计价比较科学,通过调节温度节约生活成本;三是节能环保,供暖企业可以根据数据,在非用暖高峰时间减少煤炭燃烧,减轻对环境的损害。

分户计量热量的计算方法主要有温度面积法、通断时间面积法和流量温度法等。

使用单片机设计的室温控制器主要用于采暖中供热计量系统的控制。以设定温度为基准,检测的环境温度为变量,自动调节末端设备的启停,以实现环境的恒温控制。支持标准通信接

口，配置专用通信协议，广泛应用于通断时间面积法供暖系统，实现用户供暖需求。

一、室温控制器的主要功能

1. 温控器基本功能

实时采集室内温度与设定温度对比，当室温高于设定温度 20 ℃时，关闭电子阀门停止供暖。当室温低于设定温度 20 ℃时打开阀门。温控器设定温度区间为 10～36 ℃，当温度有 2 ℃差距时阀门动作，温度比较时只取整数部分比较。

2. 拓展功能

记录下阀门的开关时间，并存储到 EEPROM 中，用于计算采暖季所用热量（通断时间面积法计量）。

3. 组网功能

通过 RS485 协议、M－BUS 协议、ZIGBEE、无线通信等技术实现远程监控和自动抄表功能。

4. 温控器显示界面内容

温控器显示界面图 8－4 所示。

设定温度：SD：XX. X。

当前室温：DQ：XX. X。

时间显示：时－分－秒：TIME：XX－XX－XX。

TIME:XX–XX–XX
SD:XX.X　　DQ:XX.X

图 8－4　温控器显示界面

5. 基本功能具体实现方法

1）通过独立按键设置设定温度，每次调整 1 ℃。

2）DS18B20 每 10 min 测量一次温度，与设定温度对比。

3）用一个继电器控制阀门的开关动作。

4）显示当前时间的由读取 DS1302 得到。

6. 拓展功能实现方法

1）用实时时钟芯片记录下开阀门时间和关阀门时间，对阀门开通的时间不断累计并送入用 EEPROM 存储。

2）按照通信协议与上位机通信，传输阀门总的通断时间，以便按照通断时间面积法生成用户使用的热量值，作为取暖收费依据。

二、硬件电路设计

1）单片机使用 AT89L51，晶振选择 11.0592MHz ；

2）显示器件选用液晶显示器 LM160L；

3）温度测量器件选用 DS18B20；

4）时钟芯片选 DS1302；

5）EEPROM 选用 AT24C02。

6）组网可用单片机的串行口功能。

在本书中只介绍电路的设计方法，有兴趣的读者可参考书中各元器件的应用实例，自行设计并编程实现。

参考文献

[1] 胡长胜.单片机原理及应用[M].北京:高等教育出版社,2015.
[2] 胡长胜.单片机原理及应用[M].2版.北京:高等教育出版社,2018.
[3] 王小建,胡长胜.单片机设计与应用[M].北京:清华大学出版社,2011.
[4] 张毅刚.单片机原理及应用[M].北京:高等教育出版社,2012.
[5] 王静霞.单片机应用技术(C语言版)[M].北京:电子工业出版社,2009.
[6] 刘守义.智能卡技术[M].西安:西安电子科技大学出版社,2004.
[7] 刘焕成.单片机原理、接口技术与程序设计[M].北京:清华大学出版社,2014.
[8] 郭天祥.新概念51单片机C语言教程[M].北京:电子工业出版社,2009.
[9] 朱运利.单片机技术应用[M].北京:机械工业出版社,2004.

郑重声明

高等教育出版社依法对本书享有专有出版权。任何未经许可的复制、销售行为均违反《中华人民共和国著作权法》，其行为人将承担相应的民事责任和行政责任；构成犯罪的，将被依法追究刑事责任。为了维护市场秩序，保护读者的合法权益，避免读者误用盗版书造成不良后果，我社将配合行政执法部门和司法机关对违法犯罪的单位和个人进行严厉打击。社会各界人士如发现上述侵权行为，希望及时举报，我社将奖励举报有功人员。

反盗版举报电话　　（010）58581999　58582371
反盗版举报邮箱　　dd@hep.com.cn
通信地址　　北京市西城区德外大街4号　高等教育出版社法律事务部
邮政编码　　100120

读者意见反馈

为收集对教材的意见建议，进一步完善教材编写并做好服务工作，读者可将对本教材的意见建议通过如下渠道反馈至我社。

咨询电话　　400-810-0598
反馈邮箱　　gjdzfwb@pub.hep.cn
通信地址　　北京市朝阳区惠新东街4号富盛大厦1座
　　　　　　高等教育出版社总编辑办公室
邮政编码　　100029

防伪查询说明（适用于封底贴有防伪标的图书）

用户购书后刮开封底防伪涂层，使用手机微信等软件扫描二维码，会跳转至防伪查询网页，获得所购图书详细信息。

防伪客服电话　　（010）58582300